Thomas Barth, Andreas Giannaku

Unternehmensanalyse mit Bilanzkennzahlen

Thomas Barth
Andreas Giannaku

Unternehmensanalyse mit Bilanzkennzahlen

2., überarbeitete Auflage

Unter Mitarbeit von Ulrike Mayer und Fabian Weis

UVK Verlagsgesellschaft mbH · Konstanz
mit UVK/Lucius · München

Bibliografische Information der Deutschen Bibliothek
Die Deutsche Bibliothek verzeichnet diese Publikation in der Deutschen Nationalbibliografie; detaillierte bibliografische Daten sind im Internet über <http://dnb.ddb.de> abrufbar.

ISBN 978-3-86764-768-7 (Print)
ISBN 978-3-7398-0269-5 (EPUB)
ISBN 978-3-7398-0270-1 (EPDF)

Einbandgestaltung: Susanne Füllhaas, Konstanz
Einbandmotiv: istockphoto.com / Monika Lewandowska
Printed in Germany

UVK Verlagsgesellschaft mbH
Schützenstr. 24 • 78462 Konstanz
Tel. 07531-9053-0 • Fax 07531-9053-98
www.uvk.de

Vorwort

Das Instrument der Kennzahlenrechnung stellt immer noch das bedeutendste Instrument zur Analyse von Jahresabschlüssen dar. Die Kennzahlenrechnung wird daher auch häufig als traditionelle Bilanzanalyse bezeichnet. Im vorliegenden Buch werden die Auswertungsmöglichkeiten ebenso wie die Grenzen der Analysemöglichkeiten ausführlich beleuchtet.

Das Buch ist als Lehr- und Arbeitsbuch konzipiert und richtet sich an Studierende von Hochschulen sowie die Jahresabschlussadressaten, wie Aktionäre, Aufsichtsräte, Manager, Banker etc.

Das Werk stellt die üblichen Techniken und Methoden zur Analyse von Einzel- und Konzernjahresabschlüssen vor. Hierbei wird großen Wert auf die Interpretation der Kennzahlen und die Erläuterung der möglichen Einflussfaktoren gelegt.

Die praktische Anwendung wird anhand eines Beispielunternehmens, für das die einzelnen Kennzahlen ermittelt und interpretiert werden, verdeutlicht und diskutiert.

Das Buch berücksichtigt auch die wesentlichen Änderungen im Bereich der Rechnungslegung, soweit diese Einfluss auf die Kennzahlen haben. Die Neuerungen durch das Bilanzrichtlinie-Umsetzungsgesetz (BilRUG) wurden ebenso berücksichtigt wie Neuerungen der jüngeren Vergangenheit bei den International Financial Reporting Standards.

Mit der zweiten Auflage des Buches wird die bisher vornehmlich interne Betrachtungsweise der Bilanzanalyse mit Fokus auf die aktuelle und ureigene Situation des Unternehmens, um die praxisrelevantere Perspektive des externen Analysten ergänzt und vertieft. Dabei stehen insbesondere Informationsasymmetrien und deren Überwindung, aber auch die strukturierte, vergleichende Informationsgewinnung im Vordergrund. Des Weiteren wird mit einer Einführung zu den Konzepten Peer-Grouping und Benchmarking, sowie Anklängen zu Digitalisierung und Expertensystemen, eine ganzheitliche Betrachtung der zielbezogenen Bilanzanalyse mit deren besonderen Aspekten ermöglicht.

Besonders Danken wollen wir Herrn Prof. Dr. Uwe Stehr für die mühevolle Überarbeitung und die hilfreichen Vorschläge. Ebenfalls wollen wir Frau Ulrike Mayer und Herrn Fabian Weis für die Aktualisierung und Überarbeitung des Manuskripts danken.

Stuttgart, Juni 2017

Thomas Barth Andreas Giannaku

Inhalt

Abkürzungsverzeichnis

AfA	Absetzung für Abnutzung
AG	Aktiengesellschaft
AHK	Anschaffungs- und Herstellungskosten
BilMoG	Bilanzrechtsmodernisierungsgesetz
BilRUG	Bilanzrichtlinie-Umsetzungsgesetz
CCC	Cash Conversion Cycle
DCF	Discounted Cash-Fow
DRSC	Deutsches Rechnungslegungs Standards Committee e.V.
DVFA e.V.	Deutsche Vereinigung für Finanzanalyse und Anlageberatung
EAT	Earnings After Tax
EBIT	Earnings Before Interest and Taxes
EBT	Earnings Before Taxes
EK	Eigenkapital
EKR	Eigenkapitalrendite
Fifo-Methode	First In – First Out Methode
FK	Fremdkapital
F&E	Forschung und Entwicklung
GJ	Geschäftsjahr
GK	Gesamtkapital
GKR	Gesamtkapitalrentabilität
GmbH	Gesellschaft mit beschränkter Haftung
GuV	Gewinn und Verlust Rechnung
HGB	Handelsgesetzbuch
i	Fremdkapitalzinssatz

IAS	International Accounting Standard
IFRS	International Financial Reporting Standards
JÜ	Jahresüberschuss
LiFo-Methode	Last In - First Out Methode
LuL	Lieferung und Leistung
KBV	Kurs-Buchwert-Verhältnis
KCV	Kurs-Cash-Flow-Verhältnis
KGV	Kurs-Gewinn-Verhältnis
KUV	Kurs-Umsatz-Verhältnis
OCI	Other Comprehensive Income
PEG	Price-Earnings-Growth-Factor
ROA	Return on Assets
ROI	Return on Investments
SA	Sachanlagen
SAV	Sachanlagevermögen
SEC	Securities and Exchange Commissions

1 Bedeutung des Jahresabschlusses und Zielsetzung

1.1 Bedeutung des Jahresabschlusses

Im Allgemeinen dient der Jahresabschluss dazu Informationen über den Erfolg der Geschäftstätigkeit sowie die wirtschaftliche Situation des Unternehmens, speziell über die Vermögens-, Finanz- und Ertragslage, zu liefern. Der Jahresabschluss als Spiegelbild der Vergangenheit eines Unternehmens muss mindestens einmal jährlich erstellt werden – er stellt damit einen Rechenschaftsbericht des Managements über erfolgte Geschäftsführung (Geschäftsjahr) dar. Neben dieser Vergangenheits- und Gegenwartsorientierung bilden die Informationen des Jahresabschlusses auch die Grundlage für Prognosen über zukünftige Entwicklungen des Unternehmens. Diese Projektionen erfordern jedoch die Zuhilfenahme weiterer Analyseschritte. **§ 242 HGB** stellt die gesetzliche Grundlage für die Aufstellung des Jahresabschlusses in Deutschland dar. Instrumente zur Rechenschaftslegung stellen der Jahresabschluss sowie der Lagebericht dar. Dem Rechnungslegungsstandard sei an dieser Stelle besondere Aufmerksamkeit geboten. HGB und IFRS unterscheiden sich bereits in ihrer Grundausrichtung. Während nach HGB keine konkreten Ziele der Rechnungslegung genannt werden, zielt IFRS auf eine möglichst korrekte Darstellung der finanziellen Situation sowie der Leistung des Unternehmens als Grundlage für wirtschaftliche Entscheidungen ab. Seit 2005 erfolgt die Anwendung der IFRS gemäß **§ 315 a HGB** auf gesetzlicher Grundlage. Demnach müssen kapitalmarktorientierte Unternehmen ihre Konzernabschlüsse nach den IFRS aufstellen.

1.2 Inhalt des Jahresabschlusses

Für den Jahresabschluss und dessen Inhalt wird zwischen Einzelkaufleuten/Personengesellschaften und Kapitalgesellschaften unterschieden. Der Jahresabschluss für Einzelkaufleute und Personengesellschaften wird in den **§§ 242 bis 256 HGB** geregelt und besteht aus der Bilanz und der Gewinn- und Verlustrechnung. Der Jahresabschluss ist nach den Grundsätzen ordnungsgemäßer Buchführung (GoB) aufzustellen. Demnach muss der Jahresabschluss klar und übersichtlich sein und bedarf besonderer Beachtung der Formvorschriften, Ansatzvorschriften sowie Bewertungsvorschriften. Die darüberhinausgehenden Vorschriften für Kapitalgesellschaften sind in den **§§ 264 bis 289 HGB** geregelt. Bestandteile des Jahresabschlusses einer Kapitalgesellschaft sind die Bilanz, die Gewinn- und Verlustrechnung sowie der Anhang. Der Lagebericht dient als eigenständiges Instrumentarium und wird dem Jahresabschluss nicht direkt zugerechnet. Zur Aufstellung eines Abschlusses nach IFRS sind alle kapitalmarktorientierten (Konzern-) Unternehmen verpflichtet. Kapitalmarktorientierung bedeutet, dass Wertpapiere, insbesondere Aktien, von den Unternehmen zum Handel ausgegeben werden. Die Bestandteile eines Abschlusses nach IFRS ergeben sich aus **IAS 1.8**. Demnach besteht ein vollständiger IFRS-Abschluss aus den folgenden Komponenten: Bilanz, Gewinn- und Verlustrechnung, Eigenkapitalveränderungsrechnung, Kapitalflussrechnung sowie Anhang.

Der Jahresabschluss für Einzelkaufleute und Personengesellschaften hat folgende Funktionen:

- Dokumentationsfunktion,
- Ermittlung des Periodengewinns, auch zur Selbstinformation,
- Basis für die steuerliche Gewinnermittlung.

Für Kapitalgesellschaften hat der Jahresabschluss zusätzlich folgende Funktionen:

- Ermittlung des ausschüttungsfähigen Gewinns unter dem Aspekt der Kapitalerhaltung (Ausschüttungssperrfunktion),
- Rechenschaftslegung gegenüber Anteilseignern, Gläubigern und Öffentlichkeit.

Es zeigt sich ein Unterschied der Funktionen der Jahresabschlüsse für Einzel- und Personengesellschaften einerseits und Kapitalgesellschaften andererseits[1].

Im Nachfolgenden werden die einzelnen Komponenten kurz erläutert:

- **Bilanz:** Als Zeitpunkt-Rechnung zum Ende eines jeden Geschäftsjahres soll die Bilanz einen Einblick in die Mittelverwendung (Aktiva) und Mittelherkunft (Passiva) gewähren.

---

[1] Vgl. Gräfer, H.; Schneider, G.: Bilanzanalyse, 13. Aufl., Herne 2016, S. 1.

- **Gewinn- und Verlustrechnung (GuV):** Als Zeitraum-Rechnung soll die GuV einen Einblick in die Ertragslage des Unternehmens liefern. Es werden Aufwendungen (Werteverzehr) und Erträge (Wertezuwachs) kumuliert für das Geschäftsjahr (in der Regel zwölf Monate) gegenübergestellt. Die GuV informiert die Bilanzadressanten über den Erfolg der abgelaufenen Periode.

- **Anhang:** Die Angaben für den Anhang ergeben sich überwiegend aus den **§§ 284 und 285 HGB**. Im Anhang werden erweiterte Angaben zu verschiedenen Posten der Bilanz und der Gewinn- und Verlustrechnung dargestellt bzw. über Sachverhalte berichtet, die nicht in die Bilanz oder die GuV einfließen (z.B. Haftungsverhältnisse). Die zusätzlichen Informationen dürfen nicht im Konflikt mit den Zielen der Klarheit und Übersichtlichkeit stehen. Der Anhang nimmt damit eine Erläuterungs- und Ergänzungsfunktion wahr.

- **Lagebericht:** Gemäß **§ 289 Abs. 1 HGB** hat jede Kapitalgesellschaft einen Lagebericht zu erstellen. Der Lagebericht hat eine ausgewogene und umfassende, dem Umfang und der Komplexität der Geschäftstätigkeit entsprechende, Analyse des Geschäftsverlaufs und der Lage der Gesellschaft darzustellen. Hierbei sind nach § 289 Abs. 1 HGB die für die Geschäftstätigkeit bedeutsamsten finanziellen Leistungsindikatoren in die Analyse einzubeziehen und unter Bezugnahme auf die im Jahresabschluss ausgewiesenen Beträge und Angaben zu erläutern. Ferner ist im Lagebericht die voraussichtliche Entwicklung mit ihren wesentlichen Chancen und Risiken zu beurteilen und zu erläutern sowie die zugrundeliegenden Annahmen anzugeben.

- **Kapitalflussrechnung:** Kapitalgesellschaften müssen gem. **§ 297 Abs. 1 HGB** den Konzernabschluss um eine Kapitalflussrechnung ergänzen. Die Kapitalflussrechnung soll die Mittelherkunft und Mittelverwendung der liquiden Mittel darstellen (siehe Kapitel 6.7 Kapitalflussrechnungen).

- **Eigenkapitalspiegel:** Wie die Kapitalflussrechnung ist auch der Eigenkapitalspiegel nur Pflichtbestandteil bei Konzernabschlüssen (**§ 297 Abs. 1 HGB**). Der Eigenkapitalspiegel soll die Entwicklung des Eigenkapitals einerseits und die Ursachen für die Entwicklung anderseits darstellen.

- **Segmentberichterstattung:** Große Kapitalgesellschaften sind häufig in verschiedenen wirtschaftlichen Geschäftsbereichen tätig. Mit zunehmender Diversifikation eines Unternehmens sinkt der Informationsgehalt eines zusammenfassenden Konzernabschlusses, weil in den unterschiedlichen wirtschaftlichen Geschäftsbereichen oder den verschiedenen Regionen unterschiedliche Wachstumsraten, Risikoarten und Risikograde vorliegen. Segmentberichterstattung differenziert die Daten des Jahresabschlusses nach Branchen, Regionen oder Profit-Centern. Die Segmentberichterstattung ist nach **§ 297 Abs. 1 HGB** optionaler Bestandteil des Konzernabschlusses.

1.3 Der Jahresabschluss und Interessengruppen

Der Jahresabschluss ist ein Rechenschaftsbericht über das vergangene Geschäftsjahr und wird damit für Interessengruppen am Unternehmen genutzt, als Grundlage der Information und Transparenz. Hierbei lässt sich vorab eine Unterscheidung nach Adressaten und Interessenten vornehmen.

1.3.1 Adressaten des Jahresabschlusses

Für die Adressaten des Jahresabschlusses ist vorrangig die ex-post Betrachtung in Form eines Rechenschaftsberichtes des Managements über das vergangene Jahr von Interesse. Dadurch kommt das Management seiner gesetzlich vorgegebenen Pflicht der Rechenschaftsablegung nach und ermöglicht den Adressaten des Jahresabschlusses sich über die in der Vergangenheit (ex-post) gezeigte Leistung des Managements im Umgang mit dem Unternehmensvermögen zu informieren. Die Adressaten interessieren sich somit hauptsächlich für die ex-post Berichterstattung und Rechenschaftsablegung.

Die Hauptadressaten des Jahresabschlusses nach HGB sind die Gesellschafter und Gläubiger. Darüber hinaus gibt es noch eine Vielzahl anderer Interessensgruppen:

- **Eigentümer:** Primäre Ziele der Eigentümer sind Gewinnausschüttung, Vermögensmehrung sowie eine risikoadäquate Rendite.
- **Arbeitnehmer:** Primäre Ziele der Arbeitnehmer sind angemessenes Einkommen, Sicherung der Arbeitsplätze sowie adäquate Arbeitsbedingungen.

- **Lieferanten:** Primäre Ziele der Lieferanten beziehen sich auf die Kalkulierbarkeit der Zahlungsfähigkeit, die Verlässlichkeit/Nachhaltigkeit der Geschäftsbeziehungen und die Erzielung angemessener Preise.
- **Kunden:** Primäre Ziele der Kunden sind qualitativ hochwertige Produkte, die Sicherung der Versorgung und der Garantie sowie der Fortbestand des liefernden Unternehmens.
- **Fiskus:** Primärer Fokus des Fiskus liegt in der Besteuerung der Gesellschaft.

Nach IFRS stellen die Hauptadressaten die Kapitalanleger und andere am Unternehmen Interessierte dar. IFRS liefert im Framework (**F. 9**) genaue Angaben zu den Adressaten sowie den dazugehörigen Informationsbedürfnissen.

1.3.2 Unterscheidung von internen und externen Interessengruppen

Nachdem ein Überblick über die unterschiedlichen Adressaten eines Jahresabschlusses gegeben werden konnte, wird nun konkreter auf die Interessen der Hauptadressaten, ihre Ziele, Informationsbeschaffungsmöglichkeiten und jeweilige Position gegenüber dem Unternehmen eingegangen. Für diese Interessengruppen besteht ein besonderes Interesse an der Zukunftsfähigkeit des Unternehmens, da hier Bindungen mit dem Unternehmen für die Zukunft (ex-ante) eingegangen werden. Folglich bietet ihnen die Rechenschaftsablegung bezogen auf die Vergangenheit (ex-post) keine ausreichende Grundlage für ihre zukunftsgerichtete Entscheidung. Daher stellt der Jahresabschluss für diese Interessenten nicht nur einen bloßen Rechenschaftsbericht dar, sondern ist auch die Informationsgrundlage um Vertrauen in die Zukunftsfähigkeit des Unternehmens zu schaffen. Anhand ihres Interesses am spezifischen Unternehmen können folgende Gruppierungen unterschieden werden:

- Management (intern)
- Investoren (extern)
- Gläubiger (extern)

Perspektive und Zukunftsplanung des Managements (Intern)

Dem Management selbst liegen alle im Unternehmen verfügbaren Daten unverfälscht vor. Somit ist es jederzeit in der Lage eine akkurate und realistische Einschätzung über die Lage des Unternehmens abzugeben. Durch die im Jahresabschluss allgemein aufbereiteten und offengelegten Informationen strebt das Management konkret an über die spezifische Unternehmenssituation sowie die gezielt getroffenen Maßnahmen zur Renditeerhöhung zu informieren, um damit Grundlage zu einhergehenden positiven Kursbewegungen zu schaffen (also Investorenwerbung im Sinne des sogenannten „Shareholder Value-Ansatzes"). Somit stellt der Jahresabschluss auch ein Kommunikationsmittel des Managements dar, um die Erreichung der dem Management gesetzten Ziele zu gewährleisten. Hierbei ist zu beachten, dass das Management jedoch selbst kein unternehmerisches Risiko trägt, da es nur im Auftrag der Aktionäre/Investoren die Führung des Unternehmens übernimmt. Da sich zudem oft ein erheblicher Teil des Gehalts an der Maximierung des Shareholder Value orientiert, mag dies zu Interessenskonflikten zwischen Management (Angestellter und Renditebegünstigter) und den eigentlichen Unternehmenseignern (Investoren, Risikoträger und Renditebegünstigter) führen. Durch solche Vergütungsmodelle werden für das Management möglicherweise Anreize geschaffen, die nicht im besten Interesse der individuellen Situation des Unternehmens sind, sondern auch in ihrem Eigeninteresse zu handeln. Diese Problematik kann sich somit also auch schon bei der internen Aufbereitung der Daten des Jahresabschlusses niederschlagen und zur eigenen Herausforderungen für externe Interessengruppen führen. **Fazit:** Das Management hat das Interesse im Jahresabschluss die Einzigartigkeit der eigenen Leistungen zu betonen sowie die spezifischen Besonderheiten des Unternehmens herauszustellen.

Perspektive und Zukunftsplanung des Investors (Extern)

Dem Investor steht im Gegensatz zum Management nicht der gleiche Umfang an Informationen zur Verfügung. Er muss sich in Bezug auf die sorgfältige Geschäftsführung des Managements für seine eigene Investitionsentscheidung wesentlich auf die durch das Management veröffentlichten Informationen im Jahresabschluss verlassen. Dieser Informationsvorsprung des Managements gegenüber dem Investor hat in Konsequenz zur Folge, dass ihm eine neutrale Entscheidung erschwert wird. Da ein Investor letztendlich aus einem unendlichen Investitionsuniversum wählen kann, muss er sich für das für ihn passende Investment entscheiden. Der Investor hat also ein großes Interesse Unternehmen auf gleicher (homogener) Informationsbasis zu vergleichen, um sich für das für ihn geeignetste Investment zu entscheiden. Die Zukunftserwartung eines Investors an eine Investition ist in der Regel eine Schaffung von Rendite durch positive Wertentwicklung sowie Kapitalerträge in Form der Gewinnausschüttungen. Zusätzlich zu beachten gilt es jedoch hier, dass der Investor durch den Erwerb eines Eigenkapitalanteils am Unternehmen zugleich auch das unternehmerische Risiko selbst übernimmt. Deshalb muss er vor dem Investment vom Potenzial des Unternehmens überzeugt sein, das konsistent mit der investoreneigenen zukünftigen Liquiditäts- und Risikoplanung einhergeht. Der Investor hat damit die Qual der Wahl. Um diese bedeutsame Entscheidung treffen zu können, benötigt er folglich Informationen über das Unternehmen, die ihm einen effektiven Investmentalternativenvergleich ermöglichen. Dazu bedarf es Informationen, welche oft über die im Jahresabschluss zur Verfügung gestellten hinausgehen, sowie eigenes Know-how um die Alternativen entsprechend zu bewerten. Diese erweiterte Informationsgrundlage gewährt ihm somit einen tieferen Einblick in die Lage des Unternehmens und trägt dazu bei, Vertrauen in die zukünftige Performance des Unternehmens zu schaffen sowie zugleich den Informationsvorsprung des Managements zu minimieren. **Fazit:** Der Investor ist interessiert an einem effektiven Investmentalternativenvergleich, der ihm eine Abstimmung mit der eigenen Erwartungshaltung erlaubt. Er ist an einem symmetrischen Risikoprofil (Chancen und Risiken) interessiert.

Perspektive und Zukunftsplanung des Gläubigers (Extern)

Die Gläubiger (Banken, Lieferanten, Kunden, Arbeitnehmer) wollen eine Zusammenarbeit mit dem Unternehmen eingehen, um eine eigene dauerhafte Planung zu gewährleisten. Ein Gläubiger (z.B. eine Bank, die dem Unternehmen Finanzierungsmittel bereitstellt) sieht sich mit ähnlichen Herausforderungen wie ein Investor konfrontiert, nämlich der Abstimmung des Investments mit der eigenen Planung. Die Gläubiger müssen sich wiederum auf die vom Management aufbereiteten Daten über das Unternehmen beziehen und so z.B. darüber entscheiden, welchen Kreditnehmer (Finanzierungsrisiko) die Bank im Einzelfall in der Zukunft begleiten will. Die Zukunftsplanung der Bank unterscheidet sich jedoch grundsätzlich von der des Investors, da sie für die temporäre Überlassung von Finanzierungsmitteln lediglich Zins- und Rückzahlung verlangt. Dabei ist die Bank nicht an der Übernahme des unternehmerischen Risikos interessiert und ist folglich auch nicht an einer positiven Entwicklung des Unternehmens beteiligt. Demzufolge bewahrheitet sich die Zukunftsplanung des Gläubigers nur dann, wenn die Leistungen des Unternehmens vertragsgemäß erfüllt werden. Es existiert also kein Szenario bei dem der Gläubiger mit einer positiven Abweichung rechnen kann. Dies wird als asymmetrisches Risiko bezeichnet, da nur negative Abweichungen zur Zukunftsplanung des Gläubigers möglich sind. Das Hauptinteresse der Bank/Gläubiger am Jahresabschluss ist also die Beurteilung der Fähigkeit des Unternehmens/Schuldners den Schuldendienst bzw. die Unternehmensleistung aus einer stabilen und dauerhaften operativen Tätigkeit zu gewährleisten. Ebenso wie der Investor muss der Gläubiger also auch Anstrengungen unternehmen, um den Informationsvorsprung des Managements zu reduzieren und zu einer Entscheidung zu gelangen. **Fazit:** Der Gläubiger ist an einem Vergleich zur dauerhaften Leistungsfähigkeit von Unternehmen interessiert, der die eigene Planungsstabilität unterstützt. Er ist in diesem Sinne eher als risikoavers einzuordnen.

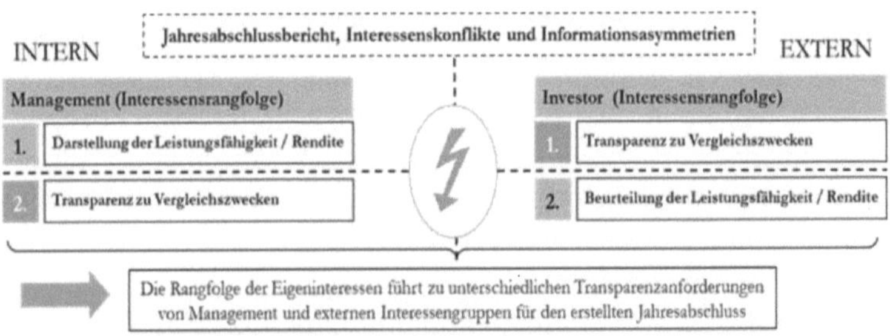

Abbildung 1: Jahresabschluss, Interessenskonflikte, Informationsasymmetrien und Transparenzanforderungen

Es wird also deutlich, dass externe Interessengruppen des Unternehmens, vornehmlich Investoren und Gläubiger, durch den Wissensvorsprung des Managements in ihren Entscheidungsfindungen vor Herausforderungen gestellt werden, die überwunden werden müssen. Dies liegt darin begründet, dass auch bei identischem Know-how aller Parteien zur Analyse des Jahresabschlusses der genannten Interessengruppen Unterschiede ausschließlich in Informationszugang und -detailliertheit sowie den eigenen Erkenntnisinteressen bestehen. Obwohl das Management seiner Rechenschaftsablegung für die Vergangenheit (ex-post) und dem Augenmerk auf die gegenwärtige Aufstellung des Unternehmens nachkommt, ist dies für den Investor und sein zukunftsorientiertes Interesse (ex-ante) nicht ausreichend.

Die Unterschiede in den Erkenntnisinteressen zwischen Rechenschaftsablegung und Zukunftsfähigkeitsbetrachtung von Management und den externen Analysten führen dazu, dass die Darstellung von Informationen im Jahresabschlusses trotz gesetzlich vorgegebener Normierung von den Interessen des Managements beeinflusst sein können und dabei zugleich nicht die umfängliche Informationsgrundlage für den Investor und sein zukunftsorientiertes Interesse an einem Vergleich darstellen. So führt dies bei gleichem Analyse-Know-how bei allen Interessierten dazu, dass durch die gegebenen Informationsasymmetrien, Jahresabschlüsse durch externe Analysten so aufbereitet werden müssen, dass diese einen entsprechend homogenen Informationsgehalt liefern, der einen effizienten und wirklichkeitsnahen Alternativenvergleich gewährleistet.

1.4 Der Begriff der Bilanzanalyse

Unter dem Begriff Bilanzanalyse, die einen Teil der ganzheitlichen Unternehmensanalyse darstellt, wird die Aufbereitung und Bewertung von unternehmensspezifischen Informationen mittels Kennzahlen, Kennzahlensystemen und weiteren Methoden verstanden. Der Begriff der Bilanzanalyse wird oftmals auch als die Analyse und Durchsicht von Jahresabschluss und Lagebericht (bei Kapitalgesellschaften) zum Zweck der Informationsgewinnung verstanden. Durch die Bilanzanalyse soll ein möglichst korrektes Bild über das Unternehmen sowie dessen wirtschaftliche Lage geschaffen werden. Isoliert betrachtet bietet die Bilanzanalyse jedoch verhältnismäßig limitierte Aussagekraft für diese Zielsetzung, da sie nur eine Erfassung von Vergangenheitswerten (ex-post) ermöglicht. Aus diesem Grund ist die Bilanzanalyse um eine Potenzialanalyse zu erweitern. Diese und weitere Schritte, welche durch eine ganzheitliche Perspektive, die Bilanzanalyse zu einer Unternehmensanalyse transformieren, werden in den nachfolgenden Kapiteln behandelt. Zunächst wird jedoch bei der Bilanzanalyse nach Art des zur Verfügung stehenden Datenmaterials, zwischen interner und externer Bilanzanalyse unterschieden[2].

[2] Vgl. Bieg, H.; Kußmaul, H.: Externes Rechnungswesen, 2. Aufl., München 1998, S. 255.

1.4.1 Die interne Bilanzanalyse

Bei der internen Bilanzanalyse, die auch als Betriebsanalyse bezeichnet wird, haben die Bilanzanalysten unbeschränkten und zeitnahen Zugriff auf sämtliche Informationen, die im Unternehmen vorliegen. Hierbei werden nicht die extern veröffentlichten Informationen herangezogen, sondern interne Informationen, welche an keine gesetzlichen Regelungen gebunden sind. Die interne Bilanzanalyse steht allerdings im Regelfall nur dem Management zeitnah und auch mit Plankennzahlen zur Unternehmenssteuerung zur Verfügung. Daraus abgeleitete Handlungen/Entscheidungen des Managements finden dann allerdings auch im zu veröffentlichenden Jahresabschluss ihren Niederschlag.

1.4.2 Die externe Bilanzanalyse

Die externe Bilanzanalyse basiert ausschließlich auf extern zugänglichen, veröffentlichten Informationen des Unternehmens. Bei diesen Informationen sind die gesetzlichen Vorgaben (z.B. Rechnungslegungsgrundsätze nach HGB oder IFRS) normierend einzuhalten. Aufgrund der gesetzlichen Rahmenvorgaben und Eigeninteressen des Managements entsprechen die veröffentlichten Informationen jedoch im Einzelfall nicht immer der tatsächlichen wirtschaftlichen Lage des Unternehmens, da z.T. andere Zwecke (z.B. optimierte Steuerzahlung) verfolgt werden (siehe Abschnitt 1.5 Informationsasymmetrien als Herausforderung an die Jahresabschlussanalyse). Die publizierten Informationen geben dem externen Analysten also lediglich eine Grundlage zur Analyse, die dann auf den verzögert verfügbaren Vergangenheitswerten sowie dem „optimierten" Rechenschaftsbericht basieren.

Hier wird nochmals deutlich, dass die existierenden Unterschiede in der Informationsgrundlage zwangsläufig nicht nur zu unterschiedlichen Ansätzen bei der Analyse führen, sondern auch zu unterschiedlich differenzierten Interpretationen der Werte/Analyseergebnisse führen können.

1.4.3 Von der Bilanzanalyse zur Unternehmensanalyse

Das primäre Ziel des externen Analysten ist zunächst die Vermögenserhaltung und Verminderung der Wahrscheinlichkeit eines Verlustes durch eine vergleichende Bewertung seiner Alternativen. Für diesen Zweck benötigt er jedoch, wie in Abschnitt 1.4.2 verdeutlicht, mehr als nur eine bloße Bilanzanalyse. Das Hauptaugenmerk ist auf das Unternehmen als Gesamtheit zu legen und es in seiner direkten Umwelt zu betrachten und zu bewerten. Folglich muss die Analyse über die bloße Bilanzanalyse hinaus auch zu einer umfassenden Unternehmensanalyse ausgedehnt werden. Die Unternehmensanalyse erweitert die Bilanzanalyse um die Potenzialanalyse auf Basis des Wettbewerbsumfeldes. Durch diese Erweiterung wird nicht mehr nur auf die augenblickliche Aufstellung gemäß dem aktuellen Jahresabschluss eingegangen. Im Vordergrund steht vorrangig das Erkennen von Potenzialen, die auch eine adäquate Einschätzung der Zukunftsfähigkeit des Unternehmens erlauben.

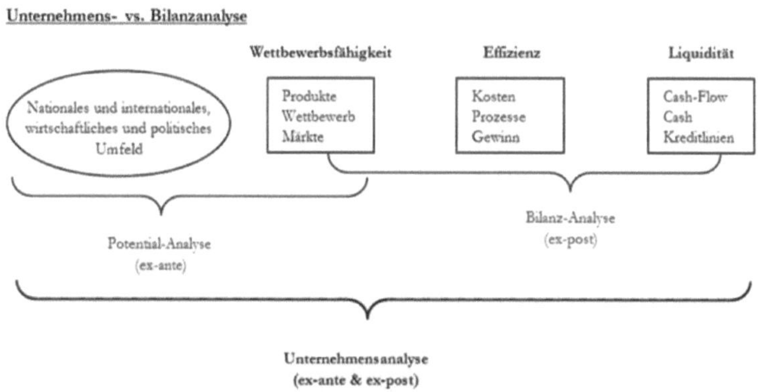

Abbildung 2: Komponenten der ganzheitlichen Unternehmensanalyse

Bei der Bilanzanalyse wird zunächst auf Grundlage der veröffentlichten und testierten Jahresabschlüsse eine erste Positionsbestimmung für das Unternehmen vorgenommen und die konkret umgesetzte Geschäftsidee des Unternehmens analysiert. Durch Stichtagsbezogenheit und Vergangenheitsorientierung ermöglicht die isolierte Bilanzanalyse jedoch nur eine Beurteilung der ex-post gezeigten Leistung des Managements. Nichtsdestotrotz lassen sich hierbei durch gegenüberstellende Vergleiche mit Vergangenheitswerten bereits erste Dynamiken (durch Management induzierte Verhaltensänderungen) erkennen, die eindeutig dem Unternehmen zugeordnet werden können.

Nach der erfolgreichen Aufbereitung müssen die Informationen entsprechend dem Erkenntnisinteresse des Analysten bewertet werden. Diese Auswertung erhebt einen zusätzlichen Anspruch an die Analyse, da hier tiefergehende Informationen gewonnen werden sollen, die auf erste Sicht nicht aus dem Jahresabschluss ersichtlich sind. Im Rahmen der Auswertung kann der externe Analyst auf eine Vielzahl unterschiedlicher Instrumentarien zurückgreifen. Diese lassen sich wie folgt systematisieren:

- **Positionenanalyse:** Die Aufgabe der Positionenanalyse besteht darin einzelne Bilanz- oder GuV-Posten zu analysieren.
- **Positionengruppenanalyse:** Die Positionengruppenanalyse verfolgt das Ziel, mehrere zusammengehörige Positionen auszuwerten.
- **Relationenanalyse:** Bei der Relationenanalyse werden Positionen oder Positionsgruppen zueinander in Beziehung gesetzt.
- **Rechnungsumformungsanalyse:** Hier werden alle oder ein Teil der Positionen zu Rechnungen anderer Art zusammengefasst.

Dadurch können in einer ersten ex-post Betrachtung Aussagen über die Wettbewerbsfähigkeit, Effizienz und Liquidität des Unternehmens und damit dessen in der Vergangenheit gezeigte Risikotragfähigkeit getroffen werden. Zudem finden innerhalb dieser Größen auch die zuvor behandelten, zukunftsgerichteten Analyseinteressen erstmalig Berücksichtigung. Mit der Effizienz eines Unternehmens assoziierte Größen sind hierbei vorrangig Kosten, Prozesse und der Gewinn. Weiterhin kann durch die Betrachtung von Größen wie Cash-Flow, Cash und Kreditlinien die Liquiditätssituation beleuchtet werden.

Im Kontext der Bilanzanalyse kann zudem eine Klassifizierung der im Jahresabschluss enthaltenen Komponenten nach dem spezifischen Erkenntnisinteresse des Analysten vorgenommen werden.

- Bilanz:

Aktiva	Passiva
Mittelverwendung	Mittelherkunft
Die Struktur der investierten Geschäftsidee, die durch das Know-how des Managements anhand der Einzigartigkeit der Geschäftsidee ausgerichtet ist.	Die finanzielle Absicherung der investierten Geschäftsidee. Dabei ist die Finanzierung ebenso auf die besonderen Bedürfnisse der Geschäftsidee abzustimmen und sicherzustellen.

- **GuV:** Die Gewinn- und Verlustrechnung zeigt durch die Gegenüberstellung von Aufwendungen und Erträgen, die im Geschäftsablauf erfolgte effiziente Umsetzung der Geschäftsidee in Form eines Gewinns oder Verlusts auf.
- **Kapitalflussrechnung/Cash-Flow Statement:** Die generierte Liquidität, die im Geschäftsjahr aus der investierten und finanziell abgesicherten Geschäftsidee stammt.

Diese Klassifizierung macht bereits deutlich, dass die Bilanzstruktur stark von der Geschäftsidee geprägt wird. Je brillanter also die Geschäftsidee strukturiert ist und je effizienter deren Umsetzung (GuV) durch das Management, desto höher die Liquiditätsgenerierung (Cash-Flow) aus dieser Idee.

Die Analyse zur Dauerhaftigkeit der Geschäftsidee auf Basis des Jahresabschlusses erfolgt durch die Betrachtung der Wettbewerbsfähigkeit. Dabei fällt das Augenmerk vornehmlich auf Märkte, Produkte und Wettbewerb. Auf der Basis des Jahresabschlusses erlaubt die Analyse der Geschäftsidee jedoch zunächst nur ex-post überstandene Risiken und Risikopuffer für das Unternehmen selbst in seinem direkten Umfeld. Hierdurch kann aber immer noch kein klares Bild über die zukünftige Lage des Unternehmens gegeben werden, da bisher keine Vergleichsmöglichkeiten mit Wettbewerbern existieren.

Dies kann nur durch die Potenzialanalyse erzielt werden. Hierbei wird die durch das Unternehmen umgesetzte Geschäftsidee aus ihrer Isolation herausgehoben und ein wesentlicher Fokus auf die Umwelt und damit auf anderweitig beeinflussende Datenkränze gelegt. Die Analyse der Abweichung von Referenzgrößen wie Wettbewerbern, Benchmarks oder Indizes legt dabei das Einzigartige der Geschäftsidee offen und ermöglicht zudem eine Einschätzung von Potenzialen in der zukünftigen Entwicklung. Nur durch diese vergleichenden Bewertungsanalysen lassen sich aussagekräftige Erkenntnisse gewinnen, die Aufschluss über die Einzigartigkeit (Alleinstellungsmerkmale) der verfolgten Geschäftsidee geben und dem Analysten eine ganzheitliche Betrachtung des Unternehmens ermöglichen. Letztendlich wird in diesem Schritt auch der Informationsvorsprung des Managements aufgehoben, da es für die Potenzialanalyse des eigenen Unternehmens und die damit verbundene Notwendigkeit der Auswertung von Daten Dritter (z.B. Bilanzen von Wettbewerbern) den externen Analysten und deren Herausforderungen bei der Informationsgewinnung letztlich gleichgestellt ist.

Die Umfänglichkeit der benötigten Informationen für diese ganzheitliche Unternehmensanalyse erfordert also zusätzlich zu den im Jahresabschluss enthaltenen Daten weitere Auswertungen und Analysemethoden. Jedoch stellen schon die durch den Informationsvorsprung des Managements bestehenden Informationsasymmetrien für den externen Analysten eine erste Hürde bei seiner Unternehmensanalyse dar. Die damit verbundenen Herausforderungen bei der Informationsgewinnung sowie mögliche Lösungsansätze für den externen Analysten werden im nachfolgenden Kapitel behandelt.

1.5 Informationsasymmetrien als Herausforderung an die Jahresabschlussanalyse

Der Begriff der Informationsasymmetrie oder der asymmetrischen Informationsverteilung wird in der Fachliteratur meist im Zusammenhang mit der Principal-Agent-Theorie nach George A. Akerlof beschrieben. Dabei wird dieses Phänomen stets innerhalb einer Transaktion zwischen einem Auftraggeber (Principal) und einem Auftragnehmer (Agent) beleuchtet. Informationsasymmetrie taucht somit also in nahezu allen Tauschakten auf, die zwei Akteure miteinander vollziehen. Dabei wird davon ausgegangen, dass einer der beteiligten Akteure einen Informations- oder Wissensvorsprung gegenüber dem anderen Akteur hat und bereit ist diesen auch zum Nachteil des anderen Akteurs für die Erreichung seiner eigenen Ziele zu nutzen. Dies kann also auch auf die Beziehung zwischen Investor (Auftraggeber: Eigentümer des Unternehmens) und Management (Auftragnehmer: Führung des Unternehmens) und deren unterschiedliche Zukunftsplanungen/Interessen gelten.

1.5.1 Ursprung und Konsequenzen von Informationsasymmetrien im Jahresabschluss

Im Jahresabschluss besteht dieses Verhältnis grundsätzlich zwischen dem Management und den externen Interessensgruppen. In diesem Verhältnis ergibt sich ein Wissensvorsprung des Managements auf der zuvor beschriebenen vollständigen Informationsgrundlage.

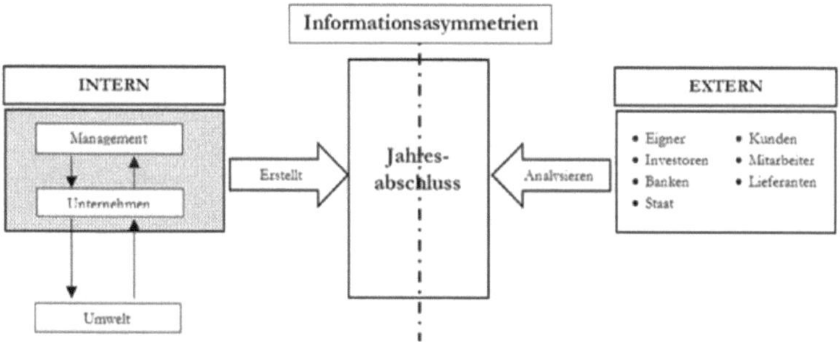

Abbildung 3: Ursprung von Informationsasymmetrien im Jahresabschluss

In Abbildung 3 wird dieses Verhältnis der asymmetrischen Informationsverteilung zwischen Management (intern) und Analysten (extern) verdeutlicht. Das Management erstellt den Jahresabschluss und der externe Analyst analysiert diesen. Betrachtet man nun die Interessensdivergenzen der beiden Akteure (Abbildung 1) und die daraus resultierende Priorisierung der jeweiligen Informations- und Transparenzanforderungen an den erstellten Jahresabschluss, wird die sich daraus ergebende Problematik überaus deutlich. Die Transparenzanforderungen der beiden Akteure an den Jahresabschluss sind somit als gegensätzlich (asymmetrisch) festzustellen.

Das oberste Ziel des Managements stellt die Darstellung der eigenen Performance und somit die Besonderheiten der im Unternehmen erzielten Rendite dar. Daher verfolgt es durch den Jahresabschluss primär ein Zeugnis der eigenen spezifischen Leistungen zu erstellen. Die Transparenz des Jahressabschlusses zu Vergleichszwecken (erste Priorität Analyst (Investor)) stellt folglich nur das sekundäre Ziel des Managements dar. So wird im Jahresabschluss vorwiegend auf die Herausforderungen und unternehmerischen Rahmenbedingungen eingegangen, um damit abermals die Leistung hervorzuheben. Hingegen ist die Transparenzanforderung an den Jahresabschluss zu Vergleichszwecken für den Investor das primäre Ziel, da er bei gegebenen vielfältigen Investitionsmöglichkeiten diese Transparenz benötigt, um jede Alternative im Sinne seiner Erwartungen auf gleicher Datengrundlage zu analysieren und entsprechend zu bewerten.

Der beschränkte Informationszugang stellt hier eine signifikante Limitation dar. Die Darstellung der Leistungsfähigkeit im Jahresabschluss (1. Priorität Management) ist von sekundärem Interesse für den Investor und dient lediglich der Überwachung bereits bestehender Investments. Dies unterstützt ihn jedoch nicht ausreichend bei der jederzeit notwendigen Neu-Bewertung seiner möglichen Investitionsalternativen.

Für den Analysten gilt es somit diese Faktoren, welche den Aussagegehalt des Jahresabschlusses verwässern, zu identifizieren, zu analysieren und dann die zu Grunde liegenden Informationsasymmetrien durch geeignete Korrekturmaßnahmen zu verringern. Trotz der gesetzlichen Vorschriften und Normierung gibt es eine Vielzahl von Faktoren welche sich nachteilig auf die Aussagekraft des Jahresabschlusses auswirken können. Diese limitierenden Eigenschaften gilt es anhand der nachfolgenden Kategorisierung zu erläutern:

[1] Zeitbezug der Informationsgrundlage

[2] Bilanzpolitik

[3] Off-Balance-Sheet Aktivitäten

1.5.1.1 Zeitbezug der Informationsgrundlage

Vergangenheitsorientierung der Informationen

Der Jahresabschluss bezieht sich auf einen abgeschlossenen und vergangenen Zeitraum und enthält somit nur Informationen zur Vergangenheit des Unternehmens. Die Erwartung der Geschäftsverlauf der Vergangenheit (ex-post) würde sich analog in der Zukunft fortsetzen ist so nicht garantiert. Da der Analyst jedoch vorranging Aussagen über die dauerhafte Zukunft (ex-ante) des Unternehmens treffen will, muss er spezifische Vergleichsmerkmale schaffen und entsprechende Korrekturposten bilden, die dann die individuellen Jahresabschlüsse für seine Zwecke der Investmentalternativenentscheidung homogenisieren.

Aktualität der Informationen

Die Informationen des Jahresabschlusses stehen in der Regel nicht unmittelbar nach der Erstellung zur Verfügung, sondern werden erst zeitlich versetzt zum Bilanzstichtag veröffentlicht. Faktisch ist damit der Jahresabschluss zum Analysezeitpunkt oftmals bereits schon überaltert, denn das Unternehmen kann sich zum Analysezeitpunk bereits erheblich verändert haben[3]. Hier mag eine Quartalsberichts-

[3] Dies gilt insbesondere bei besonders jungen Unternehmen wie Start-Ups oder Unternehmen des kleineren Mittelstandes, aber auch für die großen Aktiengesellschaften. Liegt doch zwischen Stichtag und Veröffentlichung der Bilanz oft ein halbes Jahr.

erstattung zwar hilfreich sein, löst aber dennoch nicht das grundsätzliche Problem.

Auch als problematisch für einen effizienten Vergleich erweist sich, dass einige Unternehmen den Berichtszeitraum aus individuellen Besonderheiten heraus abweichend vom Kalenderjahr festlegen (Stichtag ungleich 31.12.).

Stichtagsbezug und Manipulationsanfälligkeit der Informationen

Die Bilanzanalyse bezieht sich immer nur auf eine Momentaufnahme der Bilanz am Ende des Geschäftsjahres. Das Vermögen (Struktur der investierten Geschäftsidee), das Eigenkapital und die Schulden (Absicherung der Geschäftsidee) verändern sich jedoch fortlaufend – gar täglich während eines Geschäftsjahres. Der Stichtag zur Erfassung ist damit eher eine Augenblicksaufnahme zum Stichtag als eine Darstellung des Geschäftsjahres. Damit spiegelt der Jahresabschluss nicht den gesamten Zeitraum als solchen wider, sondern ist auch anfällig für gezielte Steuerung oder Manipulation zum Stichtag, damit ein eventuell gewünschtes Bild vermittelt werden kann. Ein Beispiel hierfür ist die gezielte Einflussnahme auf Vermögensgegenstände des Umlaufvermögens, um die Gesamtsituation des Unternehmens in ein besseres Licht zu rücken (der Abbau der Lagerbestände an Rohstoffen zum Bilanzstichtag und deren Wiederauffüllen exakt zum Tag nach dem Bilanzstichtag wäre eine solche Möglichkeit). Allgemein gilt je liquider eine Bilanz ist, desto anfälliger ist diese in Bezug auf stichtagsbezogene Manipulationen.

Allgemein ergibt sich aus den oben genannten Argumenten, dass der Jahresabschluss auf Grundlage des Zeitbezugs für den Investor lediglich eingeschränkte Möglichkeiten zur vergleichenden Beurteilung der augenblicklichen Situation von Unternehmen bietet.

1.5.1.2 Bilanzpolitik

Bilanzierungsstandards, Bewertungsvorschriften und Buchführungsgrundsätze

Bewertungsunterschiede können sich bereits aufgrund der Anwendung unterschiedlicher Bilanzierungsstandards und den verbundenen Bewertungsvorschriften wie dem HGB, US-GAAP oder IFRS/IAS ergeben.

Im HGB ist das Vorsichtsprinzip beherrschend (zum Niederstwertprinzip bilanzieren), wohingegen in den USA die Fair-Value-Bewertung dominiert. Somit ist bereits aufgrund der unterschiedlichen Bewertungsvorschriften ein Vergleich deutscher und amerikanischer Unternehmen schwierig.

Außerdem gewähren Bewertungswahlrechte innerhalb eines Standards bilanzpolitischen Gestaltungsraum für das Management und rufen somit nicht nur **Inter-Standard-Differenzen**, sondern auch **Intra-Standard-Differenzen** hervor. So können die Bewertungswahlrechte wie FIFO, LIFO etc. den Grad der Informationsasymmetrie noch weiter erhöhen. Aber auch eingegangene Pensionsverpflichtungen sind in Bezug auf die Bewertung zu hinterfragen.

Darüber hinaus können die nach dem deutschen HGB geltenden Grundsätze ordnungsgemäßer Buchführung (GoB) weitere Verzerrungen der Realität erzeugen. Dies liegt darin begründet, dass der Jahresabschluss unter Beachtung der GoB erstellt werden muss. Bestimmte Grundsätze entziehen dem Jahresabschluss jedoch Informationen, z.B. müssen gemäß dem Imparitätsprinzip, welches im § 252 Abs. 1 Nr. 4 HGB verankert ist, drohende Verluste, die zum Bilanzstichtag entstanden sind, berücksichtig werden. Vorhersehbare Chancen und Gewinne, die zum Zeitpunkt des Bilanzstichtags noch nicht realisiert wurden, dürfen jedoch nicht berücksichtigt werden.

Steueroptimierung

Da in Deutschland der handelsrechtliche Jahresabschluss auch für den steuerrechtlichen Abschluss relevant ist, können auch Überlegungen zur Optimierung der Steuerbelastung in die Gestaltung der Handelsbilanz einfließen und diese somit weiter von der Realität entfernen. Eine solche Überlegung wäre Vermögensgegenstände des Unternehmens für den privaten Gebrauch zu nutzen oder auch private Ausgaben als Aufwendungen innerhalb der unternehmerischen Tätigkeit steuerlich geltend zu machen. Dies hat zur Folge, dass für den externen Analysten nicht deutlich wird welche Vermögensgegenstände zur Geschäftsidee gehören und somit zum Erfolg beitragen. Ein weiterer Hauptbestandteil der Steueroptimierung ist die Abschreibungsmethode. So entsprechen die gesetzlich vorgegebenen Abschreibungsregelungen selten der Unternehmensrealität und unterscheiden sich signifikant von den tatsächlichen kalkulatorischen Abschreibungen eines Unternehmens, welche den wirklichen Wertverzehr durch die geschäftliche Nutzung abbilden.

Weitere Möglichkeiten zur Einflussnahme durch bilanzpolitische Maßnahmen auf das Erscheinungsbild des Unternehmens stellen die individuelle Wahl von **Konsolidierungskreis** (z.B. Banktöchter bei Automobilherstellern), unterschiedliche **Aggregationsebenen** (z.B. beim Umsatz im Mehr-Produktbetrieb) und unterschiedliche Festlegung **geeigneter Wechselkurse** in der Konzern-, wie auch der Einzelbilanz dar.

All diese gesetzlich gegebenen Wahlrechte erhöhen somit allgemein die Intransparenz des Jahresabschlusses. Auswirkungen auf das operative Ergebnis aber auch das Finanzergebnis ermöglichen dem Analysten in dieser Form keine realitätsnahe Beurteilung von Geschäftsmodell und Risikoumfang des Unternehmens.

1.5.1.3 Off-Balance-Sheet Aktivitäten

Zu den Off-Balance-Sheet Aktivitäten gehören alle Aktivitäten des Unternehmens, die anhand der einschlägigen Bilanzierungsstandards nicht in der Bilanz aufgenommen werden müssen und somit ein verzerrtes Gesamtbild des Unternehmens in der Bilanz selbst zeigen. Die wichtigsten dieser Aktivitäten sind:

[1] Pensionen

[2] Forderungsverkauf, z.B. durch Factoring/Forfaitierung/Asset Backed Securities (ABS)

[3] Eventualverbindlichkeiten/Garantien/Bürgschaften

[4] Finanzinstrumente wie bspw. Derivate/Versicherungen

[5] nicht konsolidierte Unternehmensteile

Diese Aktivitäten führen zu einem Verlust der Transparenz und erschweren die Vergleichbarkeit von Unternehmen für den Analysten erheblich. Das Management verfolgt durch diese Maßnahmen, wie oben erwähnt, eigene Interessen zur Selbstdarstellung aber auch eine individuelle Optimierung des Geschäftsmodells. So kann z.B. durch Off-Balance-Sheet Aktivitäten eine umfangreiche Investition getätigt werden, die ansonsten nur durch eine hohe Finanzierung und Erhöhung des Anlagevermögens (Aktiv-Passiv-Mehrung) möglich wäre ohne dabei eine sichtbare Bilanzverlängerung zu erzeugen. Hierdurch kann sogar oftmals eine Bilanzverkürzung herbeigeführt werden, die positiven Einfluss auf bestimmte Bilanzrelationen ausübt und das Unternehmen mit einer überproportionalen Leistungssteigerung darstellt. Diese Leistungssteigerung würde in der Bilanz den Anschein erwecken lediglich auf der Effizienz des Unternehmens zu basieren. In der Unternehmensrealität ist diese Leistungssteigerung jedoch nur durch ein Off-Balance-Sheet-Geschäft (Leverage-Effekt) herbeigeführt worden. Zudem wird die Risikotragfähigkeit (z.B. in Form der Eigenkapitalquote) durch fehlende Aufnahme von Fremdmitteln das Unternehmen in ein positives Licht gerückt. Z.B. wirken sich gezahlten Leasingraten außerdem steuerlich vorteilhaft aus, da sie als Aufwendungen das Ergebnis des Unternehmens beeinflussen. Allerdings sind sie auch ähnlich den Zinsen als zukünftig dauerhafte Zahlungsverpflichtungen einzuordnen. Durch neue Gesetzgebungen und die Harmonisierung der Rechnungslegungsstandards wird in Zukunft jedoch Leasing als Off-Balance-Sheet Transaktion nicht mehr so einfach durchführbar sein (siehe Abschnitt 4.8 Bilanzrichtlinien-Umsetzungsgesetz – BilRUG). Nichtsdestotrotz bleiben Off-Balance-Sheet Aktivitäten als solche gängig bei Unternehmen.

All diese Einschränkungen der Aussagekraft des Jahresabschlusses gilt es somit für den Analysten zu neutralisieren und für Vergleichszwecke – durch die Bildung entsprechender Korrekturposten – zu homogenisieren. Daher führt Informationsasymmetrie zu einem erheblichen Mehraufwand für den externen Analysten und erfordert, bedingt durch den immensen Spielraum des Managements zur Außendarstellung, ein hohes Maß an Analyse-Know-how. Dieser Aufwand kann als Transaktionskosten des Analysten/Investors beschrieben werden. Je höher also die Intransparenz im Jahresabschluss, umso höher sind die notwendigen Transaktionskosten des Investors. Informationsasymmetrien sind folglich stets mit erhöhten Transaktionskosten und ultimativ einem Preis- bzw. Risikoabschlag bei der Investor-Entscheidung verbunden.

Zur Überbrückung der allgemein gegebenen Informationsasymmetrien und Reduzierung der daraus folgenden Transaktionskosten bestehen jedoch sowohl auf Seiten des Unternehmens als auch auf Seiten des Analysten mögliche Ansätze und Verfahrensweisen, die im folgenden Kapitel kurz vorgestellt werden.

1.5.2 Überwindung von Informationsasymmetrien im Jahresabschluss: Vertrauensschaffende Transparenz

Wie deutlich wurde, sind Informationsasymmetrien dafür verantwortlich, dass der Investor in seinem Suchprozess nach geeigneten Investitionen unabdingbar mit Transaktionskosten konfrontiert wird. Dieser Analyseaufwand kann somit auch als Suchkosten

(Screening Aufwand) definiert werden. Das Management des Unternehmens hingegen ist ebenfalls gesetzlich dazu angehalten vertrauensschaffende Maßnahmen zu implementieren und die für Analysezwecke benötigten Daten zugänglich zu machen. Dies verursacht auf Seiten des Unternehmens wiederum sogenannte Transparenzkosten (Signaling-Aufwand). So entstehen in diesem wechselseitigen Verhältnis für beide Akteure Aufwendungen sowie zu erwartende Verluste (die aus einer Fehleinschätzung hervorgehen können). Diese Kosten sind jedoch in den eigentlichen Marktpreisen für ein Asset so nicht enthalten und gehen daher oft mit einem entsprechenden Preisabschlag des Analysten zum wirklichen Preis einher.

Die gesetzlich angelegten Mindestvorschriften zur Bilanz wandeln von daher nur Screening Aufwendungen in Signaling-Aufwendungen um, verteilen also die anfallenden Kosten nur auf andere Schultern. Um die Transaktionskosten insgesamt auf beiden Seiten zu reduzieren, müssen beidseitig und langfristig angelegte, vertrauensschaffende Maßnahmen angestrebt und variabel umgesetzt werden.

Signaling (Unternehmen)

Das Unternehmen vollzieht eigenständige Anstrengungen und signalisiert durch vertrauensschaffende Maßnahmen die Informationsasymmetrien überbrücken zu wollen. Bei großen Unternehmen wird dies oft durch eine eigens geschaffene Investor-Relation-Abteilung im laufenden Geschäftsbetrieb übernommen. Aber auch der Grad der freiwilligen und damit weitergehenden Berichterstattung innerhalb des veröffentlichten Jahresberichts kann die notwendigen Screening Aufwendungen des Investors deutlich reduzieren. Weiterhin können durch das Unternehmen auch die Geschäftsmodelle Dritter, welche auf der Überwindung von Informationsasymmetrien basieren, vertrauensbildend genutzt werden. Somit kann bspw. die freiwillige Durchführung einer Prüfung/Zertifizierung durch eine Rating Agentur die Transparenz und das Vertrauen zum Unternehmen deutlich erhöhen.

Abschließend ist hier zu konstatieren, dass sich Signaling-Aufwendungen auf das eigene Unternehmensergebnis immer negativ auswirken. Jedoch können nur so gesamtwirtschaftliche Synergien bei den (Gesamt-)Transaktionskosten erhoben werden, die andernfalls bei jedem Analysten einzeln als direkter Screening Aufwand anfallen würden.

Screening (Analyst)

Durch den geringen Grad an Standardisierung innerhalb der individuellen Know-how-bezogenen Suchprozesse sowie den notwendigen und variablen Anpassungen in der Zeit, sind regulatorische Regelungen für das berichterstattende Unternehmen und die (Gesamt-) Transaktionskosten nicht immer optimal. Die Transparenzkosten des individuellen Unternehmens müssten teilweise unverhältnismäßig erhöht werden, um den individuellen Anforderungen eines jeden Analysten gerecht zu werden.

Der Analyst unternimmt daher in seinem Suchprozess auch eigene Anstrengungen zu einer Standardisierung und Selektion seiner Alternativen. Dazu ist aber das Vorhalten von eigenem Know-how sowie eine entsprechende Informationsverarbeitung anzulegen (Screening Aufwendungen). So werden auch eigene Effizienzsteigerungen bei der Analyse erreicht und die Screening Aufwendungen (Suchkosten) sowie die Transaktionskosten insgesamt optimiert.

Vertrauensschaffende Transparenz

Das Resultat aus diesen wechselseitigen Bemühungen ist eine dauerhafte und wiederkehrende Beziehung im Tauschakt, da Unternehmen und Analyst durch das jeweils bestätigte Vertrauen in die Gegenpartei, die Aufwendungen zur Überwindung der Informationsasymmetrien und damit die gesamten Transaktionskosten reduzieren können.

Auch wenn nun die Transparenz des Unternehmens als oberste Maxime erachtet werden könnte, ist nicht die vollständige, sondern die richtige Gestaltung der Transparenz maßgeblich für die erfolgreiche Interaktion beider Parteien, die mit einer effektiven Reduzierung der Transaktionskosten einhergeht.

Auf Seiten des Unternehmens ist eine vollständige Transparenz nicht möglich, da diese nur durch bspw. eine Offenlegung der Buchführung in Echtzeit ermöglicht werden kann und den Kern der eigenen Einzigartigkeit und Brillanz der Geschäftsidee auch den Wettbewerbern öffentlich zugänglich machen würde. Dies würde nicht nur die Transparenzkosten (Signaling-Aufwand) des Unternehmens erheblich erhöhen, sondern auch dessen langfristiges Überleben durch die Offenlegung von Betriebsgeheimnissen gefährden.

Auch Seitens des externen Analysten ist eine vollständige Transparenz zwangsläufig mit einer Erhöhung der Transaktionskosten verbunden. Dies liegt darin begründet, dass sich durch die bloße Menge und Komplexität der bereitgestellten Informationen die Suchkosten (Screening-Aufwand) des Analysten insgesamt erhöhen.

Es muss also ein effizienter Kompromiss der bereitgestellten Informationen mit dem damit einhergehenden Screening Aufwand erreicht werden. Dieser sollte so ausgestaltet sein, dass sie dem Analysten die benötigten Informationen auch freiwillig zugänglich machen um entsprechend seiner primären Ziele (vergleichende und bewertende Analyse von Alternativen) Aussagen über die Wettbewerbsfähigkeit, Effizienz und Liquidität des Unternehmens treffen zu können.

Im Zusammenhang mit einer möglichen Rahmensetzung zur Transparenzgestaltung zwischen Unternehmen und externen Analysten können nun nachfolgend Transparenzmaßnahmen anhand ihrer Dynamik in der Zeit und damit ihren interessensbezogenen Ausgestaltungsmöglichkeiten eingeordnet werden:

- **Stabil in der Zeit:** Grundlegende und gesetzlich festgelegte Mindestanforderungen an die Transparenz.

  Beispiele: Bilanzierungsstandards, Veröffentlichungspflichten

- **Sprungstabil in der Zeit:** Der Zusammenschluss von Interessengruppen und die Einigung zu Standardisierung bei einhergehender Selbstregulierung.

  Beispiele: Rules of Governance, Best Practices, Incoterms, ISDA-Agreements (International Swap Dealer Association)

- **Dynamisch in der Zeit:** Individuelle, freiwillige und unabhängige Berichterstattung erfolgt unter der Maxime der vertrauensschaffenden Transparenz und geht somit über die zuvor genannten Alternativen hinaus. Dies liegt darin begründet, dass diese Informationen dynamisch und ausdrücklich auf die Interessen und Notwendigkeiten der Empfänger eingehen.

  Beispiele: Rating Agenturen, Zertifizierungen, Analystenberichte

Somit kann der Begriff der vertrauensschaffenden Transparenz im Kontext der Unternehmensanalyse wie folgt definiert werden:

> „Eine freiwillige Offenlegung von Daten, die dynamisch sowie änderungsbedürftig in der Zeit sind“

Jedoch ist auch bei solchen Maßnahmen stets zu beachten, dass ein erhöhter Signaling-Aufwand des Unternehmens nicht völlig selbstlos unternommen wird, sondern auch von konkretem Eigeninteresse des Managements geprägt sein kann. Daher müssen auch bei vertrauensschaffenden Maßnahmen alle Informationen vom Analysten auch im Zeitverlauf betrachtet werden. Nur im Falle, dass sie sich nachvollziehbar und dauerhaft bewahrheiten, schafft das in dem Verhältnis zwischen Unternehmen und externen Interessengruppen langfristiges gegenseitiges Vertrauen und führt so zu einer dauerhaft stabilen sowie allseitig zufriedenstellenden Zusammenarbeit.

1.6 Implikationen für die externe Jahresabschlussanalyse und den Analysten

Durch die Herausforderungen, die mit den gegebenen Informationsasymmetrien innerhalb eines Jahresabschlusses einhergehen, ist es für den Analysten unerlässlich erforderlich Maßnahmen zu ergreifen, die die verfügbaren Informationen durch die Bildung von Korrekturposten in eine homogene und für ihn verlässliche Datenbasis transformieren. Um dies zu gewährleisten, benötigt der Analyst eigenes Know-how sowie das institutionalisierte Know-how seiner Organisation, das ihm rahmengebend zur Verfügung steht.

1.6.1 Bildung einer homogenen und verlässlichen Datenbasis

Für die Bildung dieser Datenbank muss die Bilanzanalyse nach quantitativen und qualitativen Aspekten differenziert werden. Zum quantitativen Teil gehören Kennzahlen und Kennzahlensysteme, eigene Cash-Flow-Rückrechnungen und Wertschöpfungsrückrechnung. Der qualitative Teil kann weiterhin in zwei Subkategorien unterteilt werden. Die erste Kategorie befasst sich mit der Analyse des zuvor behandelten bilanzpolitischen Instrumentariums und beleuchtet die formelle und materielle Bilanzpolitik sowie die Bilanzierung innerhalb gesetzlicher Pflichtrahmen auf den Aussagegehalt. Die zweite Kategorie widmet sich ausschließlich der semiotischen Auswertung des Jahresabschlusses und befasst sich mit der Analyse von konkreter Wortwahl und dem Bestimmtheitsgrad von getroffenen Aussagen. Zudem wird bezogen auf die vertrauensschaffende Transparenz die Intensität und Bereitwilligkeit der freiwilligen Berichterstattung ausgewertet.

Das Hauptaugenmerk des Analysten liegt nun darauf diese Informationen zu verarbeiten, damit er spezifische Korrekturposten in seine Analyse integrieren kann, um gegebene Informationsasymmetrien zu überbrücken. Nur mit diesem Know-how kann er die gewonnenen Informationen in seiner Datenbank verarbeiten und auch für Vergleichszwecke nutzen. Dafür muss er vorab eine klare Definition zur Behandlung von einzelnen Bilanzposten sowie der Off-Balance-Geschäfte im Jahresabschluss vorgeben. Bei der Erstellung eines homogenen Datenkranzes sind vorrangig die nachfolgenden Anforderungen an die Daten zu stellen:

[1] Vollständigkeit der Daten

[2] Vergleichbarkeit der Daten

[3] Aktualität der Daten

[4] Flexibilität in der Datenstruktur

Nur mit diesem Anspruch an die verarbeiteten Daten kann der Analyst eine Vergleichbarkeit von bspw. verschiedeneren Unternehmensbilanzen (auch für seine spätere Potenzialanalyse) entsprechend gewährleisten, da ja eine bestimmte Zahl innerhalb der Datenbank stets dieselbe inhaltliche Bedeutung hat. Das erfordert eigenes Know-how beim Analysten schon bei der Übernahme der Daten, um das vorgegeben Analyseziel durch die geeignete Bildung von spezifischen Korrekturposten zu erreichen. Folglich hängt die Qualität des Analyseergebnisses maßgeblich von der Qualität der zuvor eingegebenen Daten ab. Werden die vorhandenen Informationen also durch den „Know-how-Filter“ des Analysten nicht richtig interpretiert, sortiert, korrigiert und homogenisiert, ist ein präzises und korrektes Analyseergebnis nicht zu gewährleisten.

Eine weitere Herausforderung für den Analysten stellt bei diesem Vorhaben vor allem das inhärente Datenproblem bei der quantitativen Analyse im Zeitablauf dar. Hier kommen die folgenden Charakteristika der Daten erschwerend hinzu:

- Daten und Datenreihen bedürfen einer ausreichenden Anzahl von Observationen.
- Die erforderliche Bildung von Know-how-basierten Korrekturposten müssen zur einheitlichen Datenqualität und Datenaussage beitragen
- Datenaggregationen müssen auch dauerhaft in der Zeit nach dem gleichen Schlüssel aggregiert werden – Zweck: Aussagenstabilität.

- Datenbereinigungen verändern den tatsächlich vorgefundenen Aussagegehalt in eine homogenisierende Betrachtung in der Zeit – entsprechen damit also nicht immer der Unternehmensrealität. Hier ist also vom Analysten die Vergleichbarkeit der Daten mit individueller Wirklichkeitsnähe abzuwägen.
- Unterschiedliche Datenbankanbieter wählen Know-how-bezogen unterschiedliche begriffliche und mathematische Abgrenzungen. Grunddaten aus verschiedenen Datenbanken sind daher nicht konsistent für eine aussagefähige Analyse.

1.6.2 Exkurs: Homogenisierung der Daten am Beispiel einer Cash-Flow Rückrechnung

Der Cash-Flow stellt für den externen Analysten eine der wichtigsten Größen bei seiner Analyse dar, da er Rückschlüsse auf die Liquiditätsbereitstellung durch die Geschäftsidee eines Unternehmens zulässt. Diese Liquidität kann ausschließlich der dauerhaften und wiederkehrenden unternehmerischen Tätigkeit zugeschrieben werden und zeigt somit die Stabilität oder Volatilität der verfolgten Geschäftsidee im Zeitablauf. Die ebenfalls veröffentlichte Kapitalflussrechnung/Cash-Flow-Statement innerhalb des Jahresabschlussberichtes kommt dieser Sichtweise entgegen, wird allerdings so vom Management bereitgestellt. Die zuvor behandelten möglichen Informationsasymmetrien zwischen Management und externem Analysten bestehen jedoch auch bei der Bestimmung dieser Größe. Daher wird hier zwischen direkter und indirekter Ermittlungsmethode des Cash-Flows unterschieden.

a) Direkte Methode

betriebliche Einzahlungen - betriebliche Auszahlungen = Cash-Flow

Die direkte Methode zur Ermittlung des Cash-Flows steht nur dem Management zur Verfügung, das auf die internen Daten der Ein- und Auszahlungen des Unternehmens direkt zugreifen kann. In Abhängigkeit der internen Begriffsabgrenzung „betrieblicher" Zahlungen können somit Brutto Cash-Flow, EBITDA (Earnings before Interest, Taxes, Depreciation and Amortization) sowie das operative Ergebnis <u>exakt</u> zur verfolgten Geschäftsidee bestimmt werden.

b) Indirekte Methode

Da dem Analysten diese Informationen jedoch nicht zur Verfügung stehen, muss dieser auf die indirekte Methode der Cash-Flow-

Rückrechnung, basierend auf den veröffentlichten Jahresabschlussdaten, zurückgreifen. Ausgehend von dem Jahresüberschuss/Gewinn wird dieser zunächst um zahlungsneutrale Aufwendungen bzw. Erträge bereinigt. Dazu gehören sowohl Abschreibungen als auch die Bildung von Rückstellungen, die den Jahresüberschuss gemindert haben, jedoch nicht zu entsprechenden periodengleichen Auszahlungen geführt haben. Die Auflösung von Rückstellungen ist dagegen negativ einzubeziehen, da mit ihnen regelmäßig ein Zahlungsfluss einhergeht. Auflösungsgewinne mögen zwar zu einer Erhöhung des Jahresüberschusses geführt haben, sind aber ebenfalls abzuziehen, da sie keinen periodengerechten Beitrag zur gewöhnlichen also der wiederkehrenden Geschäftstätigkeit leisten. Das Ergebnis nach dieser ersten Modifikation des Jahresüberschusses ist der Netto-Cash-Flow und erlaubt Aussagen zur regelmäßigen Geschäftstätigkeit aus der umgesetzten Geschäftsidee.

Der Netto-Cash-Flow ist wiederum um Aufwendungen bzw. Erträge zu erhöhen bzw. zu vermindern, die nicht die ureigene betriebliche Tätigkeit des Unternehmens widerspiegeln. So ist ein positives Finanzergebnis vom Netto-Cash-Flow abzuziehen, da dies das Ergebnis aus eigenständigen Finanztransaktionen darstellt. Analog ist ein negatives Finanzergebnis hinzuzurechnen, da dies das betriebliche Ergebnis gemindert hat. In dieser Form kann dann gewährleistet werden, dass die dauerhafte Tragfähigkeit der umgesetzten eigentlichen Geschäftsidee Finanzierungs- und Finanzergebnisneutral erfasst wird. Zudem ist vom Netto-Cash-Flow das außerordentliche positive (negative) Ergebnis abzuziehen (hinzuzurechnen), da dies eine betriebsfremde, nicht wiederkehrende Komponente in der Liquiditätsbetrachtung des Unternehmens darstellt sowie mit der eigentlichen Geschäftsidee nichts zu tun hat.

Diese Bereinigungen ermöglichen es dem Analysten, letztendlich zum ureigenen und rein aus der Geschäftsidee resultierenden Cash-Flow, dem sogenannten Brutto-Cash-Flow, zu gelangen. Dieser sollte dann idealer Weise dem durch das Management veröffentlichten Wert des EBITDA bzw. dem operativen Ergebnis annähernd entsprechen. Das EBITDA ist eine Kennzahl, die i.d.R. international zu (Unternehmens-)Vergleichszwecken vom Management (auf interner Datenbasis) erstellt und im Jahresabschluss veröffentlicht wird. Eine Interpretation dieser Größe ist daher aufgrund der vom Management vorgenommenen Abgrenzung und den daraus resultierenden Informationsasymmetrien allgemein mit Vorsicht vorzunehmen.

Analog zu dem zuvor gezeigten Schema kann auf der Basis des ermittelten Brutto-Cash-Flows nachfolgend auch der Investitions-Cash-Flow, der die laufenden Reinvestitionen in die bzw. die Modifikation der Geschäftsidee zeigt, bestimmt werden. Dieser beinhaltet Investitionen sowie Bestandsveränderungen, die zur Aufrechterhaltung der unternehmerischen Tätigkeit geleistet werden müssen.

Die anschließende Berechnung des Finanzierungs-Cash-Flows ermöglicht Rückschlüsse auf Nettoleistungsverpflichtungen des Unternehmens durch Fremdkapitalaufnahme. Zudem wird innerhalb dieser Größe auch der außerordentliche Ab- oder Zufluss von Liquidität an das Unternehmen bzw. Anteilseigner deutlich. Der so genannte „Free Cash-Flow to Equity" steht hierbei exklusiv den Anteilseignern zu (free) und kann als Dividende ausgeschüttet werden. Die zukünftige Ertragskraft bleibt dadurch unberührt, da die Cash-Flows, die für unternehmenserhaltende Investitionen benötigt werden, bereits abgezogen wurden. Alternativ zur Dividendenzahlung kann diese Überschussliquidität aber auch thesauriert und in zusätzliches Wachstum investiert werden.

Eine exemplarische Konzeption und Darstellung dieser Rückrechnung kann aus Abbildung 4 entnommen werden.

Durch die Unterschiede der beiden hier vorgestellten Methoden ergeben sich nun wieder Möglichkeiten der neutralen Einschätzung zur Überbrückung von Informationsasymmetrien.

Der durch das Management ermittelte direkte Cash-Flow ist allgemein durch den besseren Datenzugang genauer und aussagekräftiger. Die vom Management veröffentliche Version der Cash-Flow Statements oder das EBITDA hingegen könnten beeinflusst sein, da Ziele der Bilanzoptimierung verfolgt werden.

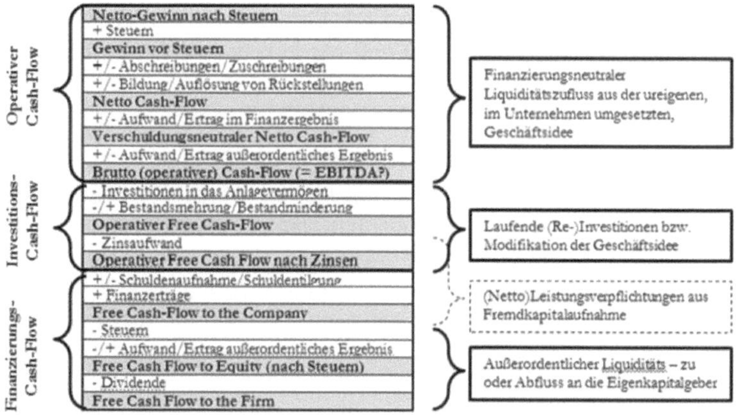

Abbildung 4: Konzeption einer Cash-Flow Rückrechnung für die Datenhomogenisierung

Auch wenn durch eine Rückrechnung und Korrekturpostenbildung des Analysten eine exakte Bestimmung des Cash-Flows nicht möglich ist, stellt dies eine manipulationsneutralere Approximation an dessen wahren Wert dar und ist für den Analysten für alle Unternehmen übergreifend interpretationsfähig. Der Brutto-Cash-Flow ist die einzige Zahl, die für Vergleichszwecke Aufschluss über die tatsächlichen Verhältnisse im Unternehmen gibt. Um Aussagen über die Transparenz/Intransparenz der Berichterstattung des Managements bei gegebenen Informationsasymmetrien zu ermöglichen, könnten diese beiden Werte in Relation gesetzt werden. Dies würde folgende Verhältniskennzahl ergeben:

Transparenz der Berichterstattung = EBITDA/Brutto Cash-Flow

Der hieraus resultierende Wert ist im Idealfall 1 und würde somit eine vertrauensschaffende Transparenz des Managements unterstellen und den EBITDA als adäquate Kennzahl für die Beurteilung der Ertragskraft der reinen Geschäftsidee zulässig machen. Liegt der Wert unter 1 ist dies entweder auf die intransparente Berichterstattung des Managements oder einen Fehler des Analysten zurückzuführen. Kann jedoch ein Fehler des Analysten mit ausreichender Sicherheit ausgeschlossen werden, verhält sich der Grad der Intransparenz proportional zu der Höhe der Abweichung vom Idealwert.

Es kann hier also festgehalten werden:

- Der eigenberechnete Brutto-Cash-Flow ermöglicht eine homogene Aussage zur dauerhaften und wiederkehrende Geschäftsaktivität und ist damit eine Reflektion der Geschäftsidee und ihrer Stärke auch in der Zeit.
- Der Gewinn als letzte Größe innerhalb der Gewinn- und Verlustrechnung stellt die manipulationsanfälligste aller Jahresabschlussgrößen dar, da alle Komponenten, die zu Informationsasymmetrien führen können, hier enthalten sind.
- Da der Brutto-Cash-Flow vor Zinsen, Steuern, Abschreibungen und Amortisationen berechnet wird, kann die absolute Höhe des Gewinns also nie eine Aussage über die tatsächlich generierte Liquidität bzw. Profitabilität einer Unternehmung ermöglichen und wird meist geringer als der Brutto-Cash-Flow ausfallen.
- Auch den EBITDA oder den Brutto-Cash-Flow als geeignete Indikatoren für die unternehmenseigene Gewinnsituation (Profitabilität) einzuordnen ist mehr als problematisch. Dazu müssten diese beiden Werte (Gewinn und EBITDA) in einem dauerhaft stabilen mathematischen Bezug stehen. Schaut man auf die obige Rückrechnung (siehe Abbildung 1: Konzeption einer Cash-Flow-Rückrechnung für die Datenhomogenisierung) wird sofort ersichtlich, dass viele Positionen einen starken Zeit- bzw. Augenblickbezug haben. Zudem sind vor Gewinnfeststellung zahlungspflichtige und doch variable Leistungen (z.B. Kreditzinsen und Steuern) vorzunehmen. EBITDA als Gewinnindikator ist daher inadäquat.

Somit unterliegen sowohl Gewinn als auch EBITDA den zuvor behandelten Informationsasymmetrien, wogegen der durch die Rückrechnung ermittelte Brutto Cash-Flow um mögliche Informationsasymmetrien bereinigt wurde. Also sollte der interessengeleitete Analyst auf den vereinheitlichten Brutto-Cash-Flow zurückgreifen. Dieser ist durch die indirekte Berechnungsmethode zwar nicht mit Exaktheit bestimmbar, stellt jedoch eine allgemein bessere Reflektion der Geschäftsidee dar und kann Aufschluss über den Grad der Intransparenz in der Berichterstattung geben.

Hier wird so ein weiteres Mal ersichtlich, wie eine vermeintlich identische Zahl (Brutto-Cash-Flow/EBITDA) durch gegebene Informationsasymmetrien und unterschiedliche Interessenslagen bei Management und externem Analysten unterschiedlichen Informationsgehalt beinhaltet.

Neben dem vorangegangenen Beispiel der Cash-Flow-Rückrechnung, sind nun auch weitere Maßnahmen/Rückrechnungen für den Analysten denkbar (z.B. eine Wertschöpfungsrechnung), die es ihm ermöglichen eine homogene und in ihrer Aussagekraft vergleichbare Datengrundlage zu schaffen. So wird dann sichergestellt, dass die in der Datenbank enthaltenen Informationen stets bei Unternehmensvergleichen den gleichen Informationsgehalt beinhalten. Im Falle des Brutto-Cash-Flows betrifft dies Aussagen zur Höhe der aus der ureigenen und damit auch zukünftig wiederholbaren Geschäftsidee generierten Liquidität. Allerdings benötigt der Analyst einen entsprechend hohen Know-how-Stand für Korrekturpostenbildung, Rückrechnungen und andere Analysemethoden, um die tatsächlich gegebene Liquidität, Effizienz und Wettbewerbsfähigkeit des Unternehmens zu beurteilen.

1.6.3 Kontextualisierung des Unternehmens durch Abweichungsanalysen mittels Know-how-basierten Expertensystemen/Datenbankauswertungen

Wenn nun alle Anforderungen an eine homogenisierte Datenbasis als Grundlage einer aussagekräftigen Analyse erfüllt sind, befindet sich das Unternehmen allerdings noch immer in einer isolierten Betrachtungsweise. Auf Grundlage der vereinheitlichten Daten können zwar bereits intertemporale Aussagen über die individuelle Leistungsfähigkeit und Geschäftsidee des einzelnen Unternehmens selbst in der Entwicklung durch die Zeit getroffen werden. Allerdings sind noch keine allgemein bewertende Aussagen zur Güte und Vergleiche zu anderen Unternehmen möglich, da keine Vergleichswerte als Bezug zur Umwelt des Unternehmens existieren. Dies geschieht nun mittels einer Abweichungsanalyse von zu generierenden Vergleichswerten. Hierdurch kann der Erkenntnisgewinn weiter gesteigert werden und auch das Einzigartige der individuellen Geschäftsidee eines Unternehmens offengelegt werden. Die Abweichung vom Durchschnittswert einer relevanten Bezugsgröße (z.B. bei einer intrasektoralen Analyse) ist dabei nicht zwingend als negativ zu bewerten. Vielmehr zeigt genau diese Abweichung die Einzigartigkeit eines Unternehmens auf, indem es systematisch und vom Management gesteuert von der Bezugsgruppe abweicht.

Folglich ist es für solch eine Abweichungsanalyse notwendig von der isolierten Einzelbilanzbetrachtung zu einer Gesamtdatenbankauswertung überzugehen, die weitere aufbereitete Bilanzen (Vergleichsunternehmen) enthält und somit die Schaffung von Bezugsgrößen/-gruppen ermöglicht. Dies kann dann durch den Einsatz von sogenannten Know-how-basierten Expertensystemen erreicht werden. So können die zuvor durch die Einzelbilanzanalyse gewonnenen Erkenntnisse und als relevant identifizierten Kennzahlen mit Bezugsgrößen in beliebiger Anzahl vergleichend bewertet werden. Erst diese Kontextualisierung der Daten zum Vergleich ermöglicht die abschließende Bewertung von Kennzahlen im Hinblick auf deren Güte.

Know-how-basierte Expertensysteme werden dabei eingesetzt um die Datenaufbereitung und Entscheidungen zu standardisieren. Diese Standardisierung erlaubt eine effiziente Entscheidungsfindung/ Meinungsbildung auf Basis eines digitalisierten Entscheidungsprozesses, der dann wiederum individuelle Analystenfehler minimieren kann und Synergien bei der Analyse freisetzt.

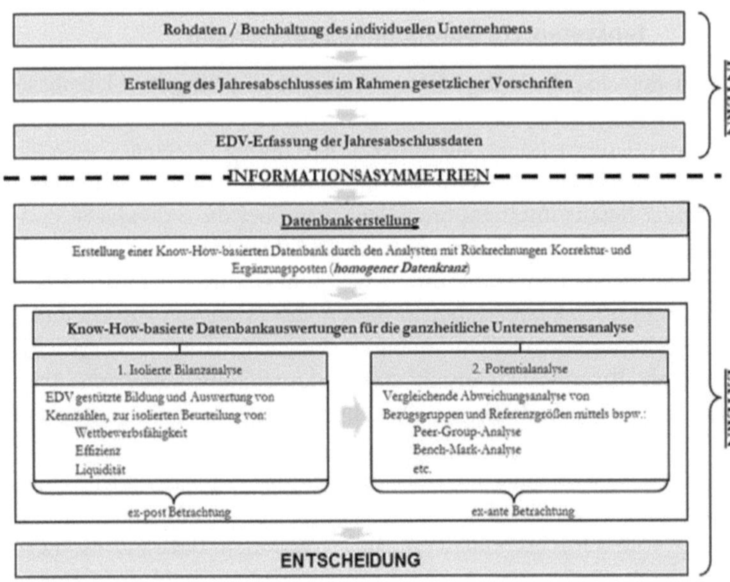

Abbildung 5: Know-how-basierte Expertensysteme und Analyse bei gegebenen Informationsasymmetrien

Die Analysemethoden, die bei der Abweichungsanalyse eingesetzt werden, sind hierbei vornehmlich als ex-ante-Ansatz und entscheidungsorientiert einzustufen. Das Wesentliche ist dabei nicht nur die Einzigartigkeit des Unternehmens selbst, sondern der einordnende und bewertende Vergleich von Referenzgruppen und Bezugsgrößen. Hier werden also verschiedene Unternehmen, Bilanzen und Aggregationsmethoden verglichen, was nur mit Hilfe einer zuvor erstellten, digitalisierten und homogenen Datenbasis sinnvoll möglich ist. Für diesen Zweck besonders geeignete Methoden sind bspw.:

- Peer-Group Analyse
- Bench-Mark Analyse

Nur durch diese strukturierte Vorgehensweise bei der Informationsgewinnung und der Erweiterung der Analyse (Expertenwissen/-system) sind vergleichende Abweichungsanalysen für den Analysten möglich, um das Unternehmen abschließend zu beurteilen. Auf Basis dieser Erkenntnisse und dem eigenen Interessenbezug kann im letzten Schritt der Analyse eine fundierte Entscheidung getroffen werden, da nun sowohl die ex-post als auch die ex-ante Betrachtung in die Analyse eingeflossen sind.

Hier wird ein weiteres Mal deutlich, dass die ex-ante-orientierte Potenzialanalyse einen Rückgriff auf externe Daten – nämlich der Umwelt bzw. Wettbewerber – erfordert. Daher sieht sich auch das Management bei der Potenzialanalyse des eigenen Unternehmens mit Informationsasymmetrien und deren Überwindung konfrontiert. Bei der Potenzialanalyse besteht somit ausschließlich die externe Sichtweise. Da die Potenzialanalyse aber eine wesentliche Komponente der Unternehmensanalyse darstellt, kann festgehalten werden, dass also auch eine ganzheitliche Unternehmensanalyse nur durch die externe Sichtweise und die damit verbundenen Herausforderungen sinnstiftend möglich ist.

2 Aufbereitung der gewonnenen Daten für den Erkenntnisgewinn

Nachdem die benötigten Informationen aus dem Jahresabschluss extrahiert werden konnten und auch die entsprechenden Korrekturposten und Rückrechnungen durchgeführt wurden, um die Datenbank zu homogenisieren, müssen nun von dem Analysten Anstrengungen unternommen werden, um sein primäres Ziel der abschließenden interessenbezogenen Beurteilung zu erreichen. Dieses Ziel ist die Durchführung einer ganzheitlichen Unternehmensanalyse bestehend aus Potenzial- und Bilanzanalyse, um auch Aussagen über die zukünftige Wettbewerbsfähigkeit, Effizienz und Liquidität des Unternehmens in seiner Umwelt treffen zu können.

2.1 Determinierung der relevanten Informationen für das analysierte Unternehmen

Für den Zweck der ganzheitlichen Unternehmensanalyse bildet der Teil der Bilanzanalyse, der ex-post (Wettbewerbsfähigkeit, Effizienz, Liquidität) durchführbar ist, eine Möglichkeit die Risikotragfähigkeit des Unternehmens festzustellen und zu bewerten. Konkret geht es hier um eine Identifizierung und Quantifizierung von Risikopuffern und Reaktionsmöglichkeiten des Unternehmens (auch oft als Resilienz bezeichnet) mit Risiken oder Unwegsamkeit in der Vergangenheit, die Rückschlüsse für die Möglichkeiten im Umgang mit der Zukunft zulassen. Dabei bietet die klassische Kennzahlenanalyse eine solide Grundlage, um durch Aussagen über Effizienz, Liquidität und auch eingeschränkt Wettbewerbsfähigkeit vorhandene Handlungsspielräume des Unternehmens in einem Risikofall zu treffen. Der Risikoumfang, dem das Unternehmen ausgesetzt ist, stammt aus der unternehmerischen Tätigkeit und somit von der Geschäftsidee selbst (unternehmerisches Risiko).

Exkurs: Risikotragfähigkeit

Keine unternehmerische Tätigkeit ist risikofrei und ist somit auch unterschiedlichen Risikoquellen ausgesetzt. Diese Risiken sind notwendigerweise bei der Verfolgung der unternehmerischen Tätigkeit einzugehen, da sie auch gleichzeitig die Chancen zur Gewinnerzielung darstellen. Daher müssen die unternehmerisch einzugehenden

Risiken durch vorhandene Risikopuffer im Unternehmen ausreichend kompensiert werden, denn nur wer die Risiken überlebt kann auch die Gewinne einfahren. Die zukünftig potenziellen Risiken können in diesem Zusammenhang zunächst nach ihrer Häufigkeit und Ausmaß durch folgendes Schema angenähert werden:

- **Zu erwartende Verluste (häufig)**: Treten regelmäßig auf, gehen mit der unternehmerischen Tätigkeit einher (unternehmerisches Risiko) und sollten durch die Preisgestaltung (Risikomarge) aufgefangen werden.
- **Unerwartete Verluste (selten)**: Nicht regelmäßig, aber häufiger auftretende Verluste, die daher durch ausreichende Vorsorgemaßnahmen und Risikopuffer kompensiert werden müssen.
- **Extreme Verluste (sehr selten)**: Diese Verluste können nicht vorhergesehen werden (schwierig Vorsorgemaßnahmen dafür zur treffen) und führen zu substanzbedrohenden Situationen für das Unternehmen (Jahrhundertereignisse/Black Swans). Hier bieten sich zur Kompensation (Rück-)Versicherungslösungen oder eine dauerhaft gute und überzeugende Geschäftsidee an, die also eine jederzeitige Kapitalerhöhung/Rekapitalisierung erlaubt.

Dabei resultieren aus Sicht der Bilanzanalyse die unternehmerischen Risiken zunächst aus einer Fehlbewertung oder Fehleinschätzung von Bilanz und GuV. Somit können sie in jeder einzelnen Bilanzposition auftauchen und entstammen letztendlich aus der investierten und finanziell abgesicherten Geschäftsidee des Unternehmens. Es gilt also für den Analysten spezifische Positionen in seiner Analyse besonders kritisch zu hinterfragen, um den Risikoumfang, dem das Unternehmen ausgesetzt ist, festzustellen und bei Bedarf Korrekturposten (aus Szenarienbildung) einfügen zu können, die seiner eigenen Bewertung einzelner Positionen entsprechen. Im Anschluss kann beurteilt werden, ob das Unternehmen trotz der differenzierenden Bewertung des Analysten über ausreichend Risikotragfähigkeit verfügt, um unterstellte zukünftig anfallende Verluste zu kompensieren. Die wichtigsten Positionen, die es in diesem Zusammenhang zu beachten gilt, werden im Folgenden vorgestellt:

Bilanz

Aktiva

- Immaterielle Vermögensgegenstände: Das Potenzial einer Wertabweichung dieser Position ist schon durch ihren „immateriellen“

Charakter ersichtlich, handelt es sich doch letztendlich um Rechte zur zukünftigen Cash-Flow-Erzielung. Der Wert von immateriellen Vermögensgegenständen basiert für den externen Analysten daher rein auf Bewertungen und subjektiven Einschätzungen Dritter.

- Umlaufvermögen: In dieser Position verbergen sich auch mögliche Wertabweichungen, durch Risiken wie Diebstahl oder das Verderben des Lagerbestandes. Auch verspätete oder uneinbringliche Forderungen verzerren den bilanziellen Wertansatz.

Passiva

- Verbindlichkeiten: Dieser Position entstammt ein hohes Risiko aus potenziellen Zinserhöhungen oder dem Problem eine adäquate Anschlussfinanzierung zu erhalten. Die in Deutschland oft genutzte Form der Finanzierung mittels Pensionsrückstellungen weisen eigene Risiken auf. Auch wenn die Finanzierung des Unternehmens zu kurzfristig ausgerichtet (Fristeninkongruenz)ist, kann dies zu Problemen führen.

Gewinn- und Verlustrechnung

- Umsatzrisiken: Dieses Risiko ist ein klassisches Marktrisiko, welches wettbewerbsbedingt mit Absatz- und Preisrisiken verbunden ist und zu verminderten Umsatzerlösen führen kann.
- Kostenrisiken: Erhöhung der Rohstoffpreise oder Lohnkosten
- Außerordentliches Ergebnis: Das außerordentliche Ergebnis, das durch betriebsfremde und nicht wiederkehrende Größen beeinflusst wird, ist nicht mit der dauerhaften unternehmerischen Tätigkeit assoziiert und stellt somit schon per Definition ein eingetretenes Risiko als solches dar.

Im Falle eines Verlustereignisses durch eine oder mehrere negative Wertabweichungen, die aus Fehlbewertungen resultieren, wird dieser Verlust in Form einer Abschreibung als Aufwand in der Gewinn- und Verlustrechnung verbucht. In der Gewinn- und Verlustrechnung führt dies bei entsprechendem Ausmaß des Ereignisses zu einem Verlust, der dann ultimativ gegen das Eigenkapital abgetragen wird.

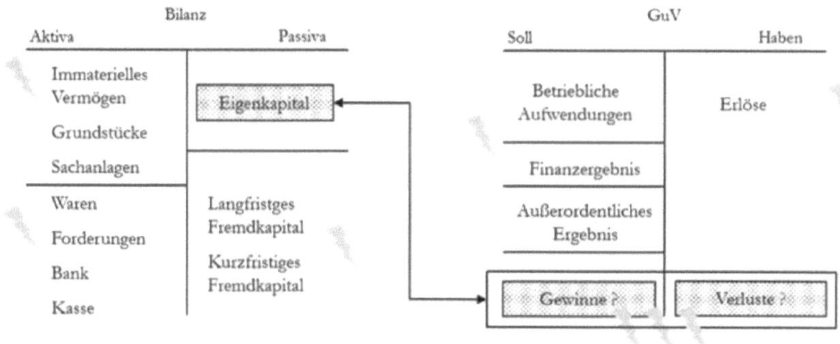

Abbildung 6: Risikoumfang aus der unternehmerischen Tätigkeit

Wenn also der Umfang potenzieller Risiken denen ein Unternehmen gegenübersteht evaluiert werden konnte, kann daraus die Risikotragfähigkeit abgeleitet werden. Dies kann durch eine Bewertung von Positionen geschehen, die im Falle eines Verlustereignisses vorhanden sind, um daraus entstehende Verluste zu kompensieren. Hier werden die Risikoträger in der Reihenfolge ihrer Beanspruchung im Falle eines Verlustereignisses aufgeführt:

[1]

- Gewinn: Der dauerhaft zu erzielende Gewinn ist letztendlich die erste Position, die Verluste jeglicher Art auffangen kann.
- Cash-Flow: Die Liquiditätsbereitstellung, die aus der ureigenen Geschäftsidee stammt und für eine Verlustkompensation (Zahlungsverpflichtung) verwendet werden kann.

[2]

- Stille Reserven: Durch Veräußerungsgewinne kann das außerordentliche Ergebnis positiv beeinflusst werden und so ein Verlust in der GuV kompensiert werden.
- Eigenkapital: Da die GuV-Position ultimativ gegen das Eigenkapital gebucht wird, stellt das Eigenkapital einen letzten Risikopuffer dar. Eigenkapital ist also das Risikokapital um den unternehmerischen Fortbestand zu gewährleisten.

[3]

- Geschäftsidee: Wird durch ein Verlustereignis sogar das Eigenkapital aufgezehrt und ist das Überleben des Unternehmens somit gefährdet, bleibt zumeist nur noch die Überzeugung der Investoren von der dauerhaften Güte der Geschäftsidee. Durch eine Kapitalisierung kann dann auch ein extremes Verlustereignis aufgefangen werden, wenn von den Investoren akzeptiert wird, dass dieser Verlust einmalig eingetreten ist, aber die Geschäftsidee langfristig tragend wirkt.

Diese Risikoträger können nun den zuvor behandelten Risikoarten zugeordnet werden, wie aus Abbildung 7 entnommen werden kann.

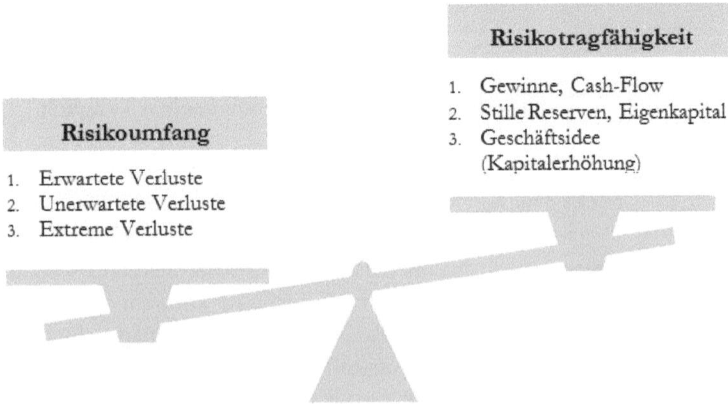

Abbildung 7: Risikoumfang aus der unternehmerischen Tätigkeit

2.2 Kategorisierung der Kennzahlen nach Aussagecharakter

Durch den Jahresabschluss können also Erkenntnisse über die eben genannten Risikotragfähigkeitspotenziale in einem Unternehmen, auch durch eine ex-post-Analyse dieser Positionen im Zeitablauf gewonnen werden. Da durch den reinen Umfang potenzieller Kennzahlen theoretisch aber, wie in Kapitel 1 behandelt, unendlich viele Kennzahlen gebildet werden können, müssen die für das analysierte Unternehmen entscheidenden Kennzahlen selektiert werden. Dabei ist die Möglichkeit zur Ableitung von kausalen und nützlichen Informationen als Effizienzkriterium einer jeden selektierten Kennzahl, Voraussetzung für die Bildung von Kennzahlen und Kennzahlensystemen. Konkret müssen also Kennzahlen gebildet werden, die relevant und aussagekräftig für die spezifische Geschäftsidee sind. Hier bietet sich eine Zuordnung der Kennziffern zum verfolgten Erkenntnisinteresse (Liquidität, Effizienz, Wettbewerbsfähigkeit) an.

Diese Kategorisierung ermöglicht dem Analysten dann eine zielgerichtete Bewertung von Management und Unternehmen. Im Folgenden sollen daher jeweils ausgewählte Kennzahlen dieser Kategorisierung unterzogen werden.

2.2.1 Liquidität (ex-post)

Unter diese Kategorie fallen alle Kennzahlen, die eine direkte Aussage über die Liquiditätssituation und die langfristige Kapitalausstattung (Solvenz) des Unternehmens zulassen. Die dabei verfolgte Fragestellung lautet: Kann das Unternehmen eingegangene Verpflichtungen jederzeit aus vorhandener Liquidität oder möglicher Kreditaufnahme honorieren?

2.2.1.1 Liquiditäts-Kennzahlen

Durch diese Kennzahlen, kann eine Aussage zu gegenwärtigen Möglichkeiten zur Bedienung eingegangener Verpflichtungen erlauben (Liquiditätssituation).

- Zugehörige Kennzahlen (Auszug):
- Liquiditätsgrade 1-3, Working Capital, Net Working Capital

2.2.1.2 Solvenz-Kennzahlen

Diese Kennzahlenkategorie erlaubt dem Analysten Aussagen zu zukünftigen Möglichkeiten der Bedienung eingegangener Verpflichtungen aus zusätzlicher Kreditaufnahme, um langfristig die Unternehmensfinanzierung und damit auch die Geschäftsidee abzusichern. Zudem liefern sie eine Aussage darüber, ob ein Unternehmen durch ausreichende Bonität langfristig im Wettbewerb gewappnet ist. In dieser Kategorie stehen somit die Passiva sowie die Bilanzstruktur eines Unternehmens stärker im Vordergrund.

- Zugehörige Kennzahlen (Auszug):
- Eigenkapitalquote, Fremdkapitalquote, Goldene Bilanzregel (Fristenkongruenz), Dynamischer Verschuldungsgrad, Entschuldungsgrad

2.2.2 Effizienz (ex-post)

Unter diese Kategorie fallen letztendlich alle Kennzahlen, die eine direkte Aussage über die Wirtschaftlichkeit der Prozesse und Organisation im Unternehmen zulassen.

2.2.2.1 Management-Effizienz-Kennzahlen

Dieser Kategorie werden alle Kennzahlen zugeordnet, denen unterstellt werden kann unter direktem und kausalem Einfluss des Managements zu stehen. Damit kann die Effizienz der Entscheidungen des Managements bezüglich der investierten Geschäftsidee beurteilt sowie deren Auswirkungen im Zeitablauf sinnvoll betrachtet werden.

- Zugehörige Kennzahlen (Auszug):
- Umschlagshäufigkeit des Gesamtvermögens, Lagerumschlagshäufigkeit, Forderungsumschlagshäufigkeit, Verbindlichkeitenumschlagshäufigkeit, Geldumschlagsdauer

2.2.2.2 Rentabilitäts-Kennzahlen

Der Aussagegehalt dieser Kategorie liegt in der Ableitung von Einschätzungen zu den gegenwärtigen und zukünftigen potenzialen der Gewinnerzielung. Dabei fallen besonders Größen ins Gewicht, die Aussagen über die Möglichkeit des Unternehmens mit seinem Anlagevermögen (investierte Geschäftsidee) Gewinne (Effizienz) zu erzielen und lassen somit Rückschlüsse auf den Grad der Effizienz der umgesetzten Geschäftsidee zu. Diese Rentabilitäts-Kennzahlen werden erstellt, um Vergleichsmöglichkeiten der Rendite unterschiedlichster Unternehmen herzustellen. Da hier jedoch hauptsächlich Größen aus der Gewinn- und Verlustrechnung verwendet werden, sind diese Vergleiche in ihrer Aussagekraft dennoch limitiert. Dies liegt an der Manipulationsanfälligkeit von Größen wie Gewinn oder EBITDA und deren inhärenten Informationsasymmetrien (siehe Abschnitt 1.6.2 Exkurs: Homogenisierung der Daten am Beispiel einer Cash-Flow Rückrechnung).

- Zugehörige Kennzahlen (Auszug):
- Gesamtkapitalrentabilität, Eigenkapitalrentabilität, Umsatzrentabilität, Rendite aus Leverage

2.2.3 Wettbewerbsfähigkeit (ex-post/ex-ante)

Unter diese Kategorie fallen letztendlich alle Kennzahlen, die eine direkte Aussage über den Diversifikationsgrad (ex-post) im Unternehmen aber auch zur Positionierung im Wettbewerbsumfeld (ex-ante) zulassen.

2.2.3.1 Wettbewerbsfähigkeitsanalyse (ex-post)

Die Wettbewerbsfähigkeit ist, wie zuvor bereits erwähnt, eigentlich nur ex-ante abzuschätzen und lässt sich nur anhand der Dynamik von der eigenen Geschäftsidee sowie der Geschäftsidee von potenziellen Wettbewerbern bestimmen. Somit geht sie über die klassische Ex-post-Betrachtung der reinen Bilanzanalyse hinaus und bringt eine eher qualitative Komponente in die Analyse hinein, die zwangsläufig externe Daten Dritter benötigt. Die bilanzielle Wettbewerbsfähigkeit eines Unternehmens in der Ex-post-Betrachtung lässt sich basierend auf Faktoren zur spezifischen Unternehmensaufstellung (Diversifikation) approximieren, deren fokaler Punkt Produkte, Märkte und Prozesse sind. Diese Analyse gestaltet sich in qualitativer Form und meist aus strategischer Sicht. Dabei sind die Hauptfaktoren, die es zu beleuchten gilt:

Die Stärke der eigenen Geschäftsidee: Know-how in Produkten und Prozessen.

Durch eine Wertschöpfungsanalyse kann die Geschäftsidee meist nach Indikatoren durchleuchtet werden, welche Besonderheiten oder bestimmte Stärken/Schwächen aufzeigen können. Hierbei werden Größen wie bspw. Vorleistungen, Kapitaleinsatz, Know-how (z.B. Forschungs- und Entwicklungsaufwand) sowie Arbeit und deren relativer Anteil an der Wertschöpfung untersucht. So kann aus einem hohen Vorleistungsanteil der Schluss auf Abhängigkeiten von externen Lieferanten gezogen werden oder umgekehrt eine hohe Fertigungstiefe unterstellt werden. Durch eine Betrachtung dieser Größen wird deren Bedeutung für die spezifisch verfolgte Geschäftsidee deutlich und kann damit auch potenzielle Markteintrittsbarrieren für Wettbewerber offenlegen. So würde z.B. ein hoher Anteil von Kapital oder Know-how innerhalb der Wertschöpfung eines Unternehmens auch für Wettbewerber allgemein hohe Markteintrittsbarrieren signalisieren.

Ausrichtung der Geschäftsidee: Regionale und Segmentale Diversifikation

Die Betrachtung der regionalen Diversifikation ist für die Einschätzung von makroökonomischen Potenzialen, die durch das Unternehmen genutzt werden können, von hoher Bedeutung. So können Zins-, Währungs- und Rohstoff-Risiken besser durch einen international aufgestellten Konzern gestemmt und ausgeglichen werden, als durch einen regional fokussierten. Aus volkswirtschaftlicher Sicht erlaubt dies zudem komparative Kostenvorteile der jeweiligen Wirtschaftsräume zu nutzen und diese in der Unternehmensbilanz zu internalisieren.

Bei der segmentalen Diversifikation handelt es sich vielmehr um die strategische und Know-how abhängige Ausrichtung des Unternehmens. Eine kleine Produktpalette ist hier als eine Schwerpunktsetzung des unternehmensspezifischen Know-hows für bestimmte Produkte zu verstehen. Hier geht es vorrangig darum durch Konzentration von Know-how des Unternehmens auf bestimmte Produkte die Markführerschaft zu erlangen. Eine große Produktpalette kann hingegen als Diversifizierungsstrategie, die sich stabilisierend auf die Leistung des Unternehmens auswirkt, gedeutet werden.

Wettbewerbsumfeld: Geschäftsidee gegenwärtiger und potenzieller Wettbewerber

Dieser Teil der bilanziellen Wettbewerbsfähigkeitsanalyse befasst sich hauptsächlich mit der strategischen Positionierung des eigenen Unternehmens in dessen Umfeld mit existierenden Wettbewerbern. Dies ist für die Analyse essentiell, da die eigene strategische Ausrichtung maßgeblich von dem Wettbewerbsumfeld abhängt. So muss die Anpassungsfähigkeit und Flexibilität des Unternehmens sowohl intern (Produkte, Prozesse) als auch extern für neue Anforderungen von Kunden sowie dem Marktumfeld durchleuchtet werden, um potenzielle Fehlentwicklungen zu erkennen. Für diese Art von Analyse werden vornehmlich „Strategische Management Instrumente“ verwendet. Für die interne Analyse fällt unter diese Kategorie bspw. eine klassische SWOT Analyse. Die externe Betrachtung kann durch eine PEST(EL) oder „Porters Five Forces“ Analyse ermöglicht werden.

Rahmenbedingungen für die Geschäftsidee: Regulatorisches Umfeld und Infrastrukturbedingungen

Die Regulationen und Infrastrukturbedingungen innerhalb einer Volkswirtschaft bilden den Rahmen der unternehmerischen Tätigkeit und können von daher potenzielle Risiken mit sich bringen. Konkret benötigt das Unternehmen ein möglichst harmonisches Umfeld für die Geschäftstätigkeit, wofür der jeweilige Staat Sorge trägt. Nur durch einen klaren gesetzlichen Rahmen sowie eine funktionsfähige und stabile Infrastruktur, kann das Unternehmen seine

Geschäftsidee in einem Land ohne Benachteiligungen verfolgen. Potenzielle Hemmnisse für die unternehmerische Tätigkeit wären somit bspw. unklare Gesetzgebungen (geistiges Eigentum, Kataster-amt), fehlende Infrastruktur (Industriegebiete, Transportwege), geringer Bildungstand der Bevölkerung oder politische Instabilität. Daher gilt es die spezifischen Länderrisiken, denen ein Unternehmen ausgesetzt ist, bei der Analyse zu berücksichtigen, da dessen Wettbewerbsfähigkeit dadurch eingeschränkt werden könnte.

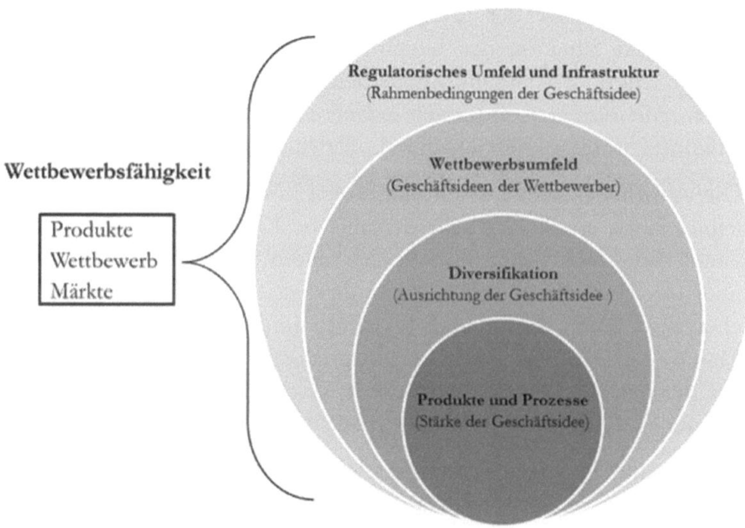

Abbildung 8: Bilanzielle Wettbewerbsfähigkeit basierend auf Informationen im Jahresabschluss

2.2.3.2 Eine effektive Meinung Dritter: Performance-Kennzahlen (ex-ante)

Performance-Kennzahlen ermöglichen eine Aussage über die Performance einer Aktie und sind damit nur für börsennotierte Unternehmen anzuwenden. Kennzahlen dieser Kategorie geben eine Aussage zur augenblicklichen Einschätzung des Unternehmens durch Dritte (Marktteilnehmer). Die Besonderheit dieser Kennzahlen besteht darin, dass Vergangenheitswerte (Bilanzkennzahlen) und gezeigte Erwartungswerte (Marktpreise) in Relation gesetzt werden.

Durch den Markpreis wird die Meinung des Marktes (Aufeinandertreffen und Ausbalancieren unterschiedlicher Zukunftserwartungen

Dritter durch deren konkreten Kauf bzw. Verkauf) über die zukünftige Performance des Unternehmens abgebildet. Dadurch wird auch ein direkter Vergleich mit Meinungen über andere Unternehmen innerhalb einer Gruppe von Referenzunternehmen ermöglicht. Investoren investieren nur bei eigener positiver Einschätzung der zukünftigen Performance (Cash-Flow-Erwartungen) des Unternehmens. Dabei entspricht der Wert jedes Unternehmens der Summe aller zukünftigen Zahlungsströme (Cash-Flows), die mit einem risikoadjustierten Zins diskontiert werden. Somit enthält jeder Marktpreis eine Aussage der „gezahlten" Investoreneinschätzungen zur zukünftigen Situation des Unternehmens und beinhaltet also alle gegenwärtigen Zukunftsinformationen/Erwartungen anderer Investoren. Mit diesen Kennzahlen können also erstmals auch explizit Zukunftsinformationen (ex-ante) in die Analyse integriert werden.

Die enthaltenen Zukunftsinformationen in diesen Kennzahlen verleihen ihnen somit eine sehr dynamische Komponente. Diese Dynamik zeigt sich dadurch, dass sich durch jede neue Information über das Unternehmen die Erwartungshaltungen der unterschiedlichen Investoren kontinuierlich ändern und dies unverzüglich im Marktpreis reflektiert wird. Dementsprechend gehen diese Kennzahlen mit einer hohen und inhärenten Volatilität einher, da sie stark Meinungs- und Informationsgetrieben sind.

Daher kann hier festgehalten werden, dass der Informationsgehalt aller Performance-Kennzahlen nicht in ihrem numerischen Wert liegt, sondern vorrangig auf zukunftsorientierten (ex-ante) Meinungen und gezeigten Erwartungen des Marktes basiert und damit den Vergleich mit Meinungen anderer über das analysierte Unternehmen zulässt. Die Tatsache, dass Marktpreise jedoch nur für einen Bruchteil aller Unternehmen in einem Wirtschaftsraum existieren, schränkt die seriöse Nutzung dieser Kennzahlen stark ein.

- Zugehörige Kennzahlen (Auszug):
- Kurs-Gewinn-Verhältnis (KGV), Kurs-Cash-Flow-Verhältnis (KCV), Kurs-Umsatz-Verhältnis (KUV)

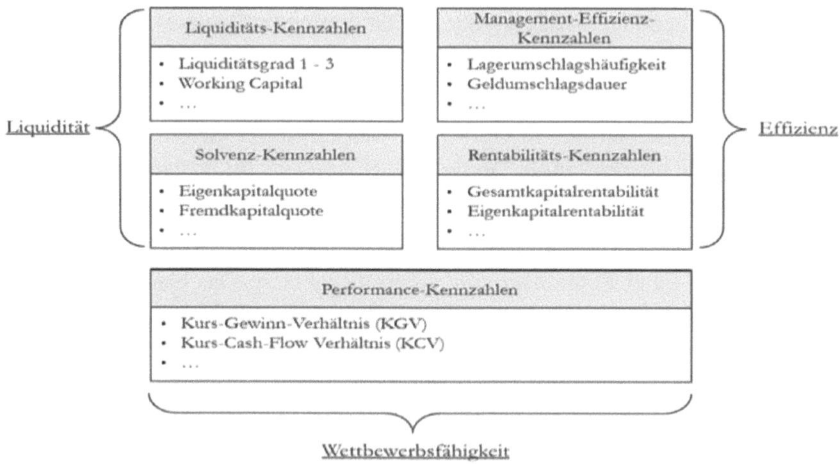

Abbildung 9: Zusammenfassender Überblick zur Kategorisierung von Kennzahlen nach Aussagecharakter

Nachdem nun die Kennzahlen nach Aussagegehalt kategorisiert und zugeordnet wurden, lassen die somit ermittelten und systematisierten Kennzahlen effiziente Unternehmensvergleiche und bewertende Positionierungen der analysierten Unternehmen zu. Dabei ist es offensichtlich, dass es nicht die eine richtige Kennzahl geben kann, sondern sich ein Gesamtbild für das Unternehmen aus dem Zusammenspiel vieler einzelner Aspekte ergeben muss. Dieses Gesamtbild stellt das Hauptinteresse aller externen Interessengruppen dar, um das Potenzial bzw. die Zukunftsfähigkeit des eigenen Investments zu beurteilen.

2.3 Die Potenzialanalyse (ex-ante)

Bei diesem Teil der Analyse geht es wesentlich um zukünftige Potenziale des Unternehmens in seiner unmittelbaren Umwelt. Dies wird benötigt um die Wettbewerbsfähigkeit in der Zeit zu beurteilen, da nur diese in der Lage ist das Unternehmen langfristig im Markt zu halten. Demzufolge muss also genau dieses „Potenzial" konkret weiter untersucht werden. Daher wird hier bei der Analyse der rein quantitative Bereich verlassen. Entsprechend gilt es dabei vorrangig Expertenwissen miteinzubinden und Wirkungsketten zu betrachten. Die Potenzialanalyse ist daher vornehmlich ex-ante und entscheidungsorientiert und basiert signifikant auf Know-how, den Expertenmeinungen in Form der Digitalisierung und Automatisierung von Informationen und Wissen (Expertensysteme).

Der Bereich der Wirtschaftswissenschaften bietet ein weitreichendes Instrumentarium hierfür. Hier werden somit bereits aus anderen Bereichen bekannte Methoden eingesetzt. Im Folgenden werden ausgewählte Methoden, die sich dafür eignen, kurz erläutert:

- **Peer-Group-Analyse:** Hierbei werden gleichartige Unternehmen in einer Referenzgruppe zusammengefasst. Das Hauptaugenmerk liegt hier auf einer vergleichenden und abgleichenden Analyse. Die Zusammenstellung einer geeigneten Peer-Group ist in der Praxis allerdings durch gegebene Informationsasymmetrien und die Einzigartigkeit der individuellen Geschäftsideen eine große Herausforderung für den Analysten und sein Know-how. Eine homogene Datengrundlage lässt eine Abweichungsanalyse und damit konsistente Betrachtung auch unterschiedlichster Unternehmen zu. Allerdings muss hier dann nicht die absolute Abweichung vom Durchschnitt bzw. den Wettbewerberkennzahlen als Zahlenwert analysiert werden. Im Vordergrund der Analyse und des Erkenntnisinteresses ist jetzt die Hinterfragung zum Grund und der dahinterliegenden Idee für die spezifische Abweichung zu sehen, also die Frage nach dem Warum einer Abweichung. So lassen sich mittels Peer-Group-Analyse sowohl die Einzigartigkeit des Unternehmens als auch die Effizienz bei der Umsetzung der Geschäftsidee objektiv erkennen und ableiten.
- **Benchmark-Analyse:** Ziel bei dieser Methode ist es, die eigene Leistung bei spezifischen Tätigkeiten anhand von ausgewählten Orientierungspunkten zu vergleichen und zu verbessern. Sie stellt somit im Wesentlichen eine Gap- bzw. Leistungslückenanalyse dar. Dabei sind die Definition des Orientierungspunktes und die daraus resultierende Leistungslücke frei wählbar. So lassen sich internes (innerhalb des Unternehmens), externes (innerhalb der Branche) sowie generisches Benchmarking unterscheiden. Beim generischen Benchmark wird die Leistungslückenanalyse unabhängig von der Branchenzugehörigkeit auf einen eindeutigen Kompetenzträger fokussiert (bspw. lernt Amazon von Logistikunternehmen). Daher ist die Benchmark-Analyse als solche von hoher Subjektivität und dem sehr spezifischen Erkenntnisinteresse des Analysten geprägt. Der Grundgedanke der Benchmark-Analyse ist jedoch stets das Lernen von anderen.

Diese vorgestellten Methoden stellen nur einen Auszug von Möglichkeiten bei der Potenzialanalyse dar. All diese Methoden basieren jedoch, wie oben erwähnt, durch ihre hohe Komplexität und gegebene Herausforderungen auf u.U. digitalisiertem Expertenwissen und Know-how. Standardisierte Entscheidungen erlauben es dann eine schnellere und konsistentere Entscheidungsfindung herbeizuführen (Effizienz der Entscheidung). Grundlage der Standardisierung bildet hierbei die strukturiert rationale Abbildung und Digitalisierung des Entscheidungsprozesses (Expertenwissen), die zudem eine komplexere (mehrdimensionale) Datenberücksichtigung erlaubt.

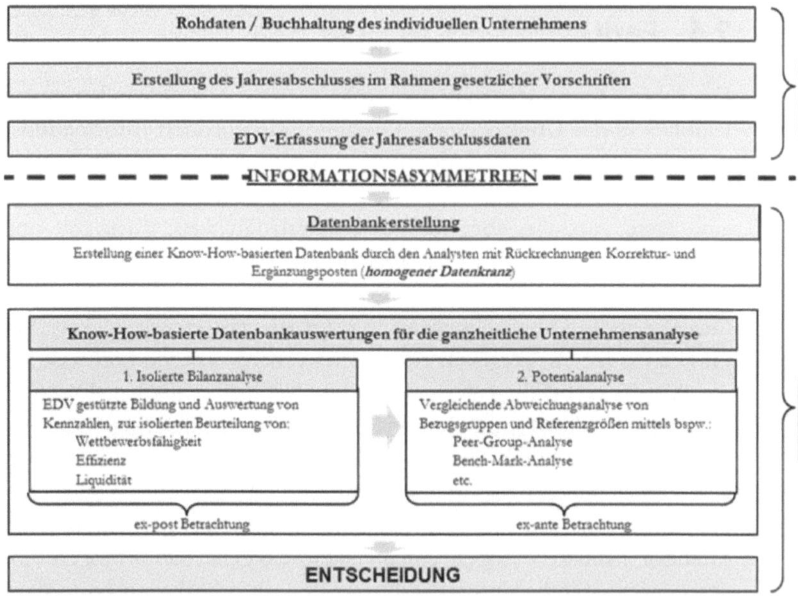

Abbildung 10: Know-how-basierte Expertensysteme und Analyse bei gegebenen Informationsasymmetrien

Das Zeitalter der Digitalisierung, Algorithmierung und künstlichen Intelligenz hat also auch im Hinblick auf die Unternehmensanalyse Einzug gehalten. In diesem Zeitalter existieren Computersysteme, die vieles schneller und effizienter als ein Mensch durchführen können. Bekanntlich haben sie den Menschen hier schon in vielen Bereichen ersetzt und werden ihn durch den kontinuierlichen technologischen Fortschritt auch in weiteren Bereichen ersetzen. Nichtsdestotrotz ist es diesen Systemen nicht möglich komplexe Entscheidungen zu treffen. Entscheidungen können vom System nur im

Rahmen von eindeutigen Fällen getroffen werden. In komplexen Situationen ist daher noch immer das menschliche Feingefühl und Know-how des Analysten gefragt. Somit wird die Maschine den Menschen nicht als letzte Entscheidungsinstanz ersetzen können, der die maschinell generierten und auf mathematisch/statistischen Gesetzmäßigkeiten basierenden Ergebnisse kritisch hinterfragt und mit seinem Know-how interpretiert. Final ist also festzuhalten, dass nur das Zusammenspiel von maschinell erzeugtem Ergebnis und Kompetenz des Experten einen maximalen Nutzen bei der Unternehmensanalyse liefern kann.

2.4 Fazit

Die Jahresabschlussanalyse als solche bietet einen generellen ersten Einblick in das Unternehmen. Die zugrundeliegenden Informationsasymmetrien schränken jedoch die Aussagekraft und Verlässlichkeit einer Analyse ein. Dennoch ist es durch den Jahresabschluss möglich eine erste Aussage über die Wettbewerbsfähigkeit, Effizienz und Liquidität und damit über die Risikotragfähigkeit des Unternehmens in der Vergangenheit zu treffen. Erst bei der weiterführenden Potenzialanalyse (Abweichungsanalyse) wird die Einzigartigkeit der Geschäftsidee im Vergleich zu Wettbewerbern deutlich und lässt auf die Wettbewerbsfähigkeit auch in der Zukunft schließen. Das Ziel bei dieser Analyse ist durch die Unterschiede von Bezugsgrößen und Referenzgrößen diese Einzigartigkeit des Unternehmens offenzulegen. Dabei stehen dem Analysten für dieses Vorhaben unterschiedliche Methoden und Möglichkeiten zur Verfügung. Die gewählten Methoden müssen jedoch entsprechend obigen Ausführungen eingesetzt und ständig durch das Know-how des Analysten hinterfragt und gegebenenfalls neu interpretiert also fortentwickelt werden. Nur so können auf Dauer aussagekräftige Analyseergebnisse erzielt werden und als Entscheidungsgrundlage sinnvoll genutzt werden. Die Art dieser Entscheidung (Bindung mit dem Unternehmen für die Zukunft) hängt dann letztendlich von dem eingesetzten Know-how sowie den eigenen Interessen des spezifischen Investors ab.

3 Bilanzanalyse als Kennzahlenrechnung

3.1 Definition und Bedeutung von Kennzahlen

Ihre hohe Aussagekraft und die einfache Berechnung haben Kennzahlen und Kennzahlensysteme zu einem der wichtigsten Instrumentarien in der Analyse von Jahresabschlüssen werden lassen. Kennzahlen stellen in der Analysepraxis das wichtigste Prüfinstrument dar. In der Theorie wird zwischen Kennzahlen und Kennzahlensystemen unterschieden.

Als **Kennzahl** bezeichnet man verdichtete numerische Messgrößen, die sich auf wichtige Tatbestände im Unternehmen beziehen und diese in konzentrierter Form darstellen. Sie informieren problemorientiert über betriebswirtschaftliche Sachverhalte und unterstützen somit in allen Phasen des unternehmerischen Entscheidungsprozesses. Darüber hinaus trennen Kennzahlen Wichtiges von Unwichtigem und erlauben so eine qualifizierte Datenselektion. Merkmale einer Kennzahl sind ihr Informationscharakter, die Quantifizierbarkeit sowie die Informationsform[4].

- **Informationscharakter:** Sachverhalte und Zusammenhänge werden durch Kennzahlen sichtbar.
- **Quantifizierbarkeit:** Sachverhalte und Zusammenhänge werden durch Kennzahlen mengenmäßig messbar.
- **Spezifische Form der Information:** Komplexe Prozesse und Strukturen werden auf einfache Weise dargestellt und erlauben somit einen umfassenden und schnellen Einblick in die Unternehmensstruktur.
- Grundsätzlich können aussagefähige Kennzahlen nur unter Einhaltung des Entsprechungsprinzips gebildet werden, d.h. Zähler und Nenner der Kennzahl müssen in einem sinnvollen Zusammenhang stehen[5].

---

[4] Vgl. Reichmann, T.: Controlling mit Kennzahlen, 8. Aufl., München 2011, S. 15.

[5] Vgl. Coenenberg, A.; Haller, A.; Schultze, W.: Jahresabschluss und Jahresabschlussanalyse, 24. Aufl., Stuttgart 2016, S. 1028.

Als **Kennzahlensystem** wird eine geordnete Gesamtheit von Einzel-Kennzahlen verstanden, die systematisch miteinander verknüpft sind. Die Implementierung eines Kennzahlensystems ist in vielen Unternehmen, aber auch bei der externen Analyse, der erste Schritt zur Implementierung eines Informationssystems.

3.2 Arten von Kennzahlen

Die Konstruktion und damit die Art der Kennzahl hängt maßgeblich vom Informationsbedarf des Analysten (Know-how) bzw. Entscheidungsträgers (Interessenbezug) ab.

Auf Basis mathematisch-statistischer Abgrenzung können Kennzahlen als absolute oder relative Kennzahlen klassifiziert werden.

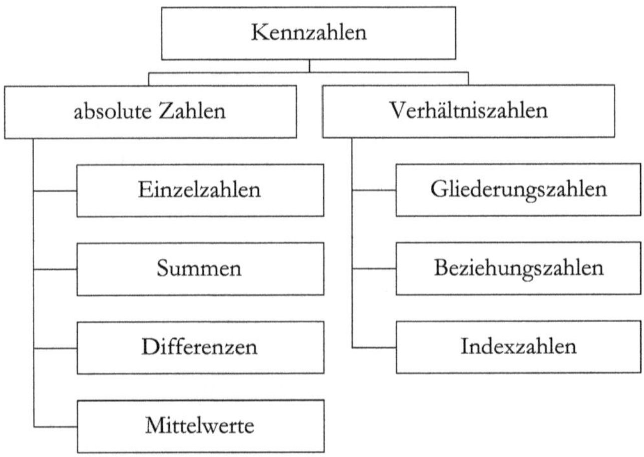

Abbildung 11: Kennzahlenarten

Als **absolute Zahlen** werden Zahlen bezeichnet, die unabhängig von anderen Zahlengrößen dargestellt werden. Absolute Zahlen haben immer einen Zeitbezug (Zeitraum oder Stichtag) und geben immer unmittelbar Auskunft über den betriebswirtschaftlichen Sachverhalt, den Zustand oder die Größe und lassen sich wie folgt unterteilen:

- **Einzelzahlen:** z.B. Mietkosten, Anzahl der Mitarbeiter, Produktionsstückzahlen

- **Summen:** z.B. Bilanzsummen, Zusammenfassung von Anlage- und Umlaufvermögen, Gesamt-Forderungen
- **Differenzen:** z.B. Betriebsergebnis als Differenz von Gesamtleistung und Gesamtkosten
- **Mittelwerte:** z.B. durchschnittlicher Bestand an Rohstoffen in einem Monat bzw. einem Geschäftsjahr

Der Aussagegehalt der absoluten Zahlen als Kennzahlen wurde lange Zeit diskutiert, da man nur mehrere Zahlen untereinander vergleichen kann, nur der direkte Vergleich erlaubt hier eine fundierte Urteilsbildung. Der Vergleich absoluter Zahlen ist dabei keinesfalls mit dem Bilden von Verhältniszahlen gleichzusetzen. Die Kennzahl „Preis" bspw. hat als absolute Zahl beim Vergleich von Preisen bestimmter Produkte einen hohen eigenen Erkenntniswert, weshalb den absoluten Zahlen durchaus ein großer Aussagewert zugeschrieben werden muss.

Relative Kennzahlen – auch als **Verhältniskennzahlen** bezeichnet – werden als Quotient aus zwei absoluten Zahlen gebildet. Die Größe wird als Prozentsatz oder in einem Faktor zum Ausdruck gebracht. Es erfolgt die Messung einer Größe an der anderen, wodurch sich die Aussagekraft der absoluten Zahlen erhöht. Als Beobachtungszahl wird die Größe im Zähler bezeichnet, da über diese eine Aussage gemacht wird. Die Bezugszahl ist die Größe im Nenner, an der die Beobachtungszahl im Zähler gemessen wird. Der gebildete Quotient sollte aber regelmäßig einen Erkenntniszusammenhang der beiden Größen aufzeigen. Wie aus der Abbildung ersichtlich ist, lassen sich Verhältniszahlen wie folgt gliedern:

- **Gliederungszahlen:** Diese stellen das Verhältnis eines Teils zu einem Ganzen dar. Die Beobachtungszahl ist eine Teilgröße der Bezugszahl (Gesamtgröße). Gliederungszahlen werden meist in Form von Prozentzahlen dargestellt und dienen dazu, Beobachtungszahlen an der Bezugszahl zu messen. Die absolute Zahl als Gesamtgröße sollte immer genannt werden, um ein Bild von der wirklichen Größenordnung zu bekommen.[6] Ein typisches Beispiel für eine Gliederungszahl stellt die Eigenkapitalquote dar.
- **Beziehungszahlen:** Diese drücken das Verhältnis zweier gleichrangiger, aber wesensverschiedener Größen aus, die sich auf den

[6] Vgl. Coenenberg, A.; Haller, A.; Schultze, W.: Jahresabschluss und Jahresabschlussanalyse, 24. Aufl., Stuttgart 2016, S. 1028.

gleichen Zeitraum oder Zeitpunkt beziehen. Zur Berechnung der Eigenkapitalrentabilität wird bspw. dem Gewinn das Eigenkapital als verursachende Größe gegenübergestellt.

- **Indexzahlen:** Diese stellen bei gleichartigen und gleichgeordneten Größen die zeitliche Entwicklung dar. Indexkennzahlen beziehen sich immer auf eine gleichbleibende Basis, um die Entwicklung im Zeitverlauf (Anstieg, Stagnation oder Rückgang) anschaulich darstellen und analysieren zu können. Als Basisindex wird eine Indexzahl bezeichnet, deren Größe mit Hundert auf einen Rang gestellt wird. Besondere Aufmerksamkeit bei Indexkennzahlen muss dem Basiseffekt geschenkt werden. So können Schwankungen, die in ihrer absoluten Höhe relativ gering sind, durch eine kleine Basis sehr stark hervortreten. Für die Basis sollte demnach immer ein repräsentativer Wert herangezogen werden.

Möglichkeiten zur Bildung von Kennzahlen

Art der Kennzahl	Beispiele
• Passiv Kennzahlen	Eigenkapitalquote, ...
• Aktiv Kennzahlen	Analagenintensität...
• Aktiv / Passiv Kennzahlen	Goldene Bilanz-/Finanzregel
• GuV Kennzahlen	Arbeitsintensität
• Bilanz / GuV Kennzahlen	Eigenkapitalrentabilität, Gesamtkapitalrentabilität
• Zeitbezogene dynamische Kennzahlen	Jahr X zu Jahr Y / Veränderungsraten
• Cash-Flow Kennzahlen	Cash-Flow / Umsatz, Cash-Flow/Eigenkapital
• Zukunftsorientierte (Performance-) Kennzahlen	Kurs-Gewinn-Verhältnis,

→ **Kennzahlen können theoretisch in unendlicher Vielzahl gebildet werden!**

Abbildung 12: Möglichkeiten zur Bildung von Kennzahlen

Wie aus Abbildung 12: Möglichkeiten zur Bildung von Kennzahlen erkenntlich wird, sind der Bildung von Kennzahlen und Kennzahlensystemen prinzipiell keine Grenzen gesetzt. Somit wird es dabei für jeden Analysten im Einzelfall erforderlich, diejenigen Kennzahlen zu bilden, welche sinnvoll gestaltet sind und aus denen nützliche (kausale) Informationen ableitbar sind. Dies kann als Effizienzkriterium zu jeder Kennzahl definiert werden und wird beim Screening in der Regel durch eine maschinelle und damit vorstrukturierte Datenbankauswertung synergienschaffend und damit kostensparend vorgenommen.

4 Vergleich der Bilanzierung nach HGB und IFRS

Der Vergleich der Bilanzierung und Bildung von entsprechenden Korrekturposten, bildet eine der Grundlagen für die notwendige Homogenisierung der Datenbasis, um dem Analysten auch einen Vergleich von Unternehmen, die unterschiedliche Bilanzierungsstandards verwenden, zu ermöglichen.

4.1 Das Realisationsprinzip

Das Realisationsprinzip wird oftmals als zentraler Abgrenzungsgrundsatz bezeichnet und stellt das Fundament der Bilanzierung dar. Das Realisationsprinzip bestimmt, ab wann der Umsatz aus einer Leistung realisiert werden darf und zusätzlich, zu welchem Wert die Leistung oder das Erzeugnis erfasst wird. Es hat daher einen großen Einfluss auf den ausgewiesenen Periodenerfolg eines Unternehmens.

4.1.1 Realisationsprinzip nach HGB

Gemäß **§ 252 Abs. 1 HGB** sind „...Gewinne [sind] nur zu berücksichtigen, wenn sie am Abschlussstichtag realisiert sind." Somit wird hier der Zeitpunkt festgelegt, ab wann anstatt der aktivierten Anschaffungskosten- oder Herstellungskosten die höheren Verkaufspreise als Umsatzerlöse in der Erfolgsrechnung erfasst werden. Für Lieferungs- und Leistungsgeschäfte müssen für den Wertsprung folgende Bedingungen erfüllt sein:

- Es muss ein gültiger Kaufvertrag vorliegen.
- Die Lieferung muss erfolgt bzw. die Leistung muss erbracht sein.
- Der Gefahren- und Risikoübergang muss erfolgt sein, d.h. die Vermögensgegenstände müssen den Verfügungsbereich des Unternehmens verlassen haben.
- Die Fähigkeit, die Lieferung abzurechnen, muss gegeben sein.

Aus den obigen Bedingungen ergibt sich, dass bei Fertigungsaufträgen, welche sich auch über mehrere Jahre erstrecken, die Gewinne erst realisiert werden dürfen, nachdem die komplette Leistung erbracht wurde. Dieses Prinzip wird oftmals als **Completed Contract Methode** bezeichnet. Die vorzeitige Teilgewinnrealisierung, wie sie nach IFRS möglich ist, ist nur unter ganz speziellen Bedingungen zulässig. Die strenge Regelung nach HGB unterbindet somit das Ausweisen von noch nicht realisierten Gewinnen im Jahresabschluss, was dem generellen Vorsichtsprinzip des HGB entspricht.

Aufgrund der Completed Contract Methode werden die Gewinne aus langfristigen Aufträgen nach HGB erst realisiert, wenn der Auftrag gänzlich fertig gestellt ist. Dies verzerrt die ausgewiesenen Periodenerfolge, da sie nicht entsprechend dem Leistungsfortschritt realisiert werden dürfen.

Dennoch sind nach HGB die angefallenen Kosten während der Fertigung zu den zulässigen Herstellungskosten zu aktivieren und werden als unfertige Erzeugnisse in der Bilanz ausgewiesen. Somit bleibt ein Fertigungsauftrag nach HGB bis zur endgültigen Realisierung erfolgsneutral.

4.1.2 Realisationsprinzip nach IFRS

Aus dem neu veröffentlichten Standard zur Umsatzrealisierung ergeben sich neue Regelungen zu Zeitpunkt und Höhe der Erfassung von Umsatzerlösen. **IFRS 15** ersetzt die bisherigen Vorschriften zur Umsatzrealisierung, bestehend aus den IAS-Standards 18 und 11 sowie diversen Standardinterpretationen, vollständig. Anwendung findet der Standard für Geschäftsjahre, die mit oder nach dem 01.01.2018 beginnen.

Die neuen Regelungen des IFRS 15 besagen, dass alle Anwendungsfälle anhand des neu implementierten Fünf-Schritte-Modells des IFRS 15 zu prüfen sind:

Schritt 1:
Identifizierung der Verträge mit einem Kunden

Im ersten Schritt wird überprüft, ob der mit dem Kunden geschlossene Vertrag dem Anwendungsbereich des IFRS 15 unterliegt. Zentrale Voraussetzungen für die Anwendung des Standards sind, dass der Kundenvertrag durchsetzbar ist und wirtschaftliche Substanz aufweist, die Zahlungsbedingungen bekannt sind und der Leistungsaustausch wahrscheinlich ist (IFRS 15.9). IFRS 15.14 besagt, dass ein Vertrag, der die Anforderungen nicht erfüllt, in regelmäßigen Abständen neu zu beurteilen ist.

Schritt 2:
Identifizierung der separaten Leistungsverpflichtungen innerhalb des Vertrags

Sobald ein Kundenvertrag als solcher identifiziert wurde, hat das Unternehmen den Vertrag auf separate Leistungsverpflichtungen zu untersuchen. Eine Ware oder Dienstleistung ist einzeln abgrenzbar, wenn der Kunde die Ware oder Dienstleistung entweder einzeln oder zusammen mit anderen jederzeit verfügbaren Ressourcen nutzen und von anderen Waren oder Dienstleistungen aus dem gleichen Vertrag trennen kann (IFRS 15.27). Jede einzeln abgrenzbare Ware bzw. jede einzeln abgrenzbare Dienstleistung stellt für sich eine Leistungsverpflichtung dar.

Schritt 3:
Bestimmung des Transaktionspreises

Der Transaktionspreis ist die vom Kunden erwartete Gegenleistung für die Übertragung der Waren oder die Erbringung der Dienstleistungen. Hier ist grundsätzlich vom vertraglich vereinbarten Entgelt auszugehen.

Kann die Höhe der Gegenleistung nicht exakt bestimmt werden, ist eine möglichst verlässliche Schätzung anhand von Erwartungswerten vorzunehmen. Hierbei gilt es, Folgendes zu berücksichtigen:

- eine Schätzung aller variablen Gegenleistungen (z.B. Rabatte oder Skonti) unter Verwendung des denkbarsten Betrags für eben diese Gegenleistungen,
- der Zinseffekt, wenn eine Finanzierungskomponente einen wesentlichen Vertragsbestandteil darstellt,
- der beizulegende Zeitwert von nicht zahlungswirksamen Gegenleistungen.

Schritt 4:
Zuordnung des Transaktionspreises auf die einzelnen Leistungsverpflichtungen

Sind die separaten Leistungskomponenten identifiziert (Schritt 2) und der Transaktionspreis ermittelt (Schritt 3), findet nun eine Verteilung des gesamten Transaktionspreises auf die identifizierten Leistungsverpflichtungen im Verhältnis der relativen Einzelveräußerungspreise statt.

In diesem Kontext stellt sich nunmehr die Frage, welchen Veräußerungspreis die jeweilige Leistungskomponente separat haben würde. Sind die Einzelveräußerungspreise nicht direkt beobachtbar, muss das Unternehmen sie mit Hilfe geeigneter Schätzungen ableiten (IFRS 15.79). Geeignete Methoden für die Schätzungen sind bspw. der Adjusted-market-assessment-Ansatz oder der Expected-cost-plus-a-margin-Ansatz.

Schritt 5:
Umsatzrealisierung bei Erfüllung einer Leistungsverpflichtung

Ein Unternehmen erfüllt seine Leistungsverpflichtung, indem es die Verfügungsgewalt über das vereinbarte Gut oder die vereinbarte Dienstleistung auf den Kunden überträgt (control approach).

Der Übergang kann entweder zeitraum- oder zeitpunktbezogen erfolgen. Eine zeitraumbezogene Umsatzrealisierung erfolgt nach IFRS 15.35, wenn eines der drei folgenden Kriterien erfüllt ist:

- Der Kunde erhält einen Nutzen aus der Leistung und nutzt die Leistung, während sie durch das Unternehmen erbracht wird.
- Parallel zur Erstellung oder Verbesserung eines Vermögenswertes durch die Leistung des Unternehmens, hat der Kunde die Verfügungsmacht über den Vermögenswert.
- Durch die Leistung des Unternehmens wird ein Vermögenswert erzeugt, der keine alternativen Nutzungsmöglichkeiten zulässt. Zudem hat das Unternehmen einen Zahlungsanspruch auf die bisher erbrachten Leistungen.

Erfüllt der Vertrag diese Kriterien nicht, ist der Umsatz zeitpunktbezogen zu realisieren.

Der neue IFRS-Standard unterscheidet sich also wesentlich von den alten Regelungen des IAS 18 und IAS 11. Zwar bietet der Standard mit dem Fünf-Schritte-Modell eine detaillierte Anwendungsleitlinie, jedoch werden häufig Schätzungen verwendet, was den Unternehmen enorme Spielräume bietet.

4.2 Bewertung von Vermögensgegenständen

Ein weiterer wesentlicher Unterschied zwischen der internationalen Rechnungslegung und dem HGB kommt bei der Bewertung von Vermögensgegenständen zum Tragen.

4.2.1 Bewertung von Vermögensgegenständen nach HGB

Nach HGB erfolgt die Bewertung von fremdbezogenen Vermögensgegenständen nach den Anschaffungskosten bzw. den fortgeführten Anschaffungskosten. Für die Bewertung von selbst erstellten Vermögensgegenständen sind die Herstellungskosten heranzuziehen. Diese beiden Bewertungsmaßstäbe geben gemäß **§253 Abs. 1 Satz 1 HGB** die Wertobergrenze vor, welche nicht überschritten werden darf.

Diese Wertobergrenze nach HGB ergibt sich aus dem Vorsichtsprinzip in Verbindung mit dem Realisationsprinzip und dient dem Gläubigerschutz. Wertkorrekturen sind generell erlaubt, solange sie sich unterhalb der Anschaffungs- oder Herstellungskosten bewegen. Diese vorsichtig ausgelegte Bewertungsgrundlage hat den Vorteil, dass die Bewertung dadurch relativ objektiv geschieht. Speziell die Höhe der Anschaffungskosten ist ohne großen Aufwand und eindeutig nachprüfbar, was für den Bilanzierenden nur geringe Ermessensspielräume zulässt.

4.2.2 Bewertung von Vermögensgegenständen nach IFRS

Nach IFRS gibt es für die Bewertung von Vermögensgegenständen zwei konkurrierende Modelle. Bei der ersten Bewertungsmethode, dem **Cost Model**, bilden die Zugangswerte die Obergrenze für die Bewertung, das entspricht weitestgehend dem Anschaffungskostenmodell des HGB.

Alternativ existiert das **Revaluation Model** (Neubewertungsmodell). Bei dieser Bewertungsmethode werden die jeweiligen Vermögenswerte zu ihrem fortgeführten Fair Value bewertet. Dieses Modell wird aufgrund seiner Popularität auch als Hoffnungsträger des gesamten IFRS-Systems bezeichnet[7]. Das Besondere dieses Modells ist, dass die Wertansätze zum Fair Value die Anschaffungskosten bzw. Herstellungskosten überschreiten können, was sich als ein grundsätzlicher Unterschied zur Bewertung nach dem HGB darstellt.

---

[7] Vgl. Küting, K.; Pfitzer, N.; Weber, C-P: IFRS oder HGB – Systemvergleich und Beurteilung, Stuttgart 2011, S. 85.

4.3 Fair Value Measurement

Wie bereits im vorigen Kapital erwähnt, ist der Fair Value bei der Bewertung von Vermögenswerten und Verbindlichkeiten nach IFRS anzuwenden. Seit dem Inkrafttreten des IFRS 13 zum 01.01.2013 regelt dieser Standard das Fair Value-Konzept einheitlich für alle relevanten Standards – mit dem Ziel dieses deutlich zu vereinfachen.

In **IFRS 13.9** wird nunmehr der Begriff „Fair Value“ neu definiert. Dort heißt es: „der Preis, der im Zuge eines geordneten Geschäftsvorfalls unter Marktteilnehmern am Bemessungsstichtag beim Verkauf eines Vermögenswerts erzielt würde oder bei Übertragung einer Schuld zu zahlen wäre“. Diese neue Definition zielt somit auf die Abgangsfiktion und nicht wie zuvor auf die Tauschfiktion ab.

Ein weiterer wichtiger Punkt des **IFRS 13** sind die neuen Hierarchiestufen der Fair Value-Bewertung. So werden die drei Ebenen wie folgt neu definiert:

- Stufe 1:

  Stufe 1 beinhaltet die tatsächlichen Marktpreise, welche an aktiven Märkten ermittelt werden.

- Stufe 2:

  Auf dieser Ebene spielen die sonstigen beobachtbaren Faktoren eine Rolle wie Marktpreise für ähnliche Vermögenswerte bzw. Schulden oder Preise an inaktiven Märkten.

- Stufe 3:

  Stufe 3 beinhaltet Faktoren, welche nicht beobachtbar sind. Diese bedürfen der Weiterentwicklung, um daraus Annahmen ableiten zu können. Zu beachten ist, dass dabei alle verfügbaren Informationen einbezogen werden müssen.

Bei der Einordnung in der Hierarchie stellt eine niedrigere Stufe eine höhere Güte des Fair Value dar. Zudem bestimmen sich je nach Ebene die Umfänge der Angabepflichten im Anhang, was die Transparenz des Jahresabschlusses verbessern soll. Es ist jedoch davon auszugehen, dass die überarbeitete Fair-Value-Hierarchie in der Praxis kaum nennenswerte Auswirkungen auf die Bilanzierung haben wird[8].

---

[8] Vgl. Küting, K.; Pfitzer, N.; Weber, C-P: IFRS oder HGB – Systemvergleich und Beurteilung, Stuttgart 2011, S. 109.

4.4 Bilanzierung von Leasingverhältnissen

Die unterschiedliche Bilanzierung von Leasinggeschäften nach HGB und IFRS hat einen wichtigen Einfluss auf das bilanzierte Gesamtkapital und kann somit u.a. die Rentabilitätskennzahlen deutlich verzerren.

4.4.1 Leasing nach HGB

Im HGB gibt es keine eindeutigen Legaldefinitionen für Leasinggeschäfte. Insbesondere die Frage, ob das Leasingobjekt beim Leasinggeber oder Leasingnehmer bilanziert wird, ist nach HGB nicht unumstritten. Aus diesem Grund orientiert sich die handelsrechtliche Bilanzierungspraxis an der steuerlichen Zurechenbarkeit. Grundsätzlich wird zwischen **Operating Lease** und **Finanzierungsleasing** unterschieden.

Auswirkungen der Leasingverhältnisse auf die Bilanz

Operating Lease:

Hierbei ist der Vertrag nicht auf die Verschaffung des Eigentums gerichtet, sondern hat seinen Fokus auf der Nutzungsüberlassung. Der Leasinggeber bleibt dabei der wirtschaftliche Eigentümer und muss das Leasingobjekt folglich auch bilanzieren. Diese Variante wird von den meisten Unternehmen favorisiert, da hier die Bilanz des Leasingnehmers nicht verlängert wird und daher die Eigenkapitalquote und Gesamtrentabilität nicht verzerrt wird. Der Leasingnehmer verbucht rein die Leasingraten in Form von Betriebsausgaben.

Aufgrund der vielen Möglichkeiten bei der Vertragsgestaltung ist die Mehrzahl der Leasingverträge so ausgestaltet, dass es sich um Operating Lease handelt (z.B. Grundmietzeit liegt zwischen 40% und 90% der betriebsgewöhnlichen Nutzungsdauer). Damit werden die Leasinggegenstände beim Leasinggeber bilanziert, der Leasingnehmer hat nur die Leasingraten als Aufwand zu erfassen.

Finanzierungsleasing:

Das Gegenstück zum operativen Leasing ist das Finanzierungsleasing. Hierbei ähnelt der Leasingvertrag eher einem Finanzierungsgeschäft mit Eigentumsvorbehalt. Bei der Bilanzierung als Finanzierungsleasing hat der Leasingnehmer den Leasinggegenstand mit seinen Anschaffungs- oder Herstellungskosten zu aktivieren. Gleichzeitig hat der Leasingnehmer in Höhe der aktivierten Anschaffungs-

oder Herstellungskosten eine Verbindlichkeit gegenüber dem Leasinggeber zu passivieren. Dem Leasingnehmer steht die AfA nach der betriebsgewöhnlichen Nutzungsdauer des Leasinggegenstandes zu. Die Leasingraten sind in einen Zins- und Kostenanteil und einen Tilgungsanteil aufzuteilen. Nur der Zins- und Kostenanteil stellen eine sofort abzugsfähige Betriebsausgabe dar, während der dritte Teil der Leasingrate als Tilgung der Kaufpreisschuld erfolgsneutral zu behandeln ist. Die Qualifizierung als Finanzierungsleasing kann deutliche Auswirkungen auf die Gesamtkapitalrentabilität haben, da sich im Vergleich zum operativen Leasing das Gesamtkapital in der Bilanz erhöht (Bilanzverlängerung). Auch die Eigenkapitalquote verringert sich bei steigendem Gesamtkapital entsprechend.

4.4.2 Leasing nach IFRS

Nach zehnjähriger Entwicklungsarbeit wurde im Januar 2016 der neue und endgültige Standard zur Leasingbilanzierung veröffentlicht. Der **IFRS 16** ersetzt seinen Vorgänger, den IAS 17, und ist für alle Geschäftsjahre anzuwenden, die mit dem 1. Januar 2019 oder später beginnen.

Leasing im Sinne des IFRS 16 betrifft nicht nur gängige „Leasingprodukte“, sondern auch die langfristige Miete von Immobilien. Auch nach dem neuen IFRS-Standard wird zwischen Operating Lease und dem Finanzierungsleasing unterschieden. Allerdings braucht der Leasingnehmer nicht mehr zwischen den beiden Bilanzierungsmodellen wählen, denn in der Regel werden sämtliche Vermögenswerte und Verbindlichkeiten aus Leasingvereinbarungen in der Bilanz erfasst – auch in Fällen, in denen aus Sicht des Leasinggebers ein Operating Lease vorliegt.

Das Inkrafttreten des neuen Standards bringt einige Veränderungen für die Unternehmen: Alle Leasingverträge, die bisher als Operating Lease nicht in der Bilanz erfasst werden mussten, müssen nun in die Bilanz aufgenommen werden. Dadurch werden sich einige wichtige Kennzahlen ändern: Im Regelfall werden die Verschuldung und Zinsbelastung der Unternehmen steigen, wohingegen die Eigenkapitalquote sinkt.

Eine Vereinfachung sieht der IFRS 16 bei kurzfristigen oder geringwertigen Leasingverhältnissen vor, die vom Leasingnehmer in der Bilanz als Aufwand dargestellt werden dürfen. Falls eines der folgenden Kriterien zutrifft, handelt es sich gemäß IFRS 16 um ein kurzfristiges oder geringwertiges Leasingverhältnis:

- **Kurzfristiges Leasingverhältnis:** Dieser Vertrag hat, gerechnet ab der Bereitstellung des Leasinggegenstandes durch den Leasinggeber, eine Laufzeit von maximal 12 Monaten. Ein Leasingvertrag mit Kaufoption ist dagegen niemals kurzfristig.
- **Geringwertiges Leasingverhältnis:** Die wertmäßige Obergrenze für einen geringwertigen Leasinggegenstand liegt bei einem Neupreis von maximal 5.000 €. Die Wertgrenze für die Geringwertigkeit des Leasinggegenstandes bezieht sich dabei immer auf den Wert des einzelnen Gegenstandes, nicht auf das Gesamtvolumen des Leasingvertrags. Darüber hinaus muss der Leasinggegenstand von anderen Gegenständen unabhängig sein.

Sale-and-Lease-Back

Häufig entscheiden sich Unternehmen dafür, eine Sale-and-Lease-Back Transaktion durchzuführen. Hier handelt es sich im Grunde um eine Kombination aus einem Kauf- und einem Leasingvertrag. So wird zunächst durch den Verkauf das rechtliche Eigentum des Gegenstands auf die andere Vertragspartei übertragen. Anschließend wechselt das Nutzungsrecht des Gegenstandes wieder mittels eines Leasingvertrages auf den Leasingnehmer.

Ziele eines Sale-and-Lease-Back-Geschäfts sind im Wesentlichen:

- die Verringerung der Anlagenintensität,
- eine (kurzfristige) Senkung der Netto-Finanzverbindlichkeiten und eine Erhöhung der Liquidität durch den einmaligen Mittelzufluss sowie
- eine Aufdeckung stiller Reserven, um den Jahresüberschuss zu erhöhen.

Generell gelten auch bei einer Sale-and-Lease-Back-Transaktion die allgemeinen Bilanzierungsvorschriften eines Finanzierungsleasings oder Operativen Leasings des neuen IFRS-Standards.

4.5 Die Bilanzierung von immateriellen Vermögensgegenständen

Innerhalb der vergangenen 10 bis 15 Jahre hat die Bedeutung von immateriellen Vermögensgegenständen stark zugenommen. Bei vielen Unternehmen, die dem Dienstleistungsbereich zugeordnet werden, sollte der Bilanzierung von selbst erstellten immateriellen Vermögensgegenständen eine hohe Aufmerksamkeit geschenkt werden, da in der Regel die immateriellen Vermögensgegenstände bei diesen Unternehmen den Großteil des Anlagevermögens darstellen. Dabei handelt es sich primär um Software, Lizenzen, Copyrights und Entwicklungskosten.

Daneben werden auch der Goodwill bzw. der Geschäfts- oder Firmenwert zum immateriellen Vermögen gerechnet. Als Goodwill bezeichnet man die Differenz zwischen dem gezahlten Kaufpreis für ein Unternehmen oder Unternehmensanteilen und dem Zeitwert der Aktiva und Passiva. Für die Bilanzanalyse sollte die Werthaltigkeit des Goodwills hinterfragt werden, da dessen Einschätzung in der Regel von einem hohen subjektiven Optimismus des Managements geprägt ist, welcher sich in dem bezahlten Kaufpreis widerspiegelt und folglich zu höheren Wertansätzen des Goodwills in der Bilanz führt. Falls sich diese optimistischen Erwartungen nicht bewahrheiten, ist der Goodwill nach den IFRS abzuschreiben. Ein anschauliches Beispiel dafür lieferte der Mobilfunkanbieter Vodafone. Im Geschäftsjahr 2004 hat Vodafone einen Verlust von ca. 9 Milliarden Pfund ausgewiesen. Der Grund für den hohen Verlust waren Goodwill-Abschreibungen in Höhe von ca. 15 Milliarden Pfund.

Da immaterielle Vermögenswerte mittlerweile als „strategische Erfolgsfaktoren“[9] aufgefasst werden, sollten diese im Rahmen der Bilanz- bzw. Erfolgsanalyse also stets kritisch hinterfragt werden.

Für nicht entgeltlich erworbene Marken, Drucktitel, Verlagsrechte, Kundenlisten oder vergleichbare immaterielle Vermögensgegenstände des Anlagevermögens herrscht sowohl nach dem HGB als auch nach den IFRS ein Aktivierungsverbot.

Ein wesentlicher Unterschied bei der Bewertung des Anlagevermögens ergibt sich aus der unterschiedlichen Behandlung selbst erstellter immaterieller Vermögenswerte nach HGB und IFRS.

4.5.1 Bilanzierung von selbst erstellten immateriellen Vermögensgegenständen nach HGB

Seit BilMoG räumt das HGB ein Wahlrecht ein, ob ein Unternehmen seine selbst erstellten immateriellen Vermögenswerte aktivieren will oder nicht.

---

[9] Vgl. Küting, K.; Weber, C.-P.: Die Bilanzanalyse, 11. Aufl., Stuttgart 2015, S. 128.

Viele kleinere Unternehmen, die nach HGB bilanzieren, machen von ihrem Wahlrecht der Aktivierung von selbst erstellten immateriellen Vermögensgegenständen jedoch keinen Gebrauch, da dies oftmals mit erheblichem Dokumentations- und Verwaltungsaufwand verbunden ist. Vor allem, wenn ein Unternehmen nicht über ein derart ausgeprägtes internes Rechnungswesen verfügt, ist der Aufwand für die Abgrenzung von Forschungs- und Entwicklungskosten sowie die Bestimmung des Aktivierungszeitpunkts in der Regel zu hoch.

Für Forschungsaufwendungen besteht nach beiden Rechnungslegungsvorschriften ein Aktivierungsverbot.

4.5.2 Bilanzierung von selbst erstellten immateriellen Vermögensgegenständen nach IFRS

Im Gegensatz zum HGB besteht nach IFRS eine Aktivierungspflicht für selbst erstellte immaterielle Vermögensgegenstände, was in **IAS 38** geregelt wird. Prinzipiell dürfen dabei nur die Entwicklungsaufwendungen aktiviert werden, die Forschungsaufwendungen unterliegen einem Aktivierungsverbot.

Entwicklungsaufwendungen sind nach den IFRS unter folgenden Bedingungen zu aktivieren:

- **IAS 38.57 (a)**: Die Fertigstellung muss realisierbar sein.
- **IAS 38.57 (b)**: Es muss die Absicht bestehen, den Vermögenswert fertig zu stellen, zu nutzen oder zu verkaufen.
- **IAS 38.57 (c)** Es muss die Fähigkeit bestehen, den Vermögenswert zu nutzen oder zu verkaufen.
- **IAS 38.57(d)**: Das Unternehmen muss aufzeigen, wie der Vermögenswert in Zukunft einen künftigen wirtschaftlichen Nutzen erbringen kann.
- **IAS 38.57 (e)**: Das Unternehmen muss über genügend finanzielle, technische und sonstige Ressourcen verfügen, um die Entwicklung des Vermögensgegenstandes abzuschließen.
- **IAS 38.57 (f)**: Das Unternehmen muss die Ausgaben für die Entwicklung des Vermögenswertes verlässlich bewerten können.

4.6 Bewertung von Pensionsrückstellungen

4.6.1 Bewertung von Pensionsrückstellungen nach HGB

Pensionsrückstellungen sind nach **§253 Abs. 1 S. 2 HGB**, wie alle Rückstellungen, „in Höhe des nach vernünftiger kaufmännischer Beurteilung notwendigen Erfüllungsbetrages anzusetzen.“[10] Dies hat zur Folge, dass auch zukünftige Kostensteigerungen bei der Bewertung der Pensionsrückstellungen berücksichtigt werden müssen, wenn es dafür ausreichende Hinweise gibt.

Bezüglich des zu verwendenden Diskontierungssatzes gewährt der Gesetzgeber bei Pensionsrückstellungen ein Wahlrecht. So kann entweder der durchschnittliche Marktzinssatz der letzten sieben Jahre verwendet werden oder pauschal der durchschnittliche Marktzinssatz, der sich bei einer angenommenen Restlaufzeit von 15 Jahren ergibt (§ 253 Abs. 2 HGB). Die jeweiligen Diskontierungssätze werden von der Bundesbank ermittelt und monatlich bekannt gegeben.

4.6.2 Bewertung von Pensionsrückstellungen nach IFRS

Bei der Bewertung von Pensionsrückstellungen ist nach **IAS 19** zwischen Defined Contribution Plans (beitragsorientierte Pensionszusagen) und Defined Benefit Plans (leistungsorientierte Vermögenszusagen) zu unterscheiden.

Bei den **Defined Contribution Plans** verpflichtet sich der Arbeitgeber dazu, bestimmte Zuwendungen an einen Pensionsfond bzw. Pensionskasse zu leisten. Die Auszahlungen an die Pensionäre sind hier nicht festgelegt, sondern hängen von der erwirtschafteten Rendite des Pensionsfonds bzw. der Pensionskasse ab.

Zu beachten ist, dass bei dieser Methode keine Rückstellungen gebildet werden müssen, es sei denn, es wurden Pensionszahlungen versäumt. Die in einer Periode abgeführten Beiträge werden in der GuV als Personalaufwand erfasst.

Bei den **Defined Benefit Plans** hingegen sind die Pensionszahlungen des Arbeitgebers fest definiert. Das Unternehmen muss hier sicherstellen, dass immer genügend Mittel zur Deckung fälliger Pensionszahlungen bereitstehen. Somit trägt hier das Unternehmen auch das versicherungsmathematische Risiko.

---

[10] Vgl. §253 Abs. 1 S. 2 HGB

Die Pensionsrückstellungen setzen sich bei dieser Methode aus der Differenz zwischen dem Barwert der zukünftigen Pensionszahlungen und den Vermögenswerten, die für die Erfüllung dieser Leistungen vorgesehen sind, zusammen.

Der zu verwendende Diskontierungssatz ist in **IAS 19.78** festgelegt und ist auf der Grundlage der Renditen zu bestimmen, die am Bilanzstichtag für erstrangige, festverzinsliche Industrieanleihen am Markt erzielt werden.

Dieser Zinssatz kann von dem im HGB anzuwendenden Zinssatz abweichen. Darüber hinaus gibt es weitere Unterschiede bei der Erfassung der zukünftigen Kostensteigerungen.

4.7 Definition des Gewinns

Bei der Erfolgsanalyse muss zunächst bedacht werden, wie man den Erfolg eines Unternehmens definiert. In der Regel benutzt man in der Bilanzanalyse für die Erfolgsmessung den "Gewinn". Doch hierbei ist zu beachten, dass der Gewinnbegriff unterschiedlich definiert werden kann. So gibt es bspw. den realisierten Gewinn, den ausschüttbaren Gewinn oder den Kapitalgewinn. Im folgenden Abschnitt wird die Gewinnermittlung nach HGB sowie nach IFRS erläutert, um die ausgewiesenen Gewinne besser interpretieren zu können.

4.7.1 Gewinn nach HGB

Bei der Ermittlung des Gewinns nach HGB spielt das Vorsichtsprinzip, welches in **§252 Abs.1 HGB** geregelt wird, eine wichtige Rolle. Aus dem Vorsichtsprinzip leiten sich das Realisationsprinzip, das Imparitätsprinzip und das Anschaffungskostenprinzip ab. Aus diesen Prinzipien folgt, dass nach HGB nur Erfolgskomponenten, welche in der GuV erfasst werden, auch im Periodenergebnis berücksichtigt werden dürfen. Somit definiert sich der Jahresüberschuss aus der GuV als Periodenergebnis. Letztendlich entspricht also das Ergebnis der GuV, bis auf einige Ausnahmen wie Anteilseignertransaktionen (z.B. Ausschüttungen, Kapitalerhöhungen) auch der Eigenkapitalveränderungsrechnung[11].

---

[11] Vgl. Küting, K.; Weber, C.-P.: Die Bilanzanalyse, 11. Aufl., Stuttgart 2015, S. 222.

Die Konzeption des HGB ähnelt dadurch stark dem „Clean Surplus Concept“ aus der Finanzierungstheorie. Gemäß diesem Konzept werden alle Eigenkapitalveränderungen, welche nicht auf Zahlungen der Eigentümer beruhen, in der GuV erfasst, unabhängig vom Entstehungsgrund und der Betriebszugehörigkeit[12].

4.7.2 Gewinn nach IFRS

In der internationalen Rechnungslegung sind im Gegensatz zum HGB auch Eigenkapitalveränderungen, welche nicht in der GuV erfasst werden, zulässig. Diese sind gemäß dem Handelsrecht als erfolgsneutrale Komponenten einzuordnen. Als Beispiel können hier die Erhöhungsbeträge aus der Neubewertung von Anlagevermögen über die Anschaffungskosten hinaus genannt werden. Derartige Erhöhungen werden im Eigenkapital als Neubewertungsrücklagen dargestellt.

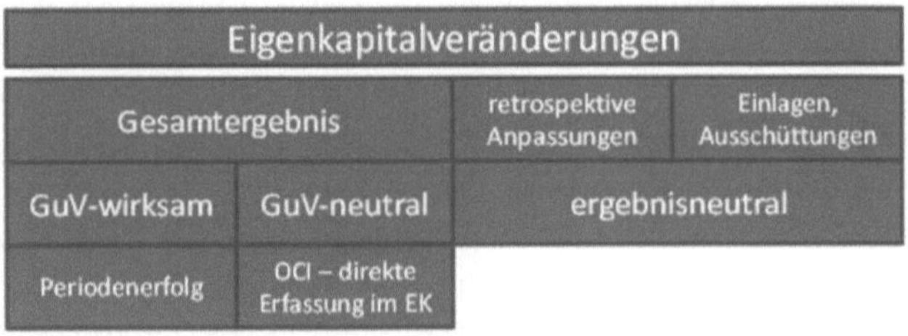

Abbildung 13: Eigenkapitalveränderung nach IFRS[13]

Dieser Ansatz entspricht im Grunde dem „Dirty Surplus Concept“. Hier gehen nur die Erträge aus der gewöhnlichen Geschäftstätigkeit in die GuV mit ein, während die Erfolgskomponenten, welche betriebsuntypisch und unregelmäßig sind, direkt im Eigenkapital GuV-neutral erfasst werden.

Dies kann dazu führen, dass nach IFRS langfristig das kumulierte Ergebnis und die Eigenkapitalveränderung nicht übereinstimmen, was im Widerspruch zum Kongruenzprinzip, welches im HGB gilt, steht[14].

---

[12] Vgl. Küting, K.; Weber, C.-P.: Die Bilanzanalyse, 11. Aufl., Stuttgart 2015, S. 222.

[13] Vgl. Küting, K.; Weber, C.-P.: Die Bilanzanalyse, 11. Aufl., Stuttgart 2015, S. 223.

[14] Vgl. Küting, K.; Weber, C.-P.: Die Bilanzanalyse, 11. Aufl., Stuttgart 2015, S. 223.

Other Comprehensive Income (OCI)

Nach IFRS ergibt sich der Gewinn eines Unternehmens aus der Summe zweier Einzelkomponenten (siehe Abbildung 13). Die erste Komponente beinhaltet die Erträge und Aufwendungen aus der GuV, welche erfolgswirksam sind und dem HGB-Verständnis entsprechen. Die zweite Komponente beinhaltet das sogenannte Other Comprehensive Income (OCI). Daneben gibt es noch ergebnisneutrale Komponenten, welche das Eigenkapital beeinflussen. Hierbei handelt es sich zum einen um Transaktionen mit Anteilseignern, sprich Ausschüttungen und Einlagen und zum anderen um retrospektive Anpassungen aufgrund von Fehlerkorrekturen oder Methodenänderungen. Zusammenfassend weicht der Gewinn, der sich nach IFRS ergibt, also um die Eigenkapitalveränderungen des OCI von dem in der GuV ausgewiesenen Gewinn ab.

IAS 1.7 regelt, welche Positionen zum OCI gehören:

- Veränderungen der Neubewertungsrücklage: Dies betrifft die Neubewertung von Sachanlagen (**IAS 16**) und immateriellen Vermögensgegenständen (**IAS 38**).
- Versicherungsmathematische Gewinne und Verluste, welche aus der Bilanzierung von Pensionsrückstellungen (**IAS 19**) resultieren.
- Gewinne und Verluste aufgrund von Währungsumrechnungen (**IAS 21**).
- Gewinne und Verluste aus der Neubewertung von zur Veräußerung verfügbaren finanziellen Vermögenswerten (**IAS 39**).
- Der effektive Teil der Gewinne und Verluste resultierend aus Absicherungsinstrumenten für Cash-Flows (**IAS 39**).

Diese grundlegend verschiedenen Ansichten des Gewinns müssen bei einer Gegenüberstellung der Jahresergebnisse bzw. einer Jahresabschlussanalyse zwingend beachtet werden, um eine Vergleichbarkeit von handelsrechtlichen und internationalen Abschlüssen zu gewährleisten und eine homogene Datengrundlage zu schaffen.

4.8 Bilanzrichtlinien-Umsetzungsgesetz – BilRUG

Die Umsetzung der EU-Bilanzrichtlinie 2013/34/EU in Form des Bilanzrichtlinien-Umsetzungsgesetzes (BilRUG) ist die größte HGB-Reform seit dem Bilanzrechtsmodernisierungsgesetz (BilMoG) aus dem Jahr 2009.

Für Geschäftsjahre, die nach dem 31.12.2015 beginnen, müssen Unternehmen ihren Jahresabschluss entsprechend den Regeln des BilRUG aufstellen. In diesem Zuge müssen die Unternehmen mit erheblichen Konsequenzen bzw. mit einem erheblichen Mehraufwand oder zumindest mit einem einmaligen Umstellungsaufwand rechnen – je nach Unternehmensgröße, Rechtsform und Branchenzugehörigkeit.

In den nachfolgenden Abschnitten werden nur die wichtigsten Änderungen des BilRUG sowie deren Auswirkungen zusammengefasst.

4.8.1 Erhöhung der Schwellenwerte

Der Gesetzgeber hat die Schwellenwerte „**Bilanzsumme**" und „**Umsatzerlöse**" zur Ermittlung der Größenklassen nach § 267 HGB für Kapital- und Personengesellschaften auf das Maximum der EU-Bilanzrichtlinie angehoben, die Schwellenwerte für das Merkmal „Arbeitnehmer" bleiben dagegen unverändert. Ebenfalls unverändert bleiben die Schwellenwerte für sogenannte Kleinstgesellschaften (§ 267a HGB).

Einen Überblick über die Anhebung der Schwellenwerte vermittelt folgende Tabelle:

	Kleine KapG	Mittlere KapG	Große KapG
	§ 267 Abs. 1 HGB	§ 267 Abs. 2 HGB	§ 267 Abs. 3 HGB
Bilanzsumme in Mio. €	≤ 6,00 (vorher: 4,84)	≤ 20,00 (vorher: 19,25)	> 20,00 (vorher: 19,25)
Umsatzerlöse in Mio. €	≤ 12,00 (vorher: 9,68)	≤ 40,00 (vorher: 38,50)	> 40,00 (vorher: 38,50)
Arbeitnehmer	≤ 50	≤ 250	> 250

Tabelle 1: Wertgrenzen für die Größenklassen von Kapitalgesellschaften und Personengesellschaften

Erstmals angewendet werden die neuen Wertgrenzen für die Größenklassen auf Jahresabschlüsse und Lageberichte für nach dem 31.12.2013 beginnende Geschäftsjahre. Allerdings sind die erhöhten Schwellenwerte für die Größeneinordnung von Gesellschaften auch rückwirkend auf das Vorjahr anzuwenden.

Diese Änderung durch das BilRUG wird zu einer Erhöhung der Anzahl kleiner Gesellschaften führen und birgt somit für einige Unternehmen Erleichterungen in künftigen Jahresabschlüssen, da z.B. kein Lagebericht mehr erstellt werden muss und die gesetzliche Prüfpflicht entfällt.

4.8.2 Kleinstkapitalgesellschaften

Die Erleichterungen, die sich aus § 267a HGB für Kleinstgesellschaften ergeben, gelten nun auch für Genossenschaften. Kleinstgesellschaften genießen Erleichterungen bei der Aufstellung des Jahresabschlusses im Sinne einer Verkürzung der Bilanz, eine verkürzte Darstellung der GuV sowie den Verzicht auf die Erstellung eines Anhangs. Weitere Erleichterungen ergeben sich bei der Offenlegung, hier kann auf die Bekanntmachung im elektronischen Bundesanzeiger verzichtet werden. Stattdessen muss eine dauerhafte Hinterlegung der Unternehmensdaten beim Betreiber des elektronischen Bundesanzeigers erfolgen.

Mit dem BilRUG erfolgt nun eine Einschränkung des Anwendungsbereichs dieser Erleichterungen betreffend der Tätigkeiten der Gesellschaft. Durch die Änderung werden (Finanz-)Holdinggesellschaften künftig – neben Investmentgesellschaften und Unternehmensbeteiligungsgesellschaften – von den Erleichterungen ausgeschlossen.

4.8.3 Änderungen in der Bilanz

Das BilRUG regelt die Bewertung von **selbst geschaffenen immateriellen Vermögensgegenständen** neu. Kann die voraussichtliche Nutzungsdauer nicht verlässlich geschätzt werden, wird über zehn Jahre abgeschrieben. Diese Regelung gilt auch für entgeltlich erworbene Geschäfts- oder Firmenwerte.

Laut BilRUG müssen beim Ausweis der **Verbindlichkeiten** in der Bilanz zukünftig auch Restlaufzeiten von über einem Jahr angegeben werden (§ 268 Abs. 5 S.1 HGB).

4.8.4 Änderungen in der Gewinn- und Verlustrechnung

Auch die **Definition der Umsatzerlöse** in § 277 Abs. 1 HGB ändert sich in Folge des BilRUG. Zukünftig werden alle „Erlöse aus dem Verkauf und der Vermietung oder Verpachtung von Produkten sowie aus der Erbringung von Dienstleistungen“ als Umsatzerlöse verstanden. Somit entfällt die Unterscheidung zwischen Erlösen aus der gewöhnlichen Geschäftstätigkeit und dem „typischen Leistungsangebot“.

Die Umsatzerlöse der Unternehmen könnten durch diese Neuregelung ausgeweitet werden. Infolge dessen können die Unternehmen durch BilRUG auch in eine höhere Größenklasse rutschen.

Mit dem Inkrafttreten des BilRUG müssen Unternehmen künftig keine **außerordentlichen Aufwendungen und Erträge** mehr in der GuV erfassen und ausweisen. Stattdessen sind Aufwendungen und Erträge von „außergewöhnlicher Größenordnung oder von außergewöhnlicher Bedeutung“ jeweils im Anhang anzugeben und zu erläutern.

4.8.5 Offenlegungspflichten

Das BilRUG verschärft die Anforderungen an die Offenlegung von Jahresabschlüssen. Bisher war es Unternehmen möglich, ihren Jahresabschluss auch ungeprüft zu veröffentlichen, um die Offenlegungsfristen einzuhalten. Der Bestätigungsvermerk über die Prüfung konnte nachgereicht werden. Diese Nachreichung des Bestätigungsvermerks des Abschlussprüfers ist nun nicht mehr (ohne Sanktion) zulässig.

5 Planung des Beispielunternehmens Kfz-Zulieferer GmbH

Zum besseren Verständnis der nachfolgend diskutierten Kennzahlen, werden – soweit sinnvoll – die Kennzahlen jeweils für ein fiktives Unternehmen berechnet und kurz interpretiert.

Hierbei soll es sich um ein mittelständisches Unternehmen der Automobilzulieferbranche handeln – die Kfz-Zulieferer GmbH.

Die GuV (Tabelle 2), Bilanz (Tabelle 3) sowie der Anlagespiegel (Tabelle 4) der Kfz-Zulieferer GmbH für die vergangenen drei Perioden sind nachstehend aufgeführt. Das Geschäftsjahr der Kfz-Zulieferer GmbH entspricht dem Kalenderjahr. Bei dem ordentlichen Betriebsergebnis in der GuV handelt es sich um einen bereinigten Jahreserfolg des Unternehmens. Hierbei wird unterstellt, dass bestimmte, wertbestimmende Einflussfaktoren dem Analysten bekannt sind bzw. aus der Analyse des Jahresabschlusses entnommen werden können (siehe Abschnitt 7.1.1 Das ordentliche Betriebsergebnis).

Absolute Zahlen in TEUR	t-2	t-1	t
Umsatzerlöse	30.606,64	35.050,88	37.687,36
(+) Erhöhung des Bestands an fertigen und unfertigen Erzeugnissen	282,80	1.419,92	735,20
(+) Andere aktivierte Eigenleistungen	761,20	1.036,16	259,92
(+) Sonstige betriebliche Erträge	2.099,12	4.132,96	1.634,00
= **Gesamtleistung**	33.749,76	41.639,92	40.316,48
(-) Materialaufwand	13.757,36	17.733,20	17.936,80
= **Rohergebnis**	19.992,40	23.906,72	22.379,68
(-) Personalaufwand	8.272,80	9.214,72	9.856,16
(-) Abschreibungen auf immaterielle Vermögensgegenstände des Anlagevermögens und Sachanlagen	2.799,92	2.956,56	2.720,08
(-) Sonstige betrieblichen Aufwendungen	5.437,04	5.186,88	5.088,80
= **Operatives Ergebnis vor Zinsen und Steuern (EBIT)**	3.482,64	6.548,56	4.714,64
(+) Beteiligungsergebnis	949,12	1.909,04	1.523,36
(-) Zinsergebnis	687,36	697,76	572,88
= **Ergebnis vor Steuern (EBT)**	3.744,40	7.759,84	5.665,12
(-) Steuern von Einkommen und vom Ertrag	812,80	1.807,28	1.119,12
(-) Sonstige Steuern	13,12	9,20	23,60
= **Jahresüberschuss (EAT)**	2.918,48	5.943,36	4.522,40
(-) Einstellung in andere Gewinnrücklagen	1.144,40	2.971,68	2.273,20
Bilanzgewinn	1.774,08	2.971,68	2.249,20

Tabelle 2: Gewinn- und Verlustrechnung der Kfz-Zulieferer GmbH

Absolute Zahlen in TEUR	t-2	t-1	t
AKTIVA			
Anlagevermögen			
Immaterielle Vermögens-gegenstände	78,96	235,36	311,92
Sachanlagen	16.077,44	17.985,84	19.396,56
Finanzanlagen	20.531,20	28.722,40	29.051,28
	36.687,60	**46.943,60**	**48.759,76**
Umlaufvermögen			
Roh-, Hilfs- und Betriebsstoffe	1.163,52	1.344,56	1.183,68
Unfertige Erzeugnisse	432,72	1.003,36	1.182,56
Fertige Erzeugnisse von Waren	3.047,52	4.042,96	4.782,00
Geleistete Anzahlungen	0,00	269,44	312,24
= **Vorräte**	**4.643,76**	**6.660,32**	**7.460,48**
Forderungen und sonstige Vermögensgegenstände			
Forderungen aus Lieferung und Leistung	4.564,32	5.107,20	4.944,08
Forderungen gegen verbundene Unternehmen	2.592,48	3.013,68	3.342,80
Forderungen gegen Unterneh-men, mit denen ein Beteiligungs-verhältnis besteht	392,88	348,72	265,28
Sonstige Vermögensgegenstände	615,44	1.868,08	1.991,68
	8.165,12	**10.337,68**	**10.543,84**
Kassenbestand, Guthaben bei Kreditinstituten und Schecks	4.452,24	30,56	64,64
	17.261,12	**17.028,56**	**18.068,96**
Rechnungsabgrenzungsposten	23,84	30,40	41,04
Bilanzsumme	**53.972,56**	**64.002,56**	**66.869,76**

PASSIVA			
Eigenkapital			
Gezeichnetes Kapital	5.068,80	5.068,80	5.068,80
Kapitalrücklage	9.666,16	9.666,16	9.666,16
Gewinnrücklage	13.999,28	16.970,96	19.244,16
Bilanzgewinn	1.774,08	2.971,68	2.249,20
	30.508,32	**34.677,60**	**36.228,32**
Rückstellungen			
Rückstellungen für Pensionen	4.267,76	4.484,80	4.531,04
Steuerrückstellungen	90,88	425,84	155,28
Sonstige Rückstellungen	1.932,72	2.175,36	2.341,84
	6.291,36	**7.086,00**	**7.028,16**
Verbindlichkeiten			
Verbindlichkeiten gegenüber Kreditinstituten	12.380,96	15.102,00	17.683,28
Erhaltene Anzahlungen auf Bestellungen	7,04	21,60	26,32
Verbindlichkeiten aus Lieferung und Leistung	1.574,40	1.807,92	1.296,24
Verbindlichkeiten gegenüber verbundenen Unternehmen	29,60	867,36	928,88
Verbindlichkeiten gegenüber Unternehmen mit denen ein Beteiligungsverhältnis besteht	0,00	0,00	560,72
Sonstige Verbindlichkeiten	3.086,72	3.730,08	2.350,48
	17.078,72	**21.528,96**	**22.845,92**
Rechnungsabgrenzungsposten	19,76	9,68	77,12
Passive latente Steuern	74,40	700,32	690,24
Bilanzsumme	**53.972,56**	**64.002,56**	**66.869,76**

Tabelle 3: Bilanz der Kfz-Zulieferer GmbH

Absolute Zahlen in TEUR	Anschaffungs- und Herstellungskosten				Kumulierte Abschreibungen					Buchwerte	
	t-2	Zugänge	Umbuchungen	Abgänge	t-1	t-2	Abschreibungen des Geschäftsjahres	Umbuchungen	Abgänge	t-1	t-2
Immaterielle Vermögensgegenstände											
Entgeltlich erworbene Schutzrechte u. Lizenzen	1.546,24	193,04	20,88	16,56	1.743,60	1.483,76	50,88	0,00	15,60	224,56	62,48
Geleistete Anzahlungen	16,48	10,48	-16,16	0,00	10,80	0,00	0,00	0,00	0,00	10,80	16,48
	1.562,72	203,52	4,72	16,56	1.754,40	1.483,76	50,88	0,00	15,60	235,36	78,96
Sachanlagen											
Grundstücke und Bauten	10.936,24	651,04	846,40	2.835,68	9.598,00	5.137,68	422,32	3,60	2.243,28	6.277,68	5.798,56
Technische Anlagen und Maschinen	22.933,84	1.219,92	1.821,20	1.086,96	24.888,00	16.500,32	2.303,76	-3,60	746,64	6.834,16	6.433,52
Andere Anlagen, Betriebs- und Geschäftsausstattung	7.309,60	816,00	84,88	590,00	7.620,48	6.571,68	179,60	0,00	573,36	1.442,56	737,92
Geleistete Anzahlungen und Anlagen im Bau	3.107,44	3.081,20	-2.757,20	0,00	3.431,44	0,00	0,00	0,00	0,00	3.431,44	3.107,44
	44.287,12	5.768,16	-4,72	4.512,64	45.537,92	28.209,68	2.905,68	0,00	3.563,28	17.985,84	16.077,44
Finanzanlagen											
Anteile an verbundenen Unternehmen	19.494,48	6.048,72	0,00	0,00	25.543,20	1.891,60	373,68	0,00	377,60	23.655,52	17.602,88
Ausleihungen an verbundene Unternehmen	2.109,60	3.370,56	0,00	1.382,32	4.097,84	4,56	0,00	0,00	4,56	4.097,84	2.105,04
Beteiligungen	917,28	0,00	0,00	0,00	917,28	146,24	0,00	0,00	146,24	917,28	771,04
Wertpapiere des Anlagevermögens	50,00	16,88	0,00	17,20	49,68	0,00	0,00	0,00	0,00	49,68	50,00
Sonstige Ausleihungen	2,24	0,00	0,00	0,16	2,08	0,00	0,00	0,00	0,00	2,08	2,24
	22.573,60	9.436,16	0,00	1.399,68	30.610,08	2.042,40	373,68	0,00	528,40	28.722,40	20.531,20
	68.423,44	15.407,84	0,00	5.928,88	77.902,40	31.735,84	3.330,24	0,00	4.107,28	46.943,60	36.687,60

Absolute Zahlen in TEUR	Anschaffungs- und Herstellungskosten					Kumulierte Abschreibungen				Buchwerte	
	t-1	Zugänge	Um-buchun-gen	Abgänge	t	t-1	Abschrei- schrei- bungen des Geschäfts schäfts- jahres	Um-buchun-gen	Abgänge	t	t-1
Immaterielle Vermögens-gegenstände											
Entgeltlich erworbene Schutzrechte u. Lizenzen	1.743,60	129,28	10,80	0,64	1.883,04	1.519,04	52,72	0,00	0,64	311,92	224,56
Geleistete Anzahlungen	10,80	0,00	-10,80	0,00	0,00	0,00	0,00	0,00	0,00	0,00	10,80
	1.754,40	129,28	0,00	0,64	1.883,04	1.519,04	52,72	0,00	0,64	311,92	235,36
Sachanlagen											
Grundstücke und Bauten	9.598,00	1.512,32	1.631,36	38,72	12.702,96	3.320,32	280,08	0,00	6,08	9.108,64	6.277,68
Technische Anlagen und Maschinen	24.888,00	1.207,44	1.080,40	263,84	26.912,00	18.053,84	2.137,20	0,00	225,84	6.946,80	6.834,16
Andere Anla-gen, Betriebs- und Geschäfts-ausstattung	7.620,48	363,28	155,92	111,76	8.027,92	6.177,92	250,08	0,00	104,56	1.704,48	1.442,56
Geleistete Anzahlungen und Anlagen im Bau	3.431,44	1.072,88	-2.867,68	0,00	1.636,64	0,00	0,00	0,00	0,00	1.636,64	3.431,44
	45.537,92	4.155,92	0,00	414,32	49.279,52	27.552,08	2.667,36	0,00	336,48	19.396,56	17.985,84
Finanzanlagen											
Anteile an verbundenen Unternehmen	25.543,20	606,88	0,00	255,28	25.894,80	1.887,68	643,52	0,00	567,52	23.931,12	23.655,52
Ausleihungen an verbundene Unternehmen	4.097,84	486,88	0,00	433,84	4.150,88	0,00	0,00	0,00	0,00	4.150,88	4.097,84
Beteiligungen	917,28	0,00	0,00	0,00	917,28	0,00	0,00	0,00	0,00	917,28	917,28
Wertpapiere des Anlage-vermögens	49,68	0,32	0,00	0,00	50,00	0,00	0,00	0,00	0,00	50,00	49,68
Sonstige Ausleihungen	2,08	0,00	0,00	0,08	2,00	0,00	0,00	0,00	0,00	2,00	2,08
	30.610,08	1.094,08	0,00	689,20	31.014,96	1.887,68	643,52	0,00	567,52	29.051,28	28.722,40
	77.902,40	5.379,28	0,00	1.104,16	82.177,52	30.958,80	3.363,60	0,00	904,64	48.759,76	46.943,60

Tabelle 4: Anlagespiegel der Kfz-Zulieferer GmbH

6 Finanzwirtschaftliche Bilanzanalyse

6.1 Analyseziele

Das Ziel der finanzwirtschaftlichen Bilanzanalyse besteht darin, Informationen über die Kapitalverwendung (Vermögens- und Investitionsanalyse) sowie die Kapitalherkunft (Liquiditäts- und Finanzierungsanalyse) zu gewinnen. Angaben über die Kapitalverwendung stellen das Anlage- und Umlaufvermögen auf der Aktivseite der Bilanz bereit. Die Kapitalherkunft hingegen ist der Passivseite der Bilanz, also der Zusammensetzung von Eigen- und Fremdkapital, zu entnehmen. Wie oben erwähnt, stellt die Aktivseite der Bilanz die Struktur der investierten Geschäftsidee dar. Die Passivseite der Bilanz ist die finanzielle Absicherung der Geschäftsidee (siehe Abschnitt 1.4.3 Von der Bilanzanalyse zur Unternehmensanalyse).

Im Rahmen der finanzwirtschaftlichen Bilanzanalyse werden daher beide Seiten der Bilanz analysiert, indem die Bestandsgrößen zu dem Bilanzstichtag (Zeitpunktrechnung) analysiert werden. Zum Teil werden auch korrespondierende Positionen der Gewinn- und Verlustrechnung (Zeitraumrechnung) zur Analyse herangezogen.

Wesentliches **Analyseziel** ist die Frage nach der **Liquidität** des Unternehmens, also der Fähigkeit des Unternehmens, jederzeit die fälligen Zahlungsverpflichtungen erfüllen zu können. Fehlende Liquidität stellt den wichtigsten Insolvenzantragsgrund dar, was ultimativ zu einer Einstellung der Geschäftstätigkeit führen kann. Eine ausreichende Liquidität ist somit für alle Interessengruppen des Unternehmens, wie z.B. Kapitalgeber, Lieferanten, Kunden, Arbeitnehmer etc., von zentraler Bedeutung, um die für die jeweilige Interessengruppe relevanten Risiken einer Insolvenz zu vermeiden. Hier wird wieder deutlich, dass die Fähigkeit zur ausreichenden Liquiditätsgenerierung einen integralen Bestandteil der Risikotragfähigkeit eines Unternehmens darstellt. In nachfolgenden Kapiteln wird das Thema der Liquidität näher erläutert (siehe Abschnitt 6.4 Liquiditätsanalyse).

Für die Beantwortung der Frage nach der Liquidität werden verschiedene bestandsgrößenorientierte Analysen herangezogen. Bei der **Vertikalstrukturanalyse** werden zwei Größen derselben Bilanzseite gegenübergestellt. Von **Horizontalstrukturanalyse** wird hingegen gesprochen, wenn eine Kennzahl aus jeweils einer Größe beider Bilanzseiten gebildet wird. Die nachfolgende Grafik soll den oben genannten Zusammenhang verdeutlichen:

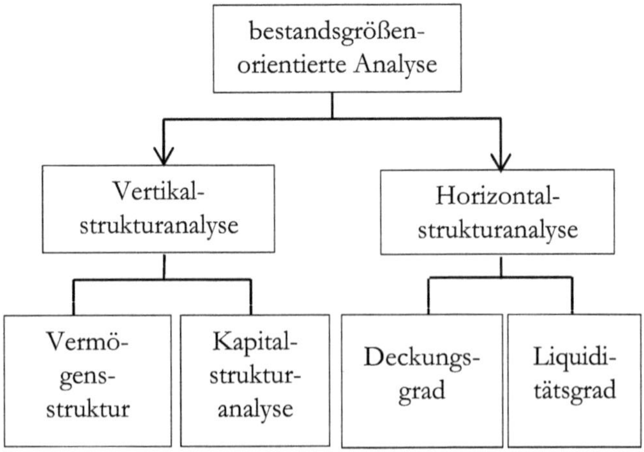

Abbildung 14: Methoden der Liquiditätsanalyse

Die **Vermögensstrukturanalyse** als Form der Vertikalstrukturanalyse soll Aufschluss über die Art sowie die Zusammensetzung des Vermögens und dessen Bindungsdauer liefern. Der Bindungsdauer des Anlagevermögens sollte hierbei besondere Aufmerksamkeit geschenkt werden, denn je kleiner der Anteil des langfristig gebundenen Vermögens im Unternehmen ist, desto schneller lässt sich das Vermögen tendenziell wieder in liquide Mittel umwandeln. Je schneller das Vermögen liquidierbar ist, desto geringer ist die Wahrscheinlichkeit drohender Illiquidität und damit verbundenen Konsequenzen.

Eine weitere Ausprägung der Vertikalstrukturanalyse stellt die **Kapitalstrukturanalyse** dar. Diese soll Aufschluss darüber geben, mit welcher Kapitalzusammensetzung und Überlassungsdauer das Unternehmen über Fremd- oder Eigenkapital finanziert ist. Die Kapitalstrukturanalyse gibt unter Liquiditätsgesichtspunkten Auskunft über die Finanzierungsrisiken sowie die Kreditwürdigkeit des Unternehmens aus Sicht der Fremdkapitalgeber. Außerdem geht im Rahmen der Kapitalstrukturanalyse die Beurteilung der Finanzierungspolitik einher. Hier geht es darum festzustellen, inwiefern die Ausstattung des Unternehmens mit Fremd- bzw. Eigenkapital den Prinzipien der Rentabilität, der Sicherheit bzw. Solidität, der Dispositionsfreiheit und der Anpassungsfähigkeit an (kurzfristige) Änderungen der Auftragslage gerecht wird.

Die **Horizontalstrukturanalyse** soll dem externen Analysten Informationen über die Beurteilung der Ausgewogenheit von Finanzierung (Mittelherkunft/Absicherung der Geschäftsidee) und Investition (Mittelverwendung/investierte Geschäftsidee) unter Risiko- und Rentabilitätsgesichtspunkten liefern. Aus diesem Grund werden Posten der Aktiv- und Passivseite in Relation gesetzt. Meist wird bei der Horizontalstrukturanalyse von der Analyse der Finanzstruktur gesprochen. Bspw. soll der **langfristige Deckungsgrad,** als Kennzahl der Horizontalanalyse, Auskunft darüber geben, inwieweit das Anlagevermögen durch Eigenkapital und somit fristenkongruent im Sinne der goldenen Bilanzregel gedeckt ist. Diese besagt, dass langfristiges Vermögen stets mit langfristig verfügbarem Kapital gedeckt werden sollte. Einen weiteren Teilbereich der Horizontalanalyse stellt/stellen der/die **kurzfristige/n Liquiditätsgrad/e** dar. Hierbei soll das Unternehmen hinsichtlich seiner Fähigkeit, kurzfristigen Zahlungsverpflichtungen nachzukommen, analysiert werden.

Bei den bisher aufgezeigten Methoden der Bilanzanalyse handelt es sich jedoch lediglich um bestandsorientierte Momentaufnahmen am Bilanzstichtag. Wie bereits erläutert (siehe Abschnitt 1.5.1.1 Zeitbezug der Informationsgrundlage), ist die Stichtagsbezogenheit zugleich eine der wesentlichen Herausforderungen bei der externen Bilanzanalyse. Dies wird dadurch ersichtlich, da von vergangenheitsorientierten Stichtagswerten auf die zukünftige Ertrags- und Liquiditätskraft des Unternehmens geschlossen werden soll. In der Realität existieren jedoch oftmals keine kausalen Zusammenhänge zwischen Vergangenheit und Zukunft. Darüber hinaus liegt zwischen dem Bilanzstichtag und dem Analysezeitpunkt in der Regel eine zeitliche Differenz, in welcher sich die, am Stichtag dargestellte, wirtschaftliche Situation bereits maßgeblich ändern konnte. Aus diesen Gründen sind weitere Analysemethoden notwendig, um einen umfassenderen Überblick über die tatsächliche aktuelle wirtschaftliche Situation des Unternehmens zu erhalten.

Ein hierfür häufig verwendetes Instrumentarium ist die **Cash-Flow-Analyse.** Mithilfe der Cash-Flow-Analyse wird versucht, künftig zu erwartende Zahlungsströme, aus den tatsächlich erzielten Zahlungsströmen der Vergangenheit, abzuleiten. Außerdem geht diese stromgrößenorientierte Liquiditätsanalyse der Frage nach, wie die Finanzmittel aus dem laufenden Betriebsprozess erwirtschaftet und verwendet werden. Auch wenn hierbei eine Zukunftsorientierung reklamiert wird, ist die Datenbasis noch immer Vergangenheitsbezogen. Daher bietet auch diese Methode, wie bereits erläutert, nur die Möglichkeit die ex-post gezeigte Risikotragfähigkeit des Unternehmens in Bezug auf die Liquidität zu evaluieren.

6.2 Kapitalstrukturanalyse

Die Kapitalstrukturanalyse stellt die wichtigste Analyseform der Passivseite einer Bilanz dar. Die primäre Untersuchung bezieht sich auf die Zusammensetzung des Kapitals eines Unternehmens, bestehend aus Fremd- und Eigenkapital. Dadurch erhält der externe Analyst Erkenntnisse über mögliche Finanzierungsrisiken, sowie die Kreditwürdigkeit eines Unternehmens. Diese Informationen erlangen besondere Bedeutung, wenn ein Unternehmen neue Finanzierungsmittel akquirieren muss, um die Zahlungsfähigkeit und somit den Geschäftsbetrieb aufrechterhalten zu können.

Die Haupteigenschaft des **Eigenkapitals** liegt darin, dass es unkündbar ist und folglich dem Unternehmen langfristig zur Verfügung steht. Für die Gläubiger stellt das Eigenkapital Haftungskapital dar. Mit Haftungskapital ist gemeint, dass Verluste, welche die vorhandene Vermögenssubstanz dezimieren, zunächst durch das Eigenkapital aufgefangen werden können. Je größer demnach das Eigenkapital ist, desto größer ist auch das Verlustauffangpotenzial und umso größer ist die Sicherheit für die Gläubiger. Da das zur Verfügung gestellte Fremdkapital erst dann von Verlusten betroffen ist, wenn das Eigenkapital vollständig aufgebraucht ist.[15] Für ein Unternehmen hat das Eigenkapital folgende vier Funktionen:

- **Finanzierungsbasis:** Ohne Eigenkapital, welches als Sicherheit für die Gläubiger dient, kann keine Akquise von Fremdkapital stattfinden.
- **Maßgröße der Kreditwürdigkeit:** Je höher das Eigenkapital, desto solider die Finanzierung und desto größer die Kreditwürdigkeit des Unternehmens.
- **Verlustauffangpotenzial/Risikotragfähigkeit:** Je höher das Eigenkapital und somit die finanzielle Stabilität, desto länger ist eine Verlustabsorption möglich.

---

[15] Vgl. Gräfer, H.: Bilanzanalyse, 13. Aufl., Herne 2016, S. 78.

- **Messgröße zur Erfolgsverteilung:** Die Zuordnung von Verlusten oder Gewinnen auf Anteilseigner erfolgt in der Regel gemäß den Eigenkapitalanteilen.

Dem Eigenkapital stehen in seiner Wirkung jedoch nicht nur positive Eigenschaften gegenüber. Ein gravierender Nachteil des Eigenkapitals liegt in seiner steuerlichen Benachteiligung. Die Eigenfinanzierung wirkt entgegen der Fremdfinanzierung, welche steuerliche Vorteile aufgrund der Abzugsfähigkeit der Fremdkapitalzinsen mit sich bringt, nicht steuermindernd und gilt daher als kostspielig.

Darüber hinaus erheben auch die Eigenkapitalgeber einen Anspruch nach einer adäquaten Verzinsung des von ihnen überlassenen Kapitals durch (stetige) Dividendenzahlungen. Diese Zahlungen müssen aus dem Jahresüberschuss nach Steuern geleistet werden und machen somit die steuerliche Benachteiligung der Eigenfinanzierung deutlich. Nichtsdestotrotz ist eine konsistente und in der Zeit stabile Dividendenpolitik gegenüber den Anteilseignern besonders bei einer geplanten Kapitalerhöhung wichtig. Über kontinuierliche Ausschüttungen wird langfristig Vertrauen zu den Eigenkapitalgebern aufgebaut, da sich durch die getätigte Investition in das Unternehmen ihre eigene Zukunftsplanung durch die adäquate Risikoprämie bewahrheitet hat. Diese positiven Erfahrungswerte in der Vergangenheit führen somit auch zu einer positiven Erwartungshaltung gegenüber dem Unternehmen in der Zukunft und erhöhen daher die Wahrscheinlichkeit der Zustimmung zu einer Kapitalerhöhung.

Ebenso ist die Möglichkeit einer flexiblen Ausschüttungsgestaltung bei näherer Betrachtung zu relativieren. Da meist mehrere Personen Anteile am Eigenkapital halten, wird die Entscheidung über mögliche Ausschüttungen erheblich erschwert.

Die Ermittlung des „bilanzanalytischen" Eigenkapitals erfolgt wegen seiner Verlustabsorptionsfähigkeit (Risikotragfähigkeit), Haftungsfunktion für die Gläubiger und Existenzsicherungsfunktion für die Unternehmen stets vorsichtig. Nach **§ 272 Abs. 1 HGB** erfüllt nur das gezeichnete Kapital die Haftungsfunktion für Verbindlichkeiten aus unternehmerischer Tätigkeit. Um zu dem „bilanzanalytischen" Eigenkapital zu gelangen, müssen deshalb Korrekturposten für nicht werthaltige Aktiva, nicht bilanzierte Passiva oder geplante Abflüsse aus dem Eigenkapital gebildet werden. Neben den Kürzungen sind aber auch Hinzurechnungen vorzunehmen. Das „bilanzanalytische" Eigenkapital kann als das Reinvermögen, welches den Gesellschaftern abzüglich aller Schulden zurückbleibt, bezeichnet werden. An dieser Stelle seien einige „Korrekturposten“ kurz erläutert:

- **Firmenwert (Good Will):** Dieser kann als „bezahlte“ Gewinnerwartung interpretiert werden. Eine überbezahlte Gewinnerwartung, welche häufig der Fall ist, wird indes nicht als werthaltiges Vermögen betrachtet und demnach nicht als echtes Eigenkapital verstanden. Infolgedessen wird bei der Ermittlung des „bilanzanalytischen“ Eigenkapitals eine Kürzung um den Firmenwert vorgenommen.
- **Gewinnausschüttungen:** Diese Mittelabflüsse verringern das Reinvermögen und somit auch das Eigenkapital.
- **Rückstellungen für unterlassene Instandhaltung**, die innerhalb der ersten drei Monate des folgenden Geschäftsjahres nachgeholt werden gem. **§ 249 Abs. 1 Satz 2 Nr.1 HGB** gelten als besondere Art der Gewinnreduktion und werden demnach dem Eigenkapital wieder hinzugerechnet. Aufgrund ihrer steuerlichen Unwirksamkeit erfolgt diese Zurechnung vollständig.
- **Stille Reserven:** Sie werden wegen der noch ausstehenden Besteuerung nur anteilig (abzüglich der erwarteten Besteuerung) dem Eigenkapital zugerechnet. Andere steuerunwirksame Reserven (zu hohe steuerlich nicht anerkannte Rückstellungen wie z.B. Drohverlustrückstellungen) hingegen erhöhen das Eigenkapital in voller Höhe.

Nach IFRS ist das Eigenkapital als Überschuss der Vermögenswerte über die Schulden definiert (**F.49c**). Dementsprechend ist die Höhe des Eigenkapitals sowohl von der Definition der Vermögenswerte, als auch der Schulden abhängig. IFRS sieht jedoch keine speziellen Gliederungsvorschriften vor. **IAS 1.54 q** und **IAS 1.54 r** fordern lediglich, dass die Posten „gezeichnetes Kapital“, „Rücklagen“ sowie „Minderheitsanteile“ ersichtlich werden. Bei der Abgrenzung zwischen Eigen- und Fremdkapital lassen sich erhebliche Unterschiede zwischen IFRS und HGB feststellen (Inter-Standard-Differenzen). Nach HGB erfolgt die Abgrenzung zwischen Eigen- und Fremdkapital primär vor dem Hintergrund der Haftungsqualität im Hinblick auf den Gläubigerschutz, nach IFRS jedoch nach der Rückzahlungspflicht (**IAS 32.15 ff.**). Sobald dem Unternehmen eine (vertragliche) Zahlungsverpflichtung aus dem Finanzinstrument entsteht, liegt gemäß IFRS ein Fremdkapital- und kein Eigenkapitalinstrument vor. Zusätzlich muss das Eigenkapital, um als solches zu gelten, laut

IFRS ohne zeitliche Begrenzung zur Verfügung gestellt werden. Der Ausweis als Eigenkapital ist nach IFRS nur dann möglich, wenn das eingebrachte Kapital nachrangig haftet, das heißt erst nach Befriedigung aller anderen Gläubiger bedient wird. Das bilanzanalytische Eigenkapital ergibt sich, ebenso wie nach HGB, als Residualgröße durch Subtraktion der Verpflichtungen von den Vermögenswerten. Aufgrund der Ausweisunterschiede der Abgrenzung zwischen Eigen- und Fremdkapitalposten können sich jedoch erhebliche Unterschiede zwischen HGB und IFRS ergeben. Das ausgewiesene Eigenkapital ist nach IFRS meist höher als nach HGB. Dies hängt häufig mit der Fair Value Bilanzierung der Vermögenswerte nach IFRS zusammen. Die Unterschiede in den Bilanzierungsstandards machen daher ein weiteres Mal den hohen Grad an Informationsasymmetrien innerhalb des Jahresabschlusses und der Notwendigkeit zur Bildung von Korrekturposten durch das Know-how des externen Analysten deutlich.

Bei der Analyse der Zusammensetzung des **Fremdkapitals** ist vor allem die Dauer der Überlassung der einzelnen Teile von Interesse.

Die Laufzeit/Fristigkeit der einzelnen Fremdkapitalposten können dem Jahresabschluss entnommen werden. Gemäß **§ 268 Abs. 5 Satz 1 HGB und § 285 Nr. 1 und 2 HGB** lassen sich die Gesamtschulden wie folgt gliedern:

- **Kurzfristige Schulden:**
  Verbindlichkeiten mit einer Restlaufzeit < 1 Jahr.
- **Mittelfristige Schulden:**
  Verbindlichkeiten mit einer Restlaufzeit > 1 Jahr
  und zugleich < 5 Jahre.
- **Langfristige Schulden:**
  Verbindlichkeiten mit einer Restlaufzeit > 5 Jahre.

Durch die obligatorische Angabe der Fristigkeiten ist für den externen Analysten die Laufzeit der Verbindlichkeiten genau erkennbar. Die Bewertung der Verbindlichkeiten erfolgt stets zum Rückzahlungsbetrag bzw. Erfüllungsbetrag. Eine Folgebewertung unter dem Rückzahlungsbetrag ist generell nicht zulässig (**Höchstwertprinzip**). Die Frage nach der optimalen Kapitalstruktur kann indes nicht pauschal beantwortet werden. Vielmehr ist diese abhängig von verschiedenen Einflussfaktoren, wie bspw. Rentabilitätsgesichtspunkten oder der Branche, in welcher das betrachtete Unternehmen wirtschaftet und damit korrelierend der branchenspezifischen Zusammensetzung des Vermögens bzw. der Aktiva, welches nach bestimmten Finanzierungsregeln finanziert sein sollte (siehe Abschnitt 6.5 Deckungsstrukturanalyse). Dies lässt auch in Bezug auf die Fristigkeitsstruktur keine allgemeingültige Wertung zu und erfordert eine Kontextualisierung des bisher isoliert betrachteten Unternehmens. Generell wird jedoch eine Finanzierung als umso solider angesehen, je höher der langfristige Fremdkapitalanteil ist. Allerdings birgt dieser Umstand die Gefahr, dass eine unerwartete Kapitalrückzahlungsverpflichtung schnell zu Liquiditätsengpässen führen kann. Solch eine unerwartete Kapitalrückzahlungsverpflichtung kann z.B. durch Verletzung von kreditvertraglichen Kennzahlen (sog. „Covenants"), bei denen den Kreditinstituten ein außerordentliches Kündigungsrecht zusteht, entstehen. Eine kurzfristige Finanzierung kann je nach Marktsituation und aktuellem Marktzins häufig kostengünstiger sein und eröffnet dem Unternehmen zusätzlich die Möglichkeit, sich an schwankende Kapitalbedürfnisse – z.B. infolge eines schwächeren Konjunkturzyklus – flexibel anpassen zu können. Aus Sicherheitsaspekten ist eine kurzfristige Finanzierung allerdings als nachteilig anzusehen, da sich durch die Notwendigkeit zur häufigeren Akquise von (neuem) Fremdkapital eine größere Abhängigkeit von den Gläubigern ergibt und nicht immer eine entsprechende Anschlussfinanzierung gesichert werden kann. Neben der Finanzierungsdauer sollte der Finanzierungsherkunft ebenso Aufmerksamkeit geschenkt werden. Je nachdem, ob die Finanzierung bspw. über eine Anleiheemission oder von einer Bank zur Verfügung gestellt wurde, lassen sich Mutmaßungen über die Sicherung der Anschlussfinanzierung sowie die Resistenz gegen veränderte Zinssituationen treffen.

Ein weiteres Analysefeld im Rahmen der Bilanzanalyse stellen die **Rückstellungen** dar. Bei der Analyse der Rückstellungen liegt das Hauptaugenmerk darauf, festzustellen ob diese in angemessener Höhe gebildet wurden. Da eine Rückstellung jedoch bereits als ausreichend angesehen wird, sofern kein Verstoß gegen die geltenden Bilanzierungsvorschriften zu verzeichnen ist, stellt dies ein essentielles Problem bei diesem Vorhaben dar. Die Bewertung der angemessenen Höhe der Rückstellungen sowie der ausschlaggebenden Gründe für die Rückstellungsbildung ist insbesondere für einen außenstehenden Analysten, aufgrund des für ihn vorhandenen, beschränkten Daten- und Informationsspektrums, nahezu unmöglich. Hierfür wären bspw. präzise Informationen über die Notwendigkeit der Nachholung von Instandhaltungen und deren Kosten erforderlich, die nur dem Management zur Verfügung stehen. Da eine Rückstellung immer eine Risikovorsorge darstellt und eine Prognose der künftigen Entwicklung erfordert, ist die Bewertung von Rückstellungen in hohem Maße ermessensbehaftet. Gemäß **§ 253 Abs. 1 Satz 2 HGB** wird vorgeschrieben, dass die Höhe des Betrages der Rückstellung nach „vernünftiger kaufmännischer Beurteilung" zu erfolgen hat. Aufgrund der beschränkten Prüfbarkeit der Bewertungsentscheidungen, lässt sich nicht ausschließen, dass im Einzelfall tatsächlich eine Über- oder Unterbewertung vorliegt. In Anbetracht der aufgezeigten Herausforderungen, sollte der externe Analyst bei der Beurteilung von Rückstellungen, ein besonderes Augenmerk auf die Nachvollziehbarkeit der getroffenen Annahmen, zur Art und Höhe der Rückstellungsbildung seitens des Unternehmens legen. Ergänzend dazu muss überprüft werden, ob die Veränderungen der Rückstellungen im Zeitverlauf mit der gesamten Geschäftsentwicklung korrelieren. So müssten die Rückstellungen bspw. aufgrund eines höheren Risikoumfangs durch eine Umsatzausweitung ebenfalls erhöht werden.

Hinsichtlich der Definition von Schulden gibt es Unterschiede zwischen dem HGB und den IFRS.

Nach IFRS (**F.49b**) liegt eine Schuld vor, wenn folgende drei Merkmale erfüllt sind (Merkmale der abstrakten Passivierungsfähigkeit):

- Es muss eine gegenwärtige Verpflichtung vorliegen,
- die sich aufgrund eines vergangenen Ereignisses ergeben hat und
- deren Erfüllung zum Abfluss von wirtschaftlichen Nutzen verkörpernden Ressourcen führen wird.

Die Bilanzierung der **Verbindlichkeiten nach IFRS** erfolgt bei allen originären und derivativen finanziellen Verbindlichkeiten des Unternehmens aus vergangenen Ereignissen, deren Tilgung zum Abfluss von Ressourcen führt, die einen wirtschaftlichen Nutzen haben. Nach **HGB** hingegen sind Verbindlichkeiten alle vertraglich vereinbarten Zahlungsverpflichtungen, die dem Grunde und der Höhe nach eindeutig bestimmt sind[16]. IFRS unterscheidet zwischen finanziellen- und sonstigen Verbindlichkeiten. **Finanzielle Verbindlichkeiten** fallen unter den Begriff „Finanzinstrumente" und werden in **IAS 32** und **IAS 39** geregelt. Eine Abgrenzung der **sonstigen Verbindlichkeiten** von den finanziellen Verbindlichkeiten erfolgt

---

16 Vgl. Ditgens, J.; Arendt, W.: Internationale Rechnungslegung nach IFRS, 2. Aufl., Ludwigshafen 2006, S. 102ff.

stets negativ. Die Erstbewertung finanzieller Verbindlichkeiten erfolgt zum beizulegenden Wert, also dem Wert der erhaltenen Gegenleistung. Die Folgebewertung von finanziellen Verbindlichkeiten erfolgt zu fortgeführten Anschaffungskosten oder zum Fair Value[17]. Hingegen erfolgt die Erstbewertung sonstiger Verbindlichkeiten zum Rückzahlungsbetrag.

Nach **IAS 37** werden Schulden, deren Fälligkeit und/oder Höhe ungewiss sind, als Rückstellungen definiert. Die Passivierung von **Rückstellungen** nach **IAS 37.10** darf nur erfolgen, wenn folgende drei Merkmale erfüllt sind:

- Es besteht eine **gegenwärtige Verpflichtung** aus vergangenen Ereignissen,
- der **Abfluss** von Ressourcen mit wirtschaftlichem Nutzen ist wahrscheinlich („mehr Gründe dafür als dagegen"),
- die Höhe der Verpflichtung kann **verlässlich geschätzt** werden.

Darüber hinaus müssen die Rückstellungen nach **IAS 1.69** in einem eigenständigen Bilanzposten, getrennt in langfristig (>12 Monate) und kurzfristig (< 12 Monate), ausgewiesen werden. Eine Rückstellung darf nur gebildet werden, wenn die Wahrscheinlichkeit für eine Inanspruchnahme größer als 50% (**IAS 37.14**) ist. Die Zugangsbewertung erfolgt nach dem „Best Estimate"- Konzept zu dem Betrag, der bei bestmöglicher Schätzung zur Erfüllung der Verpflichtung am Bilanzstichtag notwendig ist. Im Rahmen der Folgebewertung sind die Rückstellungen jährlich zu prüfen und ggf. erfolgswirksam anzupassen.

Nachdem nun die Grundzüge und das Ziel der Kapitalstrukturanalyse verdeutlicht wurden, wird in den anschließenden Kapiteln auf die Bildung und Bedeutung damit verbundener Kennzahlen eingegangen.

6.2.1 Eigenkapitalquote

Die Eigenkapitalquote misst den Anteil des Eigenkapitals (siehe Kapitalstrukturanalyse) in Relation zu dem Gesamtkapital. Die Kennzahl gehört zu der Kategorie der Solvenz-Kennzahlen und ist der zentrale Indikator für die Bonität eines Unternehmens, weil das Eigenkapital durch seine Verlustabsorptionsfähigkeit die Fremdkapi-

---

[17] Vgl. Petersen, K.; Bansbach, F.; Dornbach, E.: IFRS Praxishandbuch, 7. Aufl., München 2012, S. 106ff..

talgeber vor Verlusten schützt und ihnen somit als Risikopuffer dient. Insofern kann eine „gesunde“ Eigenkapitaldecke als Basis für zukünftige (Wachstums-)Finanzierungen betrachtet werden.

$$\mathbf{EK-Quote} = \frac{\text{Eigenkapital}}{\text{Gesamtkapital}} \text{ x } 100$$

Eine hohe Eigenkapitalquote sichert einerseits die Dispositionsfreiheit und wirkt andererseits präventiv gegen Insolvenzen infolge von Überschuldung. Wie bereits zuvor beschrieben (siehe Kapitel 6.2 Kapitalstrukturanalyse) hat eine hohe Eigenkapitalausstattung allerdings auch negative Eigenschaften. Bspw. steuerliche Nachteile aufgrund der fehlenden Absetzbarkeit von fiktiven Eigenkapitalzinsen, welche die Erhaltung hoher Eigenkapitalanteile oftmals sehr teuer und unattraktiv machen. In diesem Zuge wird auf die später anstehenden Rentabilitätsüberlegungen verwiesen (siehe Abschnitt 7.5 Rentabilitätsbetrachtungen). Ebenso sollte der Renditeanspruch der Eigenkapitalgeber, der mit zusätzlichen Kapitalkosten verbunden ist, berücksichtigt werden. Dennoch ist eine solide Eigenkapitaldecke die Grundvoraussetzung für den dauerhaften Fortbestand eines jeden Unternehmens. Vor allen Dingen im Hinblick auf die sich daraus ergebenden Akquisitionsmöglichkeiten von Fremdkapital, zur Finanzierung unternehmerischen Wachstums und somit zur langfristigen Aufrechterhaltung der Wettbewerbsfähigkeit. Die Kennzahl sollte stets kritisch betrachtet werden. Das entscheidungsrelevante Eigenkapital beschränkt sich nicht nur auf das bilanzielle Eigenkapital, sondern auch auf die stillen Reserven. Eine falsche Bewertung des Vermögens hätte zur Folge, dass die Eigenkapitalquote in ihrer Aussage verzerrt wäre. Dementsprechend sollten bei der Analyse sowohl die Zusammensetzung der verwendeten Größen, als auch die Beeinflussungsmöglichkeiten des Eigenkapitals (z.B. durch Gewinnthesaurierungen oder -ausschüttungen) und die des Gesamtkapitals bzw. der Bilanzsumme (z.B. durch effizienteren Kapitaleinsatz/Bilanzkürzungen infolge der Trennung von nicht betriebsnotwendigen Vermögensgegenständen) bedacht werden.

Wie hoch die Eigenkapitalausstattung sein sollte, hängt von mehreren Einflussfaktoren, wie z.B. Branche, Alter des Unternehmens, Fertigungstiefe etc. ab. Eine isolierte Beurteilung dieser Kennzahl ist daher nicht sonderlich hilfreich und kann unter Umständen zu Fehlurteilen führen. Insofern sollte die Eigenkapitalquote stets unter Berücksichtigung von weiteren Analysen und Kennzahlen betrachtet werden. Die Frage nach der optimalen Kapitalausstattung ist zudem abhängig von der Perspektive des jeweiligen Kapitalgebers. Während für die Eigenkapitalgeber meist Rentabilitätsgesichtspunkte in den Vordergrund rücken und somit eine niedrigere Eigenkapitalquote bevorzugt wird, präferieren die Fremdkapitalgeber möglichst hohe Eigenkapitalquoten, da diese als Risikopuffer fungieren und daher den Sicherheitsansprüchen der Fremdkapitalgeber gerecht werden. Ebenso müssen unternehmensspezifische Risikoaspekte in die Analyse integriert werden, da das Eigenkapital das unternehmerische Risiko trägt. Insofern ermöglicht ein Branchenvergleich, mit Unternehmen die ein vergleichbares Geschäftsrisiko aufweisen, zu einem fundierten Urteil zu gelangen. Unternehmen, deren Geschäftsidee mit einer hohen Anlagenintensität verbunden ist, sollten eine höhere Eigenkapitalquote aufweisen als Dienstleistungsunternehmen, die nicht an lange Maschinenlaufzeiten gebunden sind. Bei anlageintensiven Unternehmen sollten die Eigenkapitalquoten daher zwischen 30% und 40% liegen. Die Notwendigkeit einer höheren Eigenkapitalausstattung bei diesen Unternehmen ergibt sich vornehmlich aus der goldenen Bilanz- und Finanzierungsregel, wonach langfristiges Vermögen stets langfristig finanziert sein sollte (Fristenkongruenz). Laut der Diagnose Mittelstand 2017 des Sparkassenverbandes betrug die Eigenkapitalquote deutscher Mittelstandsunternehmen (Umsatz < 50 Mio. €) im Jahr 2015 im Durchschnitt 26,8%. Großunternehmen (Umsatz > 50 Mio. €) wiesen laut der Studie eine Eigenkapitalquote von durchschnittlich 32,9% aus. Beide Werte lagen über dem jeweiligen Vorjahresniveau. Diese positive Entwicklung der Eigenkapitalausstattung hat sich laut Expertenbefragung auch für das Jahr 2016 fortgesetzt.[18]

Für das Beispielunternehmen (siehe Kapitel 5 Planung des Beispielunternehmens Kfz-Zulieferer GmbH) ergeben sich die folgenden Eigenkapitalquoten:

---

[18] Vgl. Finanzgruppe deutscher Sparkassen und Giroverband (Hrsg.): Diagnose Mittelstand 2017, Berlin 2017, S. 48.

Eigenkapitalquote		t-2	t-1	t
Zähler	gezeichnetes Kapital	5.068,80	5.068,80	5.068,80
	+ Kapital-rücklage	+9.666,16	+9.666,16	+9.666,16
	+ Gewinn-rücklage	+13.999,28	+16.970,96	+19.244,16
	+ Bilanzgewinn	+1.774,08	+2.971,68	+2.249,20
	= Eigenkapital	=30.508,32	=34.677,60	=36.228,32
Nenner	Gesamtkapital (= Bilanzsumme)	53.972,56	64.002,56	66.869,76
Ergebnis	Dividende · 100	56,5%	54,2%	54,2%

Im Zeitpunkt t-2 weist das Beispielunternehmen eine Eigenkapitalquote von 56,5% auf. Die Eigenkapitalquote sinkt leicht im Zeitraum t-1, da die Bilanzsumme in dieser Periode proportional stärker steigt als das Eigenkapital. Eine im Vergleich zum Vorjahr unveränderte Eigenkapitalquote ergibt sich im Zeitpunkt t. In dieser Periode erhöhte sich zwar nochmals das Eigenkapital, der prozentual gleich höhere Anstieg der Bilanzsumme führte jedoch dazu, dass die Eigenkapitalquote unverändert blieb. Die Eigenkapitalausstattung des Beispielunternehmens mit über 50% ist als sehr solide und überdurchschnittlich zu bewerten.

6.2.2 Fremdkapitalquote

Die Fremdkapitalquote zeigt den Anteil des Fremdkapitals an dem Gesamtkapital. Diese Kennzahl sagt aus, wie viel Prozent des Gesamtkapitals durch externe Geldgeber zur Verfügung gestellt werden.

$$\textbf{FK}-\textbf{Quote}=\frac{\text{Fremdkapital}}{\text{Gesamtkapital}}\text{ x }100$$

Die Fremdkapitalquote dient in erster Linie dazu, das Kapitalrisiko und die Kreditfähigkeit zu beurteilen und ist somit ebenfalls eine sogenannte Solvenz-Kennzahl. Dies bedeutet, dass bei steigender Fremdkapitalquote die Aufnahme von Krediten erschwert wird. Darüber hinaus wird mit zunehmendem Verschuldungsgrad die Akquisition von neuem Fremdkapital teurer. Falls die Fremdkapitalkosten die Gesamtkapitalrentabilität übersteigen, droht die Gefahr des negativen Leverage-Effekts (siehe Abschnitt 7.5.4 Leverage-Effekt).

Durch Aufnahme von Fremdkapital entstehen dem Unternehmen regelmäßige und erfolgsunabhängige Zins- und Tilgungszahlungen. Daher müssen für die einzelnen Kredite, die Tilgungsmodalitäten und die Höhe der Zinszahlungen berücksichtigt werden, um potenzielle Liquiditätsengpässe zu vermeiden.[19] Außerdem ist zu beachten, dass diese Zahlungen auch in Krisenzeiten gestemmt werden müssen und somit zu weiteren Liquiditätsengpässen führen können. Ein wesentlicher Vorteil der Fremdfinanzierung liegt hingegen darin, dass die Fremdkapitalzinsen steuerlich abzugsfähig sind und insofern die Steuerlast des Unternehmens mindern, was unter Umständen zu Liquiditätsvorteilen führen kann. Bei der Beurteilung der Fremdkapitalquote müssen analog zur Eigenkapitalquote Sicherheits- und Rentabilitätsgesichtspunkte – insbesondere auch Leverage-Überlegungen (siehe Abschnitt 7.5.4 Leverage-Effekt) – in Betracht gezogen werden.

In der Fachliteratur wird von einer angemessenen Fremdkapitalquote gesprochen, wenn diese kleiner als 70% ist. Ebenso wie bei der Eigenkapitalquote, ist auch die Beurteilung dieser Kennzahl sehr stark von verschiedenen Einflussfaktoren abhängig. So müssen wieder Faktoren wie die Geschäftsidee, die Branche und damit einhergehende Risiken berücksichtigt werden. Eine finale Urteilsfindung bei isolierter Betrachtung ist daher auch hier nicht möglich. Daher sollte im Rahmen der Bilanzanalyse auf weitere Kennzahlen und Einflussfaktoren zurückgegriffen werden, wie bspw. den Restlaufzeiten der Verbindlichkeiten sowie deren Zusammensetzung und Herkunft. In diesem Zusammenhang ist es hilfreich, auch weitere Kennzahlen wie z.B. die kurzfristige Fremdkapitalquote heranzuziehen. Dadurch wird es dem externen Analysten ermöglicht, den Anteil des Gesamtkapitals zu identifizieren, der im Laufe des Geschäftsjahres an die Fremdkapitalgeber zurückgeführt werden muss. Im Jahr 2015 betrug die durchschnittliche Fremdkapitalquote deutscher Großunternehmen 67,1%. In den USA lag

[19] Vgl. Härtl, J.: Finanzierungs- und Investitionsrechnung, Berlin 2005, S. 46.

diese im Durchschnitt etwas niedriger bei ca. 60%. Dieser Unterschied liegt vornehmlich an den historisch bedingten Rollen die Fremd- und Eigenkapitalmarkt in beiden Wirtschaftsräumen einnehmen.

Für das Beispielunternehmen (siehe Kapitel 5 Planung des Beispielunternehmens Kfz-Zulieferer GmbH) ergeben sich die folgenden Fremdkapitalquoten:

Fremdkapitalquote		t-2	t-1	t
Zähler	Rückstellungen	6.291,36	7.086,00	7.028,16
	+ Verbindlichkeiten	+17.078,72	+21.528,96	+22.845,92
	+ passive latente Steuern	+74,40	+700,32	+690,24
	= Fremdkapital	=23.444,48	=29.315,28	=30.564,32
Nenner	Gesamtkapital	53.972,56	64.002,56	66.869,76
Ergebnis	Dividende · 100	43,4%	45,8%	45,7%

Im Zeitpunkt t-2 beträgt die Fremdkapitalquote 43,4%. Ein Anstieg auf 45,8% erfolgt im Zeitpunkt t-1. Da die Eigen- und Fremdkapitalquote zusammen immer 100% ergeben, resultiert dieser Anstieg aus dem relativen Rückgang des Eigenkapitals und dem damit verbundenen Rückgang der Eigenkapitalquote. Die Fremdkapitalquote nimmt in t gegenüber t-1 minimal um 0,1% ab.

6.3 Vermögensstrukturanalyse

Die Vermögensstrukturanalyse bezieht sich auf die Aktivseite der Bilanz und analysiert Informationen über die Zusammensetzung des Vermögens bzw. der investierten Geschäftsidee, sowie die Dauer der Vermögensbindung. Hauptkonzentrationsfeld ist die Geschwindigkeit, mit der die Vermögensteile durch den Umsatzprozess wieder in Liquidität umgewandelt werden können. Die Geschwindigkeit sagt etwas über den Kapitalbedarf zur Erhaltung finanzieller Stabilität, bei gegebener Kapitalstruktur, aus. Je kurzfristiger die Vermögensbindung, desto größer ist das Liquiditätspotenzial und umso kleiner die Gefahr von Illiquidität[20]. Weitere Vorteile einer geringen Vermögensbindung sind:

- Die Belastung des Unternehmens mit **Fixkosten** sinkt, da es sich beim Anlagevermögen um Bereitschaftskosten und damit um fixe Kosten handelt.
- **Beschäftigungsänderungen** wirken sich weniger stark auf die Erfolgslage aus, da hierdurch keine Unterauslastung von Bereitschaftskosten entsteht.
- Der **Kapitalbedarf** und die daraus resultierende **Last der Schuldendienstkosten** gehen tendenziell zurück.
- Die **Anpassungsfähigkeit** an konjunkturelle Zyklen, sowie den technischen Wandel steigt, da Umschichtungen von kurzfristigem Vermögen einfacher möglich sind.
- Die Kennzahlen der Vermögensstrukturanalyse gehören größtenteils zur Kategorie der Management-Effizienz-Kennzahlen, da diese direkt durch das Management beeinflusst werden können, z.B. durch eine Entscheidung über den Kauf oder Nichtkauf einer Maschine.
- Im Zuge der Bilanzerstellung werden den Unternehmen von dem Gesetzgeber verschiedene Wahlrechte, z.B. zur Aktivierung von immateriellen Vermögensgegenständen oder der Wahl unterschiedlicher Abschreibungsmethoden und Nutzungsdauern, eingeräumt. Die unterschiedliche Anwendung dieser Wahlrechte, durch das jeweilige Management eines Unternehmens, führt zu Informationsasymmetrien, welche dem externen Analysten zusätzliche Schwierigkeiten bei einer fundierten Ausarbeitung bereiten.
- In den nachfolgenden Kapiteln werden die wesentlichen Kennzahlen der Vermögensstrukturanalyse, sowie deren Bedeutung und Interpretation dargestellt.

6.3.1 Vermögensintensität

Die Kennzahl der Vermögensintensität erlaubt eine Aussage über den Vermögensaufbau und somit die Strukturierung bzw. das Design der Geschäftsidee. Sie beschreibt das Verhältnis zwischen Anla-

---

20 Vgl. Coenenberg, A.: Jahresabschluss und Jahresabschlussanalyse, 22. Aufl., Stuttgart 2012, S. 1060f.

ge- und Umlaufvermögen. Interpretationen sind im engeren Sinne sehr stark von der spezifischen und einzigartigen Geschäftsidee sowie im weiteren Sinne von der Branche abhängig. Daher ist auch an dieser Stelle noch keine allgemeingültige Bewertung dieser Kennzahl möglich. Die Beurteilung sollte sich deshalb vorerst darauf stützen, ob ein Unternehmen im Branchenvergleich in einem „adäquaten" Bereich liegt oder außergewöhnliche Abweichungen existieren, deren Gründe im Anschluss identifiziert werden müssen. Allgemein ist die Vermögensintensität bei Produktionsunternehmen in der Regel höher als in Handels- oder Dienstleistungsunternehmen.

Die Wahlrechte zur Aktivierung selbsterstellter immaterieller Vermögensgegenstände oder Leasingsachverhalte können zu starken Unterschieden und/oder Verzerrungen führen (Informationsasymmetrie).

Eine langfristige Kapitalbindung kann zu eingeschränkter Flexibilität führen, da das langfristig gebundene Vermögen nicht kurzfristig in Liquidität umgewandelt werden kann. Andererseits kann eine hohe und langfristige Kapitalbindung als Bestandteil der spezifischen Geschäftsidee angesehen werden. Eine hohe Vermögensintensität bedeutet in diesem Fall zwar trotzdem eine hohe Liquiditätsbindung im Unternehmen, die aber für die unternehmerische Wertschöpfung notwendig ist, wenn dennoch eine hohe Liquiditätsgenerierung aus der ureigenen Geschäftsidee resultiert (Brutto-Cash-Flow).

$$\textbf{Vermögensintensität} = \frac{\text{Anlagevermögen}}{\text{Umlaufvermögen}} \times 100$$

Bei dem Anlagevermögen handelt es sich gemäß **§ 247 Abs. 2 HGB** um Gegenstände, die dazu bestimmt sind, dauerhaft dem Geschäftsbetrieb der Gesellschaft zu dienen. Das Anlagevermögen verursacht feste Kosten wie Abschreibungen oder Instandhaltungskosten[21]. Es gliedert sich gem. **§ 266 Abs. 2 HGB** in:

- **Immaterielle Vermögensgegenstände**, z.B. Geschäfts- oder Firmenwert sowie Lizenzen
- **Sachanlagen**, z.B. Grundstücke, technische Anlagen und Maschinen
- **Finanzanlagen**, z.B. Anteile an verbundenen Unternehmen oder Wertpapiere des Anlagevermögens

21 Vgl. Langenbeck, J.: Bilanzanalyse, Ludwigshafen 2002, S. 109.

Die Entwicklung des Anlagevermögens ist in einem Anlagespiegel darzustellen. Die Zugangsbewertung erfolgt zu Anschaffungs- bzw. Herstellungskosten. Grundstücke und Gebäude sind nach **§ 266 Abs. 2 HGB** in einem Posten auszuweisen. Auf Grundstücke findet im Allgemeinen keine Abschreibung statt. Bei Gebäuden richtet sich die Abschreibung nach der Art des Gebäudes und erfolgt in der Regel linear. Technische Anlagen und Maschinen werden zu Anschaffungs- bzw. Herstellungskosten im Sinne des **§ 255 HGB** unter Beachtung der Kosten für die Aufstellung und Einrichtung bilanziert. Die Fortführung des originären Bewertungsansatzes erfolgt im Rahmen der Folgebewertung. Am jeweiligen Bilanzstichtag muss geprüft werden, ob Hinweise auf eine außerplanmäßige Wertminderung vorliegen. Für das Anlagevermögen gilt nach HGB das gemilderte Niederstwertprinzip, wonach Abschreibungen nur bei dauerhafter Wertminderung vorgenommen werden müssen.

Nach **IAS 1.60** findet eine freie Unterteilung des Anlagevermögens statt. Von Anlagevermögen ist nach IFRS die Rede, wenn der Gegenstand länger als ein Jahr genutzt wird. Das Sachanlagevermögen ist in **IAS 16** geregelt. Nach IFRS ergibt sich immer dann ein Ansatzgebot, wenn dem Unternehmen aus der Nutzung des Vermögenswertes ein zukünftiger wirtschaftlicher Vorteil erwächst. Wie nach HGB erfolgt auch nach IFRS die Zugangsbewertung zu den Anschaffungs- oder Herstellungskosten oder unter bestimmten Voraussetzungen zum Fair Value. Die Folgebewertung erfolgt wie nach HGB mit den fortgeführten Anschaffungs- oder Herstellungskosten, welche nach IFRS als „Carrying Amount" bezeichnet werden oder nach der Neubewertungsmethode. Die Neubewertungsmethode kann immer nur dann angewandt werden, wenn der Fair Value verlässlich ermittelt werden kann. Ist die Fair-Value-Methode nicht anwendbar, so erfolgt die Bewertung nach dem Anschaffungskostenmodell.[22] IFRS kennt im Vergleich zum HGB bei der Folgebewertung kein geschlossenes Bewertungskonzept. Die Standards verfügen über verschiedene Modelle, zwischen denen teilweise gewählt werden kann. Das **Anschaffungskostenmodell** („Cost Model") ist das in der Praxis gängigste Modell. In diesem Modell bildet die Zugangsbewertung die Obergrenze der Bewertung. Neben dem Anschaffungskostenmodell gibt es noch das **Neubewertungsmodell** („Revaluation Model"), welches bei Sachanlagevermögen allerdings nur alternativ zum Anschaffungs-

[22] Vgl. Petersen, K.; Bansbach, F.; Dornbach, E.: IFRS Praxishandbuch, 7. Aufl., München 2012, S. 94f.

kostenmodell erlaubt ist.[23] Das Neubewertungsmodell verwendet den Fair Value, welcher den aktuellen Wert zum Bilanzstichtag darstellt. Der Fair Value wird in dem **IFRS 13** geregelt und bezeichnet den Preis, „der in einem geordneten Geschäftsvorfall unter Marktteilnehmern am Bemessungsstichtag beim Verkauf eines Vermögenswerts erhalten würde oder bei Übertragung einer Schuld zu zahlen wäre." Nach der Fair Value-Bewertung stellen Anschaffungs- oder Herstellungskosten keine absolute Wertobergrenze dar. Diese können demnach durch die Fair-Value-Bewertung überschritten werden. Aus der Aufwertung kann sich der Ausweis nicht realisierter Gewinne ergeben, welcher letztlich zu einer Entobjektivierung der Bilanz führen kann. Für Anlagevermögen, welches zur Veräußerung gehalten wird, tritt nach IFRS eine spezielle Regelung in Kraft, die nach HGB in dieser Form nicht existiert. Die Norm wird als „Held for Sale" bezeichnet und es wird hierbei bei der Bewertung zwischen Sachgesamtheit („Disposal Group") und Geschäftsbereichen („Discontinued Operation") unterschieden. Bei einer Disposal Group erfolgt eine Loslösung vom Einzelbewertungsgrundsatz und es erfolgt faktisch eine Art Gruppenbewertung. Die Bewertung erfolgt hier mit dem niedrigeren Betrag aus dem Buchwert und dem Nettoveräußerungspreis („Fair Value less Costs to Sell"), abzüglich des Wertansatzes der zugeordneten Schulden[24].

Bei Hinweisen auf eine außerplanmäßige Wertminderung muss ein Impairment-Test (**Werthaltigkeitstest**) gem. **IAS 36** durchgeführt werden. Nach IFRS ist der Bewertungsmaßstab für eine Wertminderung der erzielbare Betrag („Recoverable Amount"). Per Definition ist der erzielbare Betrag der höhere Betrag aus Nettoveräußerungserlös („Fair Value less Cost to Sell") und dem Nutzungswert („Value in Use")[25]. Der Nutzungswert ergibt sich dabei aus der Diskontierung der zukünftig geschätzten Cash-Flows.[26] Ist der erzielbare Betrag kleiner als der Buchwert, so erfolgt eine außerplanmäßige Abschreibung auf den erzielbaren Betrag. Im Anschluss erfolgt eine Anpassung der planmäßigen Abschreibung an die neue Abschreibungsbasis. Eine Zuschreibungspflicht nach IFRS besteht dann,

---

[23] Vgl. Petersen, K.; Bansbach, F.; Dornbach, E.: IFRS Praxishandbuch, 7. Aufl., München 2012, S. 53.

[24] Vgl. Küting, K.; Pfitzer, N.; Weber, C.-P.: IFRS oder HGB?, Stuttgart 2011, S. 74f.

[25] Vgl. Wöltje, J.: Trainingsbuch IFRS,, München 2007, S. 60f.

[26] Vgl. Küting, K.; Pfitzer, N.; Weber, C.-P.: IFRS oder HGB, Stuttgart 2011, S. 73.

wenn zu einem früheren Zeitpunkt eine außerplanmäßige Abschreibung vorgenommen wurde und der Grund dafür entfallen ist. Dies gilt allerdings nur, wenn der erzielbare Betrag angestiegen und höher als der Restbuchwert ist. Die Zuschreibung darf jedoch maximal bis zu den fortgeführten Anschaffungs- und Herstellungskosten erfolgen.

Für die selbsterstellen immateriellen Vermögenswerte wird auf die Ausführungen in Kapitel 3.5 Die Bilanzierung von immateriellen Vermögensgegenständen verwiesen.

Anders als beim Anlagevermögen liegt für das Umlaufvermögen im HGB keine Definition vor. Im Gegensatz zu dem Anlagevermögen handelt es sich bei dem Umlaufvermögen um Güter, die dem schnellen Verbrauch dienen sollen. Wie das Anlagevermögen, bindet auch das Umlaufvermögen Kapital. Ein hoher Umschlag des Umlaufvermögens setzt Liquidität frei. Allgemein kann festgehalten werden, dass je höher der Anteil des Umlaufvermögens ist und je kleiner der des Anlagevermögens ist, desto schneller kann aus den Vermögensgegenständen heraus Liquidität generiert werden.[27] Nach **§ 253 Abs. 1 HGB** stellen die Anschaffungs- und Herstellungskosten, z.B. bei Vorräten, die Basis der Bewertung dar. Sollte der Markt- oder Börsenpreis allerdings am Stichtag niedriger sein, so muss nach **§ 253 Abs. 4 HGB** zwingend auf den niedrigeren Wert abgeschrieben werden (strenges Niederstwertprinzip)[28].

Eine Einteilung in Anlagevermögen („Noncurrent Assets") und Umlaufvermögen („Current Assets") ist nach **IFRS** nicht zwingend notwendig. Nach IFRS werden analog zum HGB die historischen Anschaffungs- und Herstellungskosten für die Erstbewertung herangezogen. Der Unterschied zu dem HGB besteht jedoch darin, dass für die Folgebewertung die Anschaffungs- und Herstellungskosten mit dem erzielbaren Verkaufspreis abzgl. entstandener Kosten verglichen werden müssen. Der niedrigere Wert muss in der Bilanz angesetzt werden, welcher auch als „Lower of Cost or Market" bezeichnet wird. Eine Bewertung zum Niederstwert dient nach den IFRS nicht der vorsichtigen Bewertung, sondern soll eine periodengerechte Gewinnermittlung sicherstellen[29].

---

[27] Vgl. Langenbeck, J.: Bilanzanalyse„ Ludwigshafen 2002, S. 108.

[28] Vgl. Weber, M.: Kaufmännische Buchführung von A-Z, 9. Aufl., München 2007, S. 61.

[29] Vgl. Weber, M.: Kaufmännische Buchführung von A-Z, 9. Aufl., München 2007, S. 156.

Für die Vermögensintensität gibt es keine branchenübergreifenden Zielgrößen. Die Kennzahl sollte im Kontext der Geschäftsidee sowie der Branche und stets im intertemporalen Vergleich bei der Analyse betrachtet werden. Grundsätzlich kann jedoch festgehalten werden, dass in produzierenden Unternehmen aufgrund der benötigten Produktionsanlagen die Vermögensintensität höher ist als in Handels- oder Dienstleistungsgesellschaften. Allgemein gilt, dass eine große Vermögensintensität die Liquidität eines Unternehmens durch die hohe Kapitalbindung einschränkt. Allerdings kann diese Kapitalbindung in den Vermögensgegenständen eine Notwendigkeit sein, die aus der Einzigartigkeit der jeweiligen Geschäftsidee entstammt. Die im direkten Zusammenhang mit der Geschäftsidee stehenden Vermögensgegenstände lassen sich dieser teilweise nur schwer zuordnen. So sind zwar das Sachanlagevermögen und die immateriellen Vermögensgegenstände klar zum betriebsnotwendigen Vermögen zu zählen, jedoch ist das Finanzanlagevermögen nur schwer zuordenbar. Hier ist es schwierig für den externen Analysten zu erkennen, ob diese Finanzanlagen aus rein spekulativen Gründen existieren oder sie Beteiligungen an Unternehmen darstellen, die zur Umsetzung der Geschäftsidee des Unternehmens gehören.

Für das **Beispielunternehmen** (siehe Kapitel 5 Planung des Beispielunternehmens Kfz-Zulieferer GmbH) ergeben sich die folgenden Vermögensintensitäten:

Vermögensintensität		t-2	t-1	t
Zähler	Anlagevermögen	36.687,60	46.943,60	48.759,76
Nenner	Vorräte	4.643,76	6.660,32	7.460,48
	+ Forderungen & sonst. Vermögensgegenstände	+8.165,12	+10.337,68	+10.543,84
	+ liquide Mittel	+4.452,24	+30,56	+64,64
	+ aktive Rechnungsabgrenzungsposten	+23,84	+30,40	+41,04
	= Umlaufvermögen	=17.284,96	=17.058,96	=18.110,00
Ergebnis	Dividende · 100	212,3%	275,2%	269,2%

Im Zeitpunkt t-2 weist das Beispielunternehmen eine Vermögensintensität von 212,3% aus. Der Anstieg des Anlagevermögens (insbesondere der Anstieg der Finanzanlagen) führt zu einem Anstieg auf 275,2% im Zeitpunkt t-1. Im Zeitpunkt t steigt das Umlaufvermögen verhältnismäßig stärker als das Anlagevermögen, was einen Rückgang der Vermögensintensität auf 269,2% zur Folge hat.

6.3.2 Anlagenintensität

Die Anlagenintensität als Kennzahl trifft eine Aussage über den Anteil des Anlagevermögens am Gesamtvermögen.

$$\textbf{nach HGB: Anlagenintensität} = \frac{\text{Anlagevermögen}}{\text{Gesamtvermögen}} * 100$$

$$\textbf{nach IFRS: Anlagenintensität} = \frac{\text{non-current assets}}{\text{Gesamtvermögen}} * 100$$

Die Kennzahl kann, wie die Vermögensintensität ebenfalls, nicht allgemeingültig bewertet werden. Einflussfaktoren wie die Branchenzugehörigkeit und Geschäftsidee (Fertigungstiefe, Geschäftspolitik, Produktionsprogramm, Automatisierungsgrad etc.) haben grundlegenden Einfluss auf die Höhe der Anlagenintensität. Zudem können bestimmte Finanzierungsformen, wie z.B. Leasing, das Ergebnis der Kennzahl beeinflussen, da das Anlagevermögen im Rahmen eines operativen Leasings nicht im Anlagevermögen des leasingnehmenden Unternehmens ausgewiesen wird (siehe Abschnitt 4.4 Bilanzierung von Leasingverhältnissen). Infolgedessen wird es häufig zu Verzerrungen in der Wahrnehmung bzw. der Interpretation der Anlagenintensität kommen. Außerdem kann die Kennzahl durch Bewertungsfreiheiten, Bewertungsmaßnahmen und Bilanzierungswahlrechten beeinflusst werden. Das Wahlrecht zur Aktivierung selbsterstellter immaterieller Vermögensgegenstände des Anlagevermögens gem. § **248 Abs. 2 Satz 1 HGB** kann hierfür als Beispiel genannt werden. Eine Veränderung der Anlagenintensität lässt sich für externe Analysten nur schwer interpretieren. So kann eine steigende Relation des Anlagevermögens zu dem Umlaufvermögen z.B. auf

- größere Investitionen,
- langfristige Veränderungen der Beschäftigungslage oder
- Rationalisierungen bei der Lagerhaltung

zurückzuführen sein[30]. Eine hohe Anlagenintensität führt zu einer hohen Kostenremanenz. Nimmt der Umsatz ab, so können die durch das Anlagevermögen verursachten, Fixkosten (Abschreibungen, Wartung, Instandhaltung etc.) nicht kurzfristig gesenkt werden. Dies kann zu Liquiditätsengpässen führen.

Häufig wird eine geringe Anlagenintensität wegen der schnelleren Liquidierbarkeit des Umlaufvermögens und dem damit einhergehenden geringeren Insolvenzrisiko von Analysten als vorteilhaft eingestuft (siehe Abschnitt 6.3 Vermögensstrukturanalyse). Allerdings hat diese These keine Allgemeingültigkeit, denn wie zuvor beschrieben ist die Anlagenintensität in hohem Maße von der Branchenzugehörigkeit, Geschäftsidee und weiterer Einflussfaktoren abhängig. Produktionsunternehmen haben in der Regel eine höhere Anlagenintensität als Dienstleistungsunternehmen. Die Interpretation der Anlagenintensität sollte aus den beschriebenen Gründen stets im Branchenvergleich erfolgen, um zu überprüfen ob die ermittelte Quote innerhalb der Branche geläufig oder außergewöhnlich ist. Zusätzlich ist auch hier ein intertemporaler Vergleich sinnvoll, um die Entwicklung der Vermögenszusammensetzung beurteilen zu können. Die hierfür benötigten Zahlen können dem Anlagespiegel entnommen werden.

Bei der Bewertung der Kennzahl gilt es die vom Management genutzten Bewertungsmaßnahmen und Bilanzierungswahlrechte (Intra-Standart-Differenzen) zu berücksichtigen, um die Kennzahl um deren Einfluss zu bereinigen und somit eine Vergleichbarkeit (innerhalb der Branche) sicherzustellen (homogene Datenbasis). In diesem Zusammenhang muss der externe Analyst auch die Unterschiede in der Ausweisung von Anlage- und Umlaufvermögen zwischen IFRS und HGB (Inter-Standart-Differenzen) in seine Auswertung miteinbeziehen.

---

30 Vgl. Coenenberg, A.: Jahresabschluss und Jahresabschlussanalyse, 22. Aufl., Stuttgart 2012, S. 1061.

Für das **Beispielunternehmen** (siehe Kapitel 5 Planung des Beispielunternehmens Kfz-Zulieferer GmbH) ergeben sich die folgenden Anlagenintensitäten:

Anlageintensität		t-2	t-1	t
Zähler	Anlagevermögen	36.687,60	46.943,60	48.759,76
Nenner	Gesamtvermögen (= Bilanzsumme)	53.972,56	64.002,56	66.869,76
Ergebnis	Dividende · 100	68,0%	73,3%	72,9%

Im Zeitpunkt t-2 weist das Beispielunternehmen eine Anlagenintensität von 68,0% aus. Der Anstieg des Anlagevermögens (insbesondere der Finanzanlagen) führt zu einem Anstieg der Anlagenintensität auf 73,3% in der Periode t-1. Ein minimaler Rückgang ist in der Periode t zu verzeichnen. Der Anstieg des Umlaufvermögens führt zu einer Erhöhung der Bilanzsumme, welche unmittelbar Auswirkung auf die Anlagenintensität hat, da sich der Anteil des Anlagevermögens am Gesamtvermögen dadurch verringert.

6.3.3 Sachanlagenintensität

Die Sachanlagenintensität setzt den Anteil der Nettobuchwerte des Sachanlagevermögens in Relation zu dem Gesamtvermögen. Die Kennzahl gibt Auskunft über das Alter des Anlagevermögens, die Investitionspolitik sowie den Rationalisierungsstand[31]. Der Terminus „Sachanlagen zu Nettobuchwerten" berechnet sich aus den historischen Anschaffungs- und Herstellungskosten abzüglich der kumulierten Abschreibungen. Finanzanlagen werden bei der Ermittlung der Kennzahl ausgeklammert, d.h. Aktien des Anlagevermögens, Beteiligungen und langfristige Ausleihungen an Tochtergesellschaften werden nicht betrachtet.

$$\textbf{Sachanlagenintensität (in \%)} = \frac{\text{Sachanlagen (zu Nettobuchwerten)}}{\text{Gesamtvermögen (Bilanzsumme)}} * 100$$

Bei der Interpretation dieser Kennzahl kann z.B. auf eine moderne Ausstattung geschlossen werden, wenn die kumulierte Abschreibung niedrig ist und die Sachanlagenintensität einen hohen Wert aufweist.

---

[31] Vgl. Langenbeck, J.: Bilanzanalyse, Ludwigshafen 2002, S. 121.

Moderne Ausstattungen des Sachanlagevermögens können als gute Zukunftsvorsorge im Sinne einer nachhaltig gesicherten Wettbewerbsfähigkeit angesehen werden. Eine sinkende Sachanlagenintensität im Zeitablauf bei gleichbleibender Bilanzsumme deutet auf eine Desinvestitionspolitik bzw. Alterung des Sachanlagevermögens hin. Eine niedrige Kennzahl Sachanlagenintensität kann allerdings auch auf eine bessere Nutzung des Sachanlagevermögens (z.B. bei Überkapazitäten) zurückzuführen sein oder ein Indiz für günstigere Ersatzinvestitionen bzw. die Umstellung auf Leasing sein. Eine Verzerrung der Kennzahl erfolgt oftmals durch die Abschreibungspolitik (Wahl der Nutzungsdauer bzw. der Abschreibungsmethode). Ebenso können geleaste Sachanlagen das Ergebnis verfälschen sofern diese im Rahmen von Operating Lease im Sachanlagevermögen des Leasinggebers ausgewiesen werden (Vgl. Kapitel 1.5 Informationsasymmetrien als Herausforderung an die Jahresabschlussanalyse).

Die Kennzahl sollte vor allem im Zeitverlauf analysiert werden, um einen ersten Eindruck von der Investitions- und Wachstumspolitik des Unternehmens zu erhalten. Im Falle einer festgestellten Desinvestitionspolitik müssen die Ursachen hierfür ermittelt werden, da solche Entwicklungen zu einer Gefährdung der langfristigen Wettbewerbsfähigkeit und Existenzsicherung führen können. Darüber hinaus sind diese häufig ein Indikator für eine bereits verschlechterte Absatz- und Ertragslage. Bei der Analyse der Sachanlagenintensität ergeben sich ähnliche Probleme wie bei der Anlagenintensität, welche dementsprechend beachtet werden müssen.

Für das **Beispielunternehmen** (siehe Kapitel 5 Planung des Beispielunternehmens Kfz-Zulieferer GmbH) ergeben sich die folgenden Sachanlagenintensitäten:

Sachanlagenintensität		t-2	t-1	t
Zähler	Sachanlagen (siehe Anlagenspiegel)	16.077,44	17.985,84	27.552,08
Nenner	Gesamtvermögen (= Bilanzsumme)	53.972,56	64.002,56	66.869,76
Ergebnis	Dividende · 100	29,8%	28,1%	29,0%

In Zeitpunkt t-2 weist das Beispielunternehmen eine Sachanlagenintensität von 29,8% auf. Wie ergibt sich der Rückgang in der Periode t-1 der Sachanlagenintensität auf 28.1%? Trotz eines Anstiegs der Buchwerte sinkt die Kennzahl, da die Bilanzsumme um rund 18% angestiegen ist. Der Anstieg der Kennzahl in der Periode t resultiert daraus, dass die Bilanzsumme in Relation zum Anstieg der Buchwerte nur geringfügig gestiegen ist.

6.3.4 Umlaufintensität

Die Umlaufintensität – auch als Arbeitsintensität bezeichnet – erlaubt eine Aussage über den Anteil des Umlaufvermögens an dem Gesamtvermögen. Je größer das Umlaufvermögen, desto größer ist die Flexibilität und demnach auch die erfolgs- und finanzwirtschaftliche Stabilität des Unternehmens, da die Mittel nur kurzfristig gebunden sind[32].

$$\textbf{nach HGB: Umlaufintensität} = \frac{\text{Umlaufvermögen}}{\text{Gesamtvermögen}} * 100$$

$$\textbf{nach IFRS: Umlaufintensität} = \frac{\text{current assets}}{\text{Gesamtvermögen}} * 100$$

Je kürzer das Vermögen gebunden ist, desto höher ist das Liquiditätspotenzial und umso größer ist die Anpassungsfähigkeit an sich verändernde Marktsituationen (**Dispositionselastizität**). Des Weiteren sinkt mit einem erhöhten Umlaufvermögen der Fixkostenanteil, wodurch sich Beschäftigungsänderungen weniger stark auf den Erfolg sowie das leistungswirtschaftliche Risiko auswirken (**Erfolgselastizität**). Unternehmen mit einer hohen Umlaufintensität können sich zudem in stärkerem Umfang mit kurzfristigem Fremdkapital finanzieren, da das Umlaufvermögen eine kürzere Verweildauer als das Anlagevermögen in dem Unternehmen aufweist.[33] Dies kann unter Umständen zu niedrigeren Kapitalkosten infolge aktuell niedriger Marktzinsen führen.

Zu berücksichtigen ist hierbei, dass Preisschwankungen aufgrund der höheren Umschlagsgeschwindigkeit einen geringeren Einfluss auf das Umlaufvermögen als auf das Anlagevermögen haben. Durch den schnellen Umschlag ist das Umlaufvermögen nahezu zum aktuellen Preisniveau bewertet, während das Anlagevermögen mit den „veral-

---

[32] Vgl. Gräfer, H.: Bilanzanalyse, 13. Aufl., Herne 2016 S. 74.

[33] Vgl. Weber, M.: Kaufmännisches Rechnen von A – Z, 9. Aufl., Freiburg 2010, S. 57.

teten" Anschaffungskosten in der Bilanz steht[34]. Ein ausgewogener Warenbestand sowie ein gutes Controlling beim Forderungsbestand sind häufig der Grund für eine Umlaufintensität über dem Durchschnitt. Auch bei der Beurteilung der Umlaufintensität gilt es, die Einflüsse der Bilanzierungswahlrechte, Bewertungsmaßnahmen und -freiheiten herauszuarbeiten.

Entgegengesetzt zur Anlagenintensität weisen Handels- oder Dienstleistungsunternehmen tendenziell eine hohe Umlaufintensität auf, während Produktionsunternehmen in der Regel eine vergleichsweise niedrige Umlaufintensität verzeichnen. Auch bei dieser Kennzahl ist es folglich ratsam die Interpretation im Rahmen eines Branchenvergleiches durchzuführen. Aufgrund der kurzfristigen Kapitalbindung und der schnellen Liquidierbarkeit des Umlaufvermögens bedeutet ein vergleichsweise hoher Anteil des Umlaufvermögens eine hohe Anpassungsfähigkeit und daher eine geringe Kostenremanenz sowie geringere Fixkostenbelastungen. Aus Liquiditätsgesichtspunkten sowie unter Berücksichtigung von Branchencharakteristika sollte die Umlaufintensität daher größer als die Anlagenintensität sein. Ein hoher Wert der Kennzahl kann ein Indiz für eine niedrige Fertigungstiefe sein, da weniger Anlagevermögen im Unternehmen gebunden ist, was auf einen hohen Anteil an fremdbezogenen Materialien schließen lässt. Eine hohe Umlaufintensität ist allerdings nicht immer als positiv zu beurteilen. Gegebenenfalls kann dies auf zu hohe Lagerbestände oder ein mangelhaftes Forderungswesen des Unternehmens hindeuten. Dementsprechend muss der externe Analyst bei der Urteilsfindung auf weitere Kennzahlen, wie bspw. die Lagerumschlagshäufigkeit, die Vorratsintensität, das Kundenziel oder den Cash-Conversion-Cycle zurückgreifen und diese im Zeitverlauf betrachten. Eine gesunkene Umlaufintensität im Zeitverlauf kann im Umkehrschluss zu den zuvor genannten Gründen unter anderem auf eine Verbesserung des Mahnwesens, kürzere Zahlungsfristen der Kunden und eine Optimierung des Lagerbestandes zurückzuführen sein.

---

[34] Vgl. Coenenberg, A.: Jahresabschluss und Jahresabschlussanalyse, 22. Aufl., Stuttgart 2012, S. 1061.

Für das **Beispielunternehmen** (siehe Kapitel 5 Planung des Beispielunternehmens Kfz-Zulieferer GmbH) ergeben sich die folgenden Umlaufintensitäten:

Umlaufintensität		t-2	t-1	t
Zähler	Vorräte	4.643,76	6.660,32	7.460,48
	+ Forderungen & sonst. Vermögensgegenstände	+8.165,12	+10.337,68	+10.543,84
	+ liquide Mittel	+4.452,24	+30,56	+64,64
	+ aktive Rechnungsabgrenzungsposten	+23,84	+30,40	+41,04
	= Umlaufvermögen	=17.284,96	=17.058,96	=18.110,00
Nenner	Gesamtvermögen (= Bilanzsumme)	53.972,56	64.002,56	66.869,76
Ergebnis	Dividende · 100	32,0%	26,7%	27,1%

Im Zeitpunkt t-2 weist das Beispielunternehmen eine Umlaufintensität von 32,0% aus. Da die Anlagen- und Umlaufintensität zusammen immer einen Wert von 100% ergeben müssen, resultiert der Rückgang in der Periode t-1 aus einem Anstieg der Anlagenintensität. Der minimale Anstieg in der Periode t resultiert überwiegend aus einem Anstieg der Forderungen gegen verbundene Unternehmen.

6.3.5 Anlagenabnutzungsgrad

Der Anlagenabnutzungsgrad erlaubt eine Aussage über die Altersstruktur des Anlagevermögens. Dabei wird die kumulierte Abschreibung auf Sachanlagen in Relation zu den historischen Anschaffungs- und Herstellungskosten (AHK) gesetzt. Die Altersstruktur ist hierbei ein verlässlicher Indikator für die Qualität des Anlagevermögens. Der Anlagenabnutzungsgrad drückt aus, zu wie viel Prozent die Sachanlagen bereits abgeschrieben sind. Die hieraus ermittelte Altersstruktur des Anlagevermögens erlaubt dem externen Analysten eine Aussage über die zukünftige Wettbewerbsfähigkeit sowie über die Planung der zukünftig notwendigen Investitionen zu treffen.

Insofern kann aus dieser Kennzahl bereits ein erster Überblick über die Höhe des Kapitalbedarfes für benötigte (Ersatz-)Investitionen erlangt werden.

Anlagenabnutzungsgrad

$$= \frac{\text{kumulierte Abschreibungen auf Sachanlagen}}{\text{historische AHK der Sachanlagen zu GJ} - \text{Ende}} * 100$$

Die notwendigen Informationen für die Berechnung der Kennzahl können direkt aus dem Anlagespiegel entnommen werden. Allgemein lässt sich sagen, je größer (kleiner) die Kennzahl ist, desto größer (kleiner) ist das durchschnittliche Alter der Sachanlagen und desto größer (kleiner) ist der Bedarf an zukünftigen Investitionen[35].

Die Aussagekraft des Anlagenabnutzungsgrades ist stark von der Branchenzugehörigkeit abhängig. Generell gilt, je kleiner der Anlagenabnutzungsgrad ist, desto moderner und somit auf lange Sicht erfolgsversprechender ist die Ausstattung des Anlagevermögens. Unter Liquiditätsgesichtspunkten bedeutet ein hoher Anlagenabnutzungsgrad die Notwendigkeit von baldigen Investitionen, welche finanziert werden müssen und daher mit Mittelabflüssen verbunden sind. Ein Anlagenabnutzungsgrad von bspw. 75% würde bedeuten, dass bereits drei Viertel der Anlagen abgenutzt wurden und folglich in naher Zukunft ersetzt werden müssen.

Allerdings existieren auch bei der Interpretation dieser Kennzahl Informationsasymmetrien. Bei der Zusammenfassung von einzelnen Vermögensgegenständen zu einem Vermögensposten, ist es für den externen Analysten nicht mehr nachvollziehbar, inwieweit die einzelnen Vermögensgegenstände bereits abgeschrieben wurden. Ein Anlagenabnutzungsgrad von 50% in einem Vermögensposten, der zwei Vermögensgegenstände beinhaltet, könnte bspw. bedeuten, dass beide Vermögensgegenstände zur Hälfte abgenutzt wurden und damit (noch) nicht zwingend ersetzt werden müssen. Ein weiteres Szenario wäre jedoch, dass einer der beiden Vermögensgegenstände unlängst substituiert wurde (Anlagenabnutzungsgrad 0%), wohingegen der zweite Vermögensgegenstand bereits vollständig abgenutzt

---

35 Vgl. Coenenberg, A.: Jahresabschluss und Jahresabschlussanalyse, 22. Aufl., Stuttgart 2012, S. 1065.

wurde (Anlagenabnutzungsgrad 100%) und eine Ersatzinvestition für diesen unumgänglich wäre.

Zudem können auch Abschreibungssätze und Investitionszyklen Einfluss auf die Kennzahl haben, was ihre Aussagekraft weiter einschränkt. Wie alle Kennzahlen bei der Bilanzanalyse muss auch der Anlagenabnutzungsgrad im Zeitablauf und in Kombination mit weiteren Kennzahlen, wie hier z.B. der Investitions-, Wachstums- und Abschreibungsquote etc., betrachtet werden. Bleibt der Anlagenabnutzungsgrad über mehrere Perioden hinweg relativ konstant, ist dies ein Anzeichen für einen verantwortungsvollen Umgang mit dem Betriebsvermögen und eine effiziente Investitionsplanung. Eine hohe Volatilität dieser Kennzahl ist im Gegenzug ein Hinweis auf einen nicht sorgsamen Umgang mit dem Betriebsvermögen durch das Management sowie eine mangelhafte Investitionsplanung (z.B. unterlassene Ersatzinvestitionen, Wartung und Instandhaltung).

Für das **Beispielunternehmen** (siehe Kapitel 5 Planung des Beispielunternehmens Kfz-Zulieferer GmbH) ergeben sich die folgenden Anlagenabnutzungsgrade:

Anlagenabnutzungsgrad		t-2	t-1	t
Zähler	Kumulierte Abschreibungen auf Sachanlagen	27.655,04	27.552,08	29.882,96
Nenner	Historische AHK der Sachanlagen zu GJ-Ende	43.732,48	45.537,92	49.279,52
Ergebnis	Dividende · 100	63,2%	60,5%	60,6%

Im Zeitpunkt t-2 weist das Beispielunternehmen einen Anlagenabnutzungsgrad von 63,2% auf. Der Rückgang der Kennzahl in Periode t-1 auf 60,5% resultiert daraus, dass der beizulegende Wert der historischen AHK der Sachanlagen aufgrund von Zuschreibungen gestiegen ist und somit der Nenner der Kennzahl größer geworden ist. Im Zeitpunkt t ergab sich nur eine minimale Änderung der Kennzahl.

6.3.6 Abschreibungsquote

Die Abschreibungsquote setzt die Jahresabschreibungen auf Sachanlagen in Relation zu der Summe der Sachanlagen. Die Sachanlagen werden hierbei zu historischen Anschaffungs- und Herstellungskosten (AHK) am Geschäftsjahresende bewertet. Die Kennzahl gibt Aufschluss über die Abschreibungspolitik des Unternehmens und ist eine Entscheidungshilfe für Investitionsvorhaben.

Abschreibungsquote

$$= \frac{\text{Jahresabschreibung auf Sachanlagen}}{\text{Sachanlagen zu historischen AHK am GJ} - \text{Ende}}$$

Oftmals liefert die Abschreibungsquote bei einer intertemporalen Betrachtung Hinweise auf die tatsächliche Gewinnsituation. Dabei kann eine sehr niedrige Abschreibungsquote einen zu hohen Gewinn bedeuten bzw. eine sehr hohe Abschreibung einen zu niedrigen Gewinn. Insofern können durch die intertemporale Betrachtung der Abschreibungsquote Erkenntnisse darüber erlangt werden, ob die Abschreibungspolitik des Unternehmens von dessen Management verändert wurde.

Vollständig abgeschriebene Anlagegegenstände befinden sich noch so lange im Anlagevermögen (Restbuchwert Null oder Erinnerungswert 1 €), bis sie aus dem Unternehmen ausscheiden. Sie werden im Nenner der Kennzahl berücksichtigt. Die historischen AHK der vollständig abgeschriebenen Vermögensgegenstände sind im Anlagespiegel ausgewiesen. Da für diese Gegenstände keine Abschreibung mehr gebucht wird, sind sie jedoch im Zähler der Kennzahl nicht berücksichtigt, so dass vollständig abgeschriebene Vermögensgegenstände die Kennzahl stark negativ beeinflussen.

Für diese Kennzahl existieren keine allgemeingültigen Vergleichswerte. Das Unternehmen sollte intern selbst Sollwerte definieren und deren Einhaltung in regelmäßigen Abständen prüfen.[36]

> Grundsätzlich sollte die Abschreibungsquote über einen längeren Zeitraum hinweg und im Zusammenhang mit weiteren Kennzahlen analysiert werden. Sinken die Abschreibungsquote sowie die Investitionsquote im Zeitverlauf, so kann dies als

---

36 Vgl. Preißler, P.: Betriebswirtschaftliche Kennzahlen, München 2008, S. 122.

Zeichen gewertet werden, dass das Unternehmen nicht mehr nachhaltig wirtschaftet, sondern von seiner Substanz lebt. Eine hohe Abschreibungsquote wird mit kurzen Nutzungsdauern des Anlagevermögens assoziiert, was auf regelmäßige Erneuerungen schließen lässt. Dies deutet auf eine technologisch moderne Ausstattung des Unternehmens, welche ultimativ die Wettbewerbsfähigkeit erhöht. Dieser Sachverhalt ist grundsätzlich als erstrebenswert zu sehen, muss jedoch wieder im Branchenkontext betrachtet werden.

Die Höhe der Abschreibungsquote lässt aber auch Rückschlüsse auf die Liquiditätsbelastung des Unternehmens zu, da sie direkt mit einem hohen Kapitalbedarf für Ersatzinvestitionen verbunden ist. Hohe Abschreibungen führen zu einer Erhöhung des Investitions-Cash-Flows und vermindern somit den Free-Cash-Flow (vgl. Abschnitt 1.6.2 Exkurs: Homogenisierung der Daten am Beispiel einer Cash-Flow Rückrechnung), da sich eine Notwendigkeit von unternehmenserhaltenden Investitionen ergibt, welche in ihrer Höhe mindestens den Abschreibungen entsprechen müssen. Werden diese nicht getätigt, um den Free Cash-Flow, der den Anteilseignern zusteht, nicht zu belasten, schrumpft die investierte Geschäftsidee in ihrer Struktur.

Für das **Beispielunternehmen** (siehe Kapitel 5 Planung des Beispielunternehmens Kfz-Zulieferer GmbH) ergeben sich die folgenden Abschreibungsquoten:

Abschreibungsquote		t-2	t-1	t
Zähler	Jahresabschreibungen auf Sachanlagen		2.905,68	2.667,36
Nenner	Historische AHK der Sachanlagen zu GJ-Ende		45.537,92	49.279,52
Ergebnis	Dividende · 100		6,4%	5,4%

Die Kennzahl weist in der Periode t-1 einen Wert von 6,4% auf. Im Zeitpunkt t ergibt sich ein Rückgang der Abschreibungsquote auf 5,4%. Während im Zeitpunkt t die Abschreibungen von 2.905,68 TEUR auf 2.667,36 TEUR sinken, steigt der Wert des Sachanlagevermögens um 3.741,60 TEUR verhältnismäßig stärker an. Daher ergibt sich eine sinkende Abschreibungsquote in t.

6.3.7 Investitionsquote

Die Investitionsquote spiegelt das Verhältnis der Nettoinvestitionen in das Sachanlagevermögen zu den Sachanlagen wider. Die Sachanlagen werden hier zu historischen Anschaffungs- und Herstellungskosten zu dem Geschäftsjahresanfang bewertet. Sie zeigt dem externen Analysten, welcher Anteil der Netto-Betriebsleistung wieder in das Unternehmen investiert wird. Die Kennzahl wird als Maß für die Zukunftsvorsorge eines Unternehmens gesehen, weil ein modernes Anlagevermögen als Grundlage für einen nachhaltig erzielbaren wirtschaftlichen Erfolg anerkannt wird.

$$\textbf{Investitionsquote} = \frac{\text{Nettoinvestitionen in Sachanlagen}}{\text{Sachanl. zu historischen AHK zum GJ} - \text{Anfang}}$$

Die Nettoinvestitionen lassen sich wie folgt berechnen:

Zugänge (Investitionen)
./. Abgänge (bewertet zu Restbuchwerten)
= Nettoinvestitionen

Bei der Ermittlung der Restbuchwerte ergibt sich das Problem, dass die Abschreibungen auf die Anlagenabgänge bei den kumulierten Abschreibungen gem. **§ 268 Abs. 2 HGB** nicht angegeben werden müssen (Nettoanlagespiegel). Die Restbuchwerte der Anlagenabgänge können aus den Erlösen aus Anlagenabgängen und den Aufwendungen oder Erträgen aus Anlagenabgängen ermittelt werden (soweit diese Informationen aus dem Jahresabschluss ersichtlich sind).

Grundsätzlich können die Zugänge bei Angabe eines sogenannten Bruttoanlagespiegels direkt aus der Spalte Zugänge mit ihren AHK abgelesen werden. Der Restbuchwert der Abgänge kann durch Subtraktion der Abschreibungen auf Abgänge von den AHK der Abgänge ermittelt werden.

Die Investitionsquote erlaubt eine Aussage über Wachstums- und Schrumpfungstendenzen. Es gilt bei der Interpretation zu beachten, dass Investitionen in Sachanlagen in der Regel in Zyklen erfolgen. Dieser Umstand kann die Vergleichbarkeit der Kennzahl beeinträchtigen. Der externe Analyst muss dabei im Auge behalten, dass hohe Investitionen in einem Geschäftsjahr (z.B. durch die Investitionszyklen) einen erheblichen Einfluss auf die Höhe der Investitionsquote im betrachteten Geschäftsjahr sowie auf die Kennzahl in den Folgejahren haben. Der Nenner der Kennzahl wird durch die getätigten Investitionen erhöht, was letztlich zu einer Verringerung des Kennzahlenwertes in den Folgejahren führt. Die Kennzahl sollte daher immer über einen längeren Zeitraum hinweg verglichen werden. Eine hohe Investitionsquote muss nicht zwangsläufig als Unternehmenswachstum gewertet werden. Die betrachteten Investitionen kompensieren oftmals nur einen in der abgelaufenen Rechnungsperiode eingetretenen Werteverzehr. Von „echtem Wachstum" darf erst gesprochen werden, wenn über den Werteverzehr hinaus investiert wird.

Die Investitionsquote alleine gibt nur wenig Auskunft über das Wachstum des Unternehmens. Sie deutet darauf hin, ob das Anlagevermögen aktuell ist und Erweiterungsinvestitionen durchgeführt wurden. Die Interpretation sollte immer zusammen mit der nachfolgend vorgestellten Wachstumsquote erfolgen. Außerdem wird dem externen Analysten empfohlen auch bei dieser Kennzahl einen Vergleich zu den unmittelbaren Konkurrenten des betrachteten Unternehmens zu ziehen. Dadurch werden branchenspezifische Besonderheiten (z.B. hohe Sachanlagenintensitäten) berücksichtigt sowie Rückschlüsse auf die langfristige Wettbewerbsfähigkeit ermöglicht.

Darüber hinaus beeinflussen auch die gewählte Finanzierungspolitik (z.B. Leasing) oder genutzte Bilanzierungswahlrechte (z.B. Aktivierung selbsterstellter immaterieller Vermögensgegenstände) den Aussagegehalt dieser Kennzahl.

Eine hohe Investitionsquote hat außerdem eine starke Wirkung auf die Abschreibungsquote und korreliert somit positiv mit dieser Größe. Daher müssen beide Kennzahlen immer gemeinsam betrachtet werden.

Da die Investitionsquote direkt mit der zukünftigen Wettbewerbsfähigkeit des Unternehmens zusammenhängt, kann ihr bei einer späteren Potenzialanalyse große Bedeutung zukommen. Durch einen hohen Grad an Technologisierung im Unternehmen können zusätzliche Potenziale freigesetzt werden

(Skaleneffekte, Qualitätssteigerungspotenziale etc.). Es kann unterstellt werden, dass all diese Investitionsentscheidungen unter direktem Einfluss des Managements stehen. Folglich gehört diese Kennzahl zu den Management-Effizienz-Kennzahlen.

Für das **Beispielunternehmen** (siehe Kapitel 5 Planung des Beispielunternehmens Kfz-Zulieferer GmbH) ergeben sich die folgenden Investitionsquoten:

Investitionsquote		t-2	t-1	t
Zähler	Zugänge in SA		6.322,80	4.224,16
	- Abgänge in SA		-4.512,64	-482,56
	+ Abgänge Abschreibungen		+3.563,28	+404,72
	= Nettoinvestitionen in SA		=5.373,44	=4.146,32
Nenner	Historische AHK der Sachanlagen zu GJ-Anfang		43.732,48	45.537,92
Ergebnis	Dividende · 100		12,3%	9,1%

Im Zeitpunkt t-1 weist das Beispielunternehmen eine Investitionsquote von 12,3% auf. Der Rückgang der Kennzahl im Zeitpunkt t resultiert aus der Tatsache, dass im Zeitpunkt t weniger investiert wurde. Dies geht aus den Nettoinvestitionen in das Sachanlagevermögen hervor. Hier lässt sich ein Rückgang von 5.373,44 TEUR (t-2) auf 4.146,32 TEUR (t) erkennen.

6.3.8 Wachstumsrate

Die Wachstumsrate setzt die Nettoinvestitionen in das Sachanlagevermögen in Relation zu den Jahresabschreibungen auf Sachanlagen. Von Wachstum wird gesprochen, wenn die Nettoinvestitionen höher sind als die Abschreibungen.

$$\textbf{Wachstumsrate} = \frac{\text{Nettoinvestitionen in das Sachanlagenvermögen}}{\text{Jahresabschreibungen auf Sachanlagen}}$$

Mithilfe der Wachstumsrate werden die Investitionen unter dem Aspekt der Substanzerhaltung betrachtet. Wie bereits im vorangegangen Abschnitt erwähnt, ist von „echtem Wachstum" nur dann zu sprechen, wenn Nettoinvestitionen über den Werteverzehr, d.h. die Abschreibungen, hinaus vorgenommen werden. Die Wachstumsrate lässt sich wie folgt interpretieren:

- **Wachstumsrate = 100%:** Neuinvestitionen fangen den Wertverlust der alten Anlagen gerade ab, d.h. es werden lediglich Ersatzinvestitionen getätigt.
- **Wachstumsrate > 100%:** Hier wird von „echtem Wachstum" oder Investitionsüberschuss gesprochen. Die Erweiterung des Sachanlagevermögens lässt auf eine vorsorgende Investitionspolitik, im Sinne einer nachhaltigen Existenzsicherung des Unternehmens, schließen.
- **Wachstumsrate < 100%:** Deutet auf eine „Schrumpfung" bzw. Desinvestitionspolitik des Unternehmens hin, da der Werteverzehr der bestehenden Anlagen die Investitionen in neue Anlagen übersteigt.

Oftmals bedarf die Wachstumsrate einer besonderen Untersuchung und Interpretation. Wurde z.B. in einem Jahr (durch einen Investitionszyklus) besonders viel investiert, kann in den folgenden Jahren eine niedrige Wachstumsrate vorliegen. Dies liegt daran, dass sich die hohen Investitionen der Vergangenheit in den Abschreibungen der Folgejahre niederschlagen und damit die Kennzahl verringern. In diesem Falle von „mangelhafter" Zukunftsvorsorge zu sprechen, wäre allerdings falsch. Des Weiteren kann durch eine Abschreibungspolitik, welche von der tatsächlichen Abnutzung der Vermögensgegenstände (z.B. durch nicht realistische Nutzungsdauern) abweicht, das Ergebnis verfälscht werden.

> Grundsätzlich ist eine hohe Wachstumsrate positiv zu beurteilen, da dies auf eine moderne Ausstattung des Sachanlagevermögens schließen lässt, was mit einer hohen zukünftigen Wettbewerbsfähigkeit korreliert. Die Kennzahl sollte immer über 100% notieren, damit sichergestellt ist, dass das Unternehmen weiterhin wächst und konkurrenzfähig bleibt. Analog zu der Investitionsquote sollte auch die Wachstumsquote in einem intertemporalen Vergleich betrachtet werden, um den

Einfluss der Investitionszyklen in die Analyse zu integrieren. Die Wachstumsrate wird ergänzend zu der Investitionsquote zur Analyse herangezogen, damit ein abschließendes Urteil über die Investitions- und Wachstumspolitik des zu beurteilenden Unternehmens gefällt werden kann.

Für das **Beispielunternehmen** (siehe Kapitel 5 Planung des Beispielunternehmens Kfz-Zulieferer GmbH) ergeben sich die folgenden Wachstumsraten:

Wachstumsrate		t-2	t-1	t
Zähler	Zugänge in SA		6.322,80	4.224,16
	- Abgänge in SA		-4.512,64	-482,56
	+ Abgänge Abschreibungen		+3.563,28	+404,72
	= Nettoinvestitionen in SA		=5.373,44	=4.146,32
Nenner	Jahresabschreibungen auf Sachanlagen		2.905,68	2.667,36
Ergebnis	Dividende		1,8	1,6

Im Zeitpunkt t-1 weist das Beispielunternehmen eine Wachstumsrate von 1,8 auf. Der leichte Rückgang in der Periode t auf 1,6 ist dem Umstand geschuldet, dass die Nettoinvestitionen stärker fallen als die kumulierten Abschreibungen, was sich in einer fallenden Wachstumsrate zeigt.

6.3.9 Umschlagskoeffizienten

Bei den **Umschlagskoeffizienten** handelt es sich um Kennzahlen, welche durch Bezug einer Erfolgsgröße zu einer mit ihr zusammenhängenden Bestandsgröße gebildet werden. Dabei sollen Umschlagskoeffizienten eine Aussage über die Wirtschaftlichkeit des Betriebsprozesses machen. Die **Umschlagshäufigkeit** zeigt dabei an, wie oft eine Vermögensposition in einer Periode umgeschlagen wurde, d.h. wieder in liquide Mittel umgesetzt wurde. Je höher die Umschlagshäufigkeit, desto besser die Nutzung des Eigen- und

Fremdkapitals. Eine hohe Umschlagshäufigkeit deutet auf einen geringen Kapitalbedarf hin, da durch die rasche Liquidierbarkeit der Vermögensgegenstände Illiquidität vermieden werden kann.

Die **Umschlagsdauer** als reziproker Wert zur Umschlagshäufigkeit gibt Auskunft, in welcher zeitlichen Abfolge der Bestand einmal umgeschlagen wurde (gemessen in Tagen)[37]. Liquide Mittel werden durch Abbau der Mittelbindung freigesetzt und können für zusätzliche Investitionen oder für die Tilgung von Fremdkapital verwendet werden. Anders ausgedrückt sollen die Umschlagskoeffizienten aufzeigen, in welcher zeitlichen Abfolge ein Vermögensposten im Geschäftsverlauf wieder in Liquidität vorliegt.

6.3.9.1 Umschlagshäufigkeit des Gesamtvermögens

Die Umschlagshäufigkeit des Gesamtvermögens ermöglicht eine Aussage darüber, wie oft das eingesetzte Vermögen in einem Geschäftsjahr umgeschlagen wird. Somit kann eine grobe Vorstellung über die Effizienz der betrieblichen Prozesse gewonnen werden. Die Kennzahl zeigt des Weiteren das bestehende Risiko sowie die Liquiditätsbelastung aus einem ggf. zu hohen Vermögen auf.

$$\textbf{Umschlagshäufigkeit des Gesamtvermögens} = \frac{\text{Umsatzerlöse}}{\text{Ø Gesamtvermögen}}$$

Eine im Zeitablauf steigende Umschlagshäufigkeit des Gesamtvermögens deutet auf einen sparsamen und rationellen Vermögenseinsatz hin. Außerdem verringert eine hohe Kennzahl bei gleichem Umsatz den Vermögenseinsatz und das damit verbundene Risiko. Darüber hinaus sinken die Kosten für das Kapital, da der Kapitalbedarf geringer wird und somit letztlich weniger Kapital zurückgeführt werden muss.

Die Branchenzugehörigkeit hat einen großen Einfluss auf die Kennzahl. Dabei ist der Kapitalumschlag bei Produktionsunternehmen tendenziell geringer als bei Unternehmen aus dem Groß- und Einzelhandel. Dies liegt darin begründet, dass Produktionsunternehmen mehr Anlagevermögen besitzen als Groß- und Einzelhandelsunternehmen und sich dieses langsamer umschlägt als das Umlaufvermögen. Eine hohe Umschlagshäufigkeit kann z.B. durch Bestandsoptimierung des Vorratsvermögens oder Verringerung der Kundenforderungen erreicht werden.

---

[37] Vgl. Coenenberg, A.: Jahresabschluss und Jahresabschlussanalyse, 22. Aufl., Stuttgart 2012, S. 1063.

Hauptsächlich macht die Betrachtung der Umschlagshäufigkeit des Gesamtvermögens im Branchenvergleich und im Zeitverlauf Sinn. Im Branchenvergleich dient sie insbesondere als Indikator für Abweichungen gegenüber den Konkurrenzunternehmen und hat somit eine Frühwarnfunktion. Falls die Werte des betrachteten Unternehmens erheblich von denen der Branche abweichen (insbesondere negative Abweichungen), heißt das, dass zwingend eine Ursachenforschung hierfür durchgeführt werden muss.

Eine hohe Quote bedeutet, dass das Unternehmen effizient mit seinem Kapital umgeht und damit vergleichsweise geringe Kapitalkosten aufweist. Insofern ist ein hoher Gesamtvermögensumschlag als besonders günstig zu bewerten. Der Aussagegehalt der Kennzahl wird dadurch eingeschränkt, dass eine Erhöhung der Umschlagshäufigkeit nur bis zu einem gewissen Grad ratsam ist. Bspw. steigt das Risiko von Produktionsausfällen, wenn der Lagerbestand – zugunsten einer Erhöhung der Umschlagshäufigkeit – signifikant verringert wird. Es müssen daher Abwägungen zwischen der Sicherheit innerhalb des Betriebsprozesses und den Vorteilen einer hohen Umschlagshäufigkeit getroffen werden. Darüber hinaus sollten bei der Analyse die Einflussmöglichkeiten des Managements auf den Wert der Kennzahl herauskristallisiert werden, die z.B. durch den Abbau von kapitalbindenden, nicht effizienten Produktionsprozessen vorgenommen werden können.

Für das **Beispielunternehmen** (siehe Kapitel 5 Planung des Beispielunternehmens Kfz-Zulieferer GmbH) ergeben sich die folgenden Umschlagshäufigkeiten des Gesamtvermögens:

Umschlagshäufigkeit des Gesamtvermögens		t-2	t-1	t
Zähler	Umsatzerlöse		35.050,90	37.687,40
Nenner	(Gesamtvermögen zu GJ-Ende + Gesamtvermögen zu GJ-Anfang) ÷ 2		(64.002,56 +53.972,56) ÷2	(66.869,76 +64.002,56) ÷2

	= Ø Gesamtvermögen (= Ø Bilanzsumme)		=58.987,56	=65.436,16
Ergebnis	Dividende		0,6	0,6

Die Umschlagshäufigkeit des Gesamtvermögens weist in beiden Perioden einen Wert von 0,6 auf. Der Anstieg der Umsatzerlöse von der Periode t-1 auf t wird durch den Anstieg der durchschnittlichen Bilanzsumme kompensiert, was letztlich in einer unveränderten Höhe der Kennzahl von 0,6 resultiert.

6.3.9.2 Lagerumschlagsdauer

Die Lagerumschlagsdauer (engl. „Days Inventory Outstanding" (DIO)) macht eine Aussage über das in den Vorräten gebundene Kapital. Die Kennzahl zeigt dem externen Analysten, wie lange die Vorräte und das darin gebundene Kapital durchschnittlich im Unternehmen verbleiben, bevor sie zu Umsätzen umgewandelt werden. Eine geringe Lagerumschlagsdauer kann als Indiz dafür gesehen werden, dass das Unternehmen durch den schnellen Umschlag des Lagers fähig ist Illiquidität zu vermeiden. Die Lagerumschlagsdauer stellt in erster Linie ein Instrumentarium der kurzfristigen bestandsorientierten Liquiditätsanalyse dar.

$$\textbf{Lagerumschlagsdauer} = \frac{\text{Ø Vorräte}}{\text{Umsatzerlöse}} \text{ x } 365$$

Der Wert des Zählers ermittelt sich als arithmetisches Mittel aus dem Anfangs- und dem Endbestand der Vorräte eines Geschäftsjahres.

Der Lagerumschlag kann durch gestiegene Nachfrage, einem günstigen Verhältnis zwischen Kosten und Erlösen sowie durch Erschließung neuer Absatzmärkte verringert werden. Die Kennzahl ist sehr stark von den einzelnen Branchen abhängig, sodass branchenübergreifend keine konkreten Richtwerte existieren. Die unterschiedliche Vorratsbewertung nach HGB und IFRS hat außerdem Einfluss auf die Kennzahl (siehe Kapitel 4.2 Bewertung von Vermögensgegenständen).

Gem. **§ 266 Abs. 2 HGB** ist für Vorräte eine Mindestgliederung in Roh, Hilfs- und Betriebsstoffe, unfertige und fertige Erzeugnisse vorgeschrieben. Die Zugangsbewertung von Vorräten erfolgt zu den Anschaffungs- bzw. Herstellungskosten. Die Bewertung der Vorräte erfolgt gem. **§ 256 HGB** nach fiktiven Verbrauchsfolgen oder zu Durchschnittswerten. Zulässige Verbrauchsfolgen sind die LIFO (Last In – First Out) und FIFO-Methode (First In – First Out). Steuerlich zulässig ist jedoch in Deutschland nur die LIFO-Methode oder die Durchschnittsbewertung[38]. Bei steigenden Preisen führt die LIFO-Methode zur Bildung stiller Reserven.

Nach **IAS 2** gibt es keine Mindestgliederung für die Vorräte. Es kann das Gliederungsschema des **§ 266 Abs. 2 HGB** übernommen werden. Im Unterschied zum HGB müssen nach **IAS 2** Vorräte, die nicht produktionsbestimmt sind, getrennt von den produktionsbezogenen Vorräten bewertet werden. Die Zugangsbewertung von Vorräten erfolgt gem. **IAS 2.9** mit dem niedrigeren Wert aus Anschaffungs- oder Herstellungskosten und Nettoveräußerungswerten. IFRS sieht als Bewertungsvereinfachungsverfahren zur Ermittlung der Anschaffungs- und Herstellungskosten die Methode des gewogenen Durchschnitts vor. Von den Verbrauchsfolgeverfahren ist nach **IAS 2.25** nur die FIFO-Methode erlaubt. Die LIFO-Methode ist nach IFRS seit dem 01.01.2005 nicht mehr zulässig, da die bewusste Bildung von stillen Reserven nach IFRS vermieden werden soll. Wie nach HGB erfolgt auch nach den IFRS die Folgebewertung unter Beachtung des strengen Niederstwertprinzips. Allerdings sieht **IAS 2.28** neben den Anschaffungs- und Herstellungskosten bei der Folgebewertung von Roh-, Hilfs- und Betriebsstoffen den Nettoveräußerungswert vor. Dennoch ist zu beachten, dass nach **§ 253 IV HGB** Vorräte auf den niedrigeren beizulegenden Stichtagswert abzuschreiben sind, unter dem Grundsatz der verlustfreien Bewertung.

Die Lagerumschlagsdauer sollte im intertemporalen Vergleich, Branchenvergleich und unter Einbezug von weiteren Auswertungen und Kennzahlen analysiert werden. Die Kennzahl gibt einen Überblick über die kurzfristige Liquidität des Unternehmens. Je geringer die Kennzahl, desto schneller werden mit dem Umlaufvermögen – in Tagen gemessen – Umsätze generiert. Eine hohe Lagerumschlagsdauer bedeutet gebundenes Kapital, welches finanziert werden muss und zudem Lagerhaltungskosten

---

[38] Vgl. Petersen, K.; Zwirner, C.; Künkele, K.-P.: Bilanzanalyse und Bilanzpolitik nach BilMoG, 2. Aufl., Herne 2009, S. 49.

verursacht. Das Ziel des Managements sollte es sein die Umschlagsdauer so gering wie möglich zu halten, um Liquiditätsbindungen zu vermeiden. Allerdings dürfen hierbei Risikoaspekte, wie bspw. drohende Produktionsstillstände durch Lieferantenengpässe, nicht vernachlässigt werden, um eine reibungslose Produktion dauerhaft zu gewährleisten.

Eine im Branchenvergleich überdurchschnittlich hohe Lagerumschlagsdauer kann auf Absatzschwierigkeiten, schlechte Lager- und Beschaffungswirtschaft, schwer verkäufliche Waren, mangelnde Produktionseffizienz sowie veraltete Vorräte hindeuten. Durch Maßnahmen des Managements, z.B. Umstellung auf „just-in-time" Lieferung oder durch effizientere Produktionsabläufe, kann die Kennzahl erheblich beeinflusst werden (Management-Effizienz-Kennzahl).

Für das **Beispielunternehmen** (siehe Kapitel 5 Planung des Beispielunternehmens Kfz-Zulieferer GmbH) ergeben sich die folgenden Umschlagshäufigkeiten des Vorratsvermögens in Tagen:

Umschlagsdauer des Vorratsvermögens in Tagen		t-2	t-1	t
Zähler	(Vorräte zu GJ-Ende		(6.660,32	(7.460,48
	+ Vorräte zu GJ-Anfang)		+4.643,76)	+6.660,32)
	÷ 2		÷2	÷2
	= Ø Vorräte		=5.652,04	=7.060,40
Nenner	Umsatzerlöse		35.050,88	37.687,36
Ergebnis	Dividende · 365		58,9	68,4

Die Umschlagsdauer des Vorratsvermögens steigt von 58,9 Tagen in t-1 auf 68,4 Tage zum Zeitpunkt t. Im Zeitpunkt t-1 erhöht sich der Materialaufwand minimal. Da sich die durchschnittlichen Vorräte stark erhöhen, resultiert eine Steigerung der Umschlagdauer des Vorratsvermögens in t.

6.3.9.3 Kundenziel

Das Kundenziel, auch Debitorenlaufzeit (engl. „Days Sales Outstanding" (DSO)) genannt, setzt die durchschnittlichen Forderungen aus Lieferungen und Leistungen in Relation zu den Umsatzerlösen. Die Kennzahl entspricht dabei der Umschlagsdauer der „Forderungen aus Lieferungen und Leistungen". Das Kundenziel gibt dem externen Analysten Auskunft über das Zahlungsverhalten der Kunden sowie über die Effizienz des Forderungsmanagements und zeigt, wie lange es dauert, bis die Umsatzerlöse liquiditätswirksam werden.

$$\textbf{Kundenziel} = \frac{\text{Ø Forderungen aus Lieferungen und Leistungen}}{\text{Umsatzerlöse}} \text{ x } 365$$

Da die Kennzahl letztlich von vielen Faktoren abhängt, wie bspw. den vereinbarten Zahlungsbedingungen mit den Kunden, deren tatsächlichem Zahlungsverhalten der Branche oder länderspezifischen Gewohnheiten kann diese erst bei Gesamtwürdigung des Unternehmens beurteilt werden. Eine Aufgliederung in Debitorenlaufzeit je Kunde kann dabei sinnvoll sein. Diese Kennzahl zeigt dann das Zahlungsverhalten einzelner Kunden, wodurch eine zielgerichtete Ausrichtung des Forderungsmanagements möglich ist. Somit stellt diese Kennzahl auch einen Frühwarnindikator dar, der durch die Ermittlung der Debitorenlaufzeit je Kunde Zahlungsschwierigkeiten bei wichtigen Großkunden des Unternehmens frühzeitig erkennen lässt.

Eine Verschlechterung der Kennzahl kann unter anderem darauf zurückgeführt werden, dass das Unternehmen Umsätze mit Kunden niedriger Bonität macht. In solchen Fällen ist es eher unwahrscheinlich, dass ein langes Kundenziel bei Liquiditätsengpässen durch verschiedene Maßnahmen (wie z.B. Intensivierung des Mahnwesens) verkürzt werden kann. Ein steigendes Kundenziel beruht meist auf außerbetrieblichen Faktoren. Massive Qualitätsprobleme in der Produktion, die zu verzögerten Abnahmen oder Rechnungsbegleichungen durch die Kunden führen, können allerdings ebenfalls Ursache für ein steigendes Kundenziel sein.[39] Grundsätzlich kann jedoch eine Verbesserung der Kennzahl durch ein zielgerichtetes Forderungsmanagement, verbesserte Zahlungsmöglichkeiten, Factoring oder durch Einräumung von Skonti herbeigeführt werden.[40]

---

[39] Vgl. Coenenberg, A.: Jahresabschluss und Jahresabschlussanalyse, 22. Aufl., Stuttgart 2012, S. 1064.

[40] Vgl. Langenbeck, J.: Bilanzanalyse, Ludwigshafen 2002, S. 125.

Forderungen aus Lieferungen und Leistungen gehören zum Umlaufvermögen, daher gilt für deren Bewertung das strenge Niederstwertprinzip. Die Bewertung erfolgt grundsätzlich mit dem Nominalbetrag. Erworbene Forderungen werden mit ihrem Anschaffungswert bewertet. Für Forderungen gilt stets der Grundsatz der Einzelbewertung gem. **§ 252 Abs. 1 Nr. 3 HGB**. Demnach sind alle Vermögensgegenstände zum Abschlussstichtag einzeln und isoliert zu bewerten. Nach **§ 268 Abs. 4 S. 1 HGB** bedarf es eines besonderen Vermerks für Forderungen aus Lieferungen und Leistungen, deren Restlaufzeit ein Jahr übersteigt.

Die Zugangsbewertung von Forderungen aus Lieferungen und Leistungen erfolgt nach **IAS 39.43** mit den Anschaffungskosten bzw. dem vereinbarten Kaufpreis abzüglich Preisnachlässen und Rabatten (**IAS 18.10**). Forderungen aus Lieferungen und Leistungen sind immer auf Wertminderungen zu prüfen. Die Folgebewertung erfolgt nach **IAS 39.46a** zu fortgeführten Anschaffungskosten. **IAS 39.64** erlaubt die Beurteilung einer Wertminderung auf Portfoliobasis, wenn es sich um ein Portfolio gleichartiger finanzieller Vermögenswerte handelt. Währungsrisiken, Kreditrisiken und eröffnete Insolvenzverfahren führen nach **IAS 39.58f.** zu Wertminderungen einzelner Forderungen. Im Gegensatz zu HGB werden die Forderungen aus Lieferungen und Leistungen nach **IAS 1.68** in der Bilanz entsprechend ihrer Laufzeit in kurz- und langfristige Vermögenswerte unterteilt. Der Grundsatz der Einzelbewertung wird in IFRS nicht explizit erwähnt. Eine Ableitung erfolgt vielmehr aus dem Rahmenkonzept der einzelnen Standards[41].

Das Kundenziel gibt Aufschluss darüber, wie schnell ein Unternehmen seine Forderungen eintreibt. Dabei ist ein möglichst kleines Kundenziel anzustreben, da dies die eigene Liquidität erhöht und zusätzlich das Risiko von Forderungsausfällen senkt. Ein geringes Kundenziel bedeutet, dass die Dauer zwischen Rechnungsausgang und Zahlungseingang, welche von dem Unternehmen zu finanzieren ist, kurz ist und somit geringe Finanzierungskosten mit sich bringt. Die Interpretation der Kennzahl ist nur sinnvoll, wenn diese in einem intertemporalen Vergleich angefertigt wird und branchenspezifische Besonder-

[41] Vgl. Küting, K.; Pfitzer, N.; Weber, C.-P.: IFRS oder HGB?, Stuttgart 2011, S. 72 f.

heiten miteinbezogen werden. Eine Verlängerung der Debitorenlaufzeit deutet entweder darauf hin, dass das Unternehmen den Kunden längere Zahlungsziele eingeräumt hat, oder auf eine verschlechterte Zahlungsmoral/Zahlungsfähigkeit der Kunden. Einer Verschlechterung (Verlängerung der Laufzeit) kann durch engere Zahlungsfristen, Einräumung von Skonti, speziellen Finanzierungsformen wie bspw. Factoring und einem zügigeren Mahnwesen entgegengewirkt werden.

Allerdings muss konstatiert werden, dass eine Ausweitung der Debitorenlaufzeit nicht nur negativ gesehen werden darf. Das Unternehmen hat möglicherweise bewusst längere Zahlungsziele eingeräumt, um neue (Groß-)Kunden akquirieren und/oder neue Märkte erschließen zu können. Eine abschließende Beurteilung kann aus den genannten Gründen lediglich unter Einbezug von weiteren Kennzahlen und Analysen erfolgen.

Für das **Beispielunternehmen** (siehe Kapitel 5 Planung des Beispielunternehmens Kfz-Zulieferer GmbH) ergeben sich die folgenden Kundenziele:

Kundenziel		t-2	t-1	t
Zähler	(Forderungen aus LuL zu GJ-Ende + Forderungen aus LuL zu GJ-Anfang) ÷ 2 = ∅ Forderungen aus Lieferungen und Leistungen		(5.107,20 +4.564,32) ÷2 =4.835,76	(4.944,08 +5.107,20) ÷2 =5.025,64
Nenner	Umsatzerlöse		35.050,90	37.687,40
Ergebnis	Dividende · 365		50,4	48,7

Das Beispielunternehmen weist in der Periode t-1 ein Kundenziel von 50,4 Tagen auf. In der Periode t erfolgt ein Rückgang auf 48,7 Tage. Dieser Umstand resultiert aus einer Erhöhung der durchschnittlichen Umsatzerlöse.

6.3.9.4 Kreditorenlaufzeit

Die Kreditorenlaufzeit (engl. „Days Payables Outstanding" (DPO)) bildet das Gegenstück zur Debitorenlaufzeit. Sie erlaubt es, eine Aussage über das durchschnittlich in Anspruch genommene Zahlungsziel zu machen. Die Kennzahl setzt die durchschnittlichen Verbindlichkeiten aus Lieferungen und Leistungen ins Verhältnis zum Materialaufwand und berechnet sich wie folgt:

$$\textbf{Kreditorenlaufzeit} = \frac{\text{Ø Verbindlichkeiten aus LuL}}{\text{Materialaufwand}} \text{ x } 365$$

Der Zielwert für die Kennzahl liegt in der Praxis – abhängig von den vereinbarten Zahlungsbedingungen – zwischen 30 und 40 Tagen. Allgemein ist es vorteilhaft, wenn die Debitorenlaufzeit kürzer ist als die Kreditorenlaufzeit, da somit der Effekt eines zinsfreien, „kostenlosen" Lieferantenkredites entsteht.

Die Kreditorenlaufzeit gibt an, wie lange das Unternehmen sich durchschnittlich Zeit lässt, um seine Verbindlichkeiten zu bezahlen. Ein kurzes Kreditorenziel gibt Hinweise darauf, dass das Unternehmen bedacht ist von den Lieferanten zur Verfügung gestellte Skonti durch die schnelle Begleichung der Verbindlichkeiten in Anspruch zu nehmen.

Eine hohe Kennzahl bedeutet zwar einerseits, dass man durch Lieferantenkredite seine Liquidität erhöht, andererseits kann dies aber auch als Hinweis für eine Liquiditätskrise im Unternehmen gesehen werden. Oft signalisiert ein langes Kreditorenziel Liquiditätsschwierigkeiten des Unternehmens, insbesondere wenn das durchschnittliche Zahlungsziel weit über den getroffenen Zahlungsvereinbarungen mit den Lieferanten liegt. Allerdings gibt es einige Gründe, die die Inanspruchnahme eines langen Zahlungszieles aus Sicht eines Unternehmens reizvoll erscheinen lassen. Durch ein langes Zahlungsziel kann ein Teil der Finanzierungskosten auf die Lieferanten übertragen werden und somit verbessert sich die eigene Liquiditätssituation.

Der externe Analyst sollte – sofern möglich – Unterschiede zwischen bewusstem Ausreizen der eingeräumten Zahlungsfrist und tatsächlichem Zahlungsverzug erkennen und beschreiben. Die Analyse macht daher hauptsächlich im Zeitverlauf Sinn. Zusätzlich müssen hierbei analog zur Debitorenlaufzeit branchen- und länderübliche Besonderheiten in dem Bezug auf Finanzierungs- und Zahlungsgewohnheiten berücksichtigt werden.

Für das **Beispielunternehmen** (siehe Kapitel 5 Planung des Beispielunternehmens Kfz-Zulieferer GmbH) ergeben sich die folgenden Kreditorenlaufzeiten in Tagen:

Kreditorenlaufzeit in Tagen		t-2	t-1	t
Zähler	(Verbindlichkeiten aus LuL zu GJ-Ende		(1.807,92	(1.296,24
	+ Verbindlichkeiten aus LuL zu GJ-Anfang)		+1.574,40)	+1.807,92)
	÷ 2		÷2	÷2
	= ∅ Verbindlichkeiten aus Lieferungen und Leistungen		=1.691,16	=1.552,08
Nenner	Materialaufwand		17.733,20	17.936,80
Ergebnis	Dividende · 365		34,8	31,6

Das Beispielunternehmen weist zum Zeitpunkt t-1 eine Kreditorenlaufzeit von 34,8 Tagen auf. Der Rückgang auf 31,6 Tage im Zeitpunkt t resultiert aus einer Erhöhung des durchschnittlichen Materialaufwands in t.

6.3.9.5 Geldumschlagsdauer

Die Geldumschlagsdauer, auch als „Cash Conversion Cycle" bezeichnet, setzt die drei Kennzahlen Kundenziel, Lagerumschlagsdauer und Lieferantenziel in Bezug zueinander.

Geldumschlagsdauer (CCC)
= Kundenziel + Lagerumschlagsdauer – Lieferantenziel

Bleibt die Produktionszeit unberücksichtigt, so gibt die Kennzahl den durchschnittlichen Zeitraum an, nachdem die von dem Unternehmen in das Umlaufvermögen investierten liquiden Mittel durch den Umsatzprozess dem Unternehmen wieder als liquide Mittel (Cash) zur Verfügung stehen[42]. Dabei sollte die Kennzahl möglichst klein sein, da dann die investierten Mittel schneller wieder für neue Investitionen zur Verfügung stehen. Im Optimalfall sollte die Geldumschlagsdauer negativ sein. In diesem Fall finanzieren die Lieferanten die Rohstoffe über den gesamten Produktionsprozess hinweg sowie über die reinen Rohstoffinvestitionen hinausreichende Investitionen. Es erweist sich als sinnvoll, die Kennzahl z.B. quartalsweise zu berechnen, da so die Entwicklung im Zeitablauf sichtbar wird.

Die Geldumschlagsdauer ist ein guter Indikator, um zu sehen, wie schnell die Vorräte in liquide Mittel umgesetzt werden können. Sie gibt daher Hinweise auf das Liquiditätsgenerierungspotenzial eines Unternehmens und somit auch auf dessen Fähigkeit zur Insolvenzvermeidung.

Ein positiver Wert bedeutet, dass das Unternehmen Vorfinanzierungen tätigen muss, welche mit Kapitalkosten verbunden sind. Beträgt die Kennzahl genau 0 Tage, so tragen die Lieferanten die Finanzierung der Rohstoffe über den gesamten Produktionsprozess hinweg. Bei einem negativen Wert, der für das Unternehmen den Idealfall darstellt, tragen die Lieferanten zum Teil sogar weitere Investitionen des Unternehmens, die die reinen Investitionen in das Umlaufvermögen übersteigen.

Als ausschlaggebender Faktor für eine niedrige oder gar negative Geldumschlagsdauer kann bspw. eine außergewöhnlich gute Verhandlungsposition des Unternehmens gegenüber seinen Lieferanten ausgemacht werden. Darüber hinaus können eine effiziente Fertigung (wenn möglich „just-in-time“) oder ein zielgerichtetes, strenges Forderungsmanagement gegenüber den Kunden weitere Ursachen für einen niedrigen Wert der Kennzahl sein. Die Interpretation der Kennziffer sollte im Branchenkontext durchgeführt werden. Als Beispiel kann hierbei die Branche der Supermärkte genannt werden, welche für gewöhnlich keine - oder nur sehr kurze - Debitorenlaufzeiten sowie einen hohen Lagerumschlag aufweist. Gelingt es den Supermärkten mit ihren Zulieferern relativ lange Zahlungsfristen zu vereinbaren, so ist der Cash-Conversion-Cycle in den meisten Fällen negativ.

[42] Vgl. Hasler, P.-T.: Aktien richtig bewerten, Berlin 2011, S. 176.

Für das **Beispielunternehmen** (siehe Kapitel 5 Planung des Beispielunternehmens Kfz-Zulieferer GmbH) ergeben sich die folgenden Geldumschlagsdauern:

Geldumschlagsdauer (CCC)	t-2	t-1	t
Kundenziel		50,4	48,7
+ Vorratsdauer (= Umschlagsdauer der Vorräte)		+69,4	+72,3
+ Lieferantenziel (=Kreditorenlaufzeit)		-34,8	-31,6
Ergebnis		85,0	89,4

Das Beispielunternehmen weist im Zeitpunkt t-1 eine Geldumschlagsdauer von 85,0 Tagen aus. Eine Erhöhung auf 89,4 Tage ergibt sich im Zeitpunkt t. Grund für diese Erhöhung ist der Anstieg der Vorratsdauer sowie der Rückgang der Kreditorenlaufzeit.

6.4 Liquiditätsanalyse

Unter dem Begriff Liquidität versteht man die Fähigkeit eines Unternehmens, jederzeit seinen fälligen Zahlungsverpflichtungen in voller Höhe nachkommen zu können. Liquidität und deren Erhaltung stellen die wichtigste Nebenbedingung eines jeden Unternehmens dar. Ohne die Aufrechterhaltung der Zahlungsfähigkeit kann auch bei guter Ertragslage die unternehmerische Tätigkeit nicht fortgeführt werden, da bei fehlender Zahlungsfähigkeit das Unternehmen insolvent ist. Bei der Abgrenzung des Liquiditätsbegriffes kann als Bezugsobjekt das Vermögen oder das Rechtssubjekt herangezogen werden[43]. Von **absoluter Liquidität** wird gesprochen, wenn der zeitliche Abstand eines Vermögenswertes vom Geldzustand betrachtet wird. Der Begriff der **natürlichen Liquidität** wird verwendet, wenn die Wiedergeldwerdung im Rahmen der normalen Umsatztätigkeit des Unternehmens erfolgt. Wird in den Liquiditätsbegriff das Rechtssubjekt einbezogen, so wird von **relativer Liquidität** gesprochen, wenn das Unternehmen die Fähigkeit besitzt, Ein-

[43] Vgl. Wöhe, G.; Bilstein, J.: Grundzüge der Unternehmensfinanzierung, 9. Aufl., München 2002, S. 20 ff.

und Auszahlungen in zeitlicher und betragsmäßiger Hinsicht vorzunehmen. Zur Bewertung der relativen Liquidität werden zwei Ansätze herangezogen: Zum einen die **statische Liquiditätsanalyse** aufgrund von Bestandsgrößen und zum anderen die **dynamische Liquiditätsanalyse** auf Basis der Betrachtung von Cash-Flows[44]. Die statische oder strukturelle Liquidität ist vermögensorientiert und entspricht dem bilanzmäßigen Denken. Sie vergleicht Bilanzposten untereinander und fordert, dass Verbindlichkeiten und liquide Mittel sich in gleicher Höhe gegenüberstehen müssen. Die dynamische Liquidität stellt alle zukünftig in einem Unternehmen zu erwartenden, anfallenden Ein- und Auszahlungen gegenüber.

Die Liquiditätsanalyse kann aus zwei unterschiedlichen Perspektiven erfolgen. Zum einen unter der Annahme der **Liquidation** des Unternehmens und zum anderen unter der Prämisse der **Unternehmensfortführung**. Im Falle der Liquidation geht es um die Frage, welche Finanzmittel dem Unternehmen zur Schuldentilgung bzw. zum Rückfluss an die Anteilseigner zur Verfügung stehen. Da die zur Analyse der Liquidität im Falle der Liquidation des Unternehmens benötigen Informationen dem externen Analysten nicht zur Verfügung stehen, kann diese Liquidität nicht ohne weiteres beurteilt werden. Unter der Prämisse der Unternehmensfortführung („Going Concern“) wird untersucht, inwieweit das Unternehmen in der Lage ist, bestehenden und zukünftigen Zahlungsverpflichtungen nachzukommen. Die Liquiditätsanalyse wird als Instrument zur Beantwortung dieser Frage herangezogen.

Ein Unternehmen ist in seinem Fortbestand als umso sicherer und liquider einzustufen, je mehr flüssige Mittel zur Deckung der kurzfristigen Verbindlichkeiten vorhanden sind. Die Liquiditätsanalyse stellt die Positionen des Umlaufvermögens den Positionen der kurzfristigen Verbindlichkeiten gegenüber. Hierbei spricht man von einer **horizontalen Bilanzanalyse**, da Positionen der Aktivseite zu Positionen der Passivseite in Beziehung gesetzt werden.

Gründe für eine mangelhafte Liquidität sind häufig hohe Investitionen in das Anlagevermögen, eine Aufstockung der Vorräte, der Abbau von Fremdkapital oder ein Umsatzrückgang. Verbessert werden kann die Liquidität zumindest kurzfristig z.B. durch eine Verlängerung der Zahlungsziele auf der Einkaufsseite, den Verkauf

---

[44] Vgl. Coenenberg, A.: Jahresabschluss und Jahresabschlussanalyse, 22. Aufl., Stuttgart 2012, S. 1075.

von nicht betriebsnotwendigen Vermögensgegenständen oder der Veräußerung von Finanzanlagen und Wertpapieren im Rahmen einer vorsichtigen Bewertung[45]. Bei der kurzfristigen Liquiditätsanalyse werden die nachfolgendend dargestellten Liquiditätsgrade I, II und III ermittelt. Sie differieren in der Fristigkeit der einbezogenen Vermögens- und Schuldenpositionen. Die gebildeten Kennziffern werden ebenfalls als Ausdruck der Fristenkongruenz gesehen.

Für die Berechnung der einzelnen Liquiditätsgrade wird der Betrag der kurzfristigen Verbindlichkeiten benötigt. Erfolgt innerhalb der Bilanz keine Untergliederung in lang- und kurzfristige Verbindlichkeiten, so können diese Informationen dem Anhang entnommen werden, da gemäß § 268 Abs. 4 HGB eine Erläuterung der Verbindlichkeiten im Anhang erfolgen muss.

Für das Beispielunternehmen ergeben sich die kurzfristigen Verbindlichkeiten aus den folgenden Positionen:

Steuerrückstellungen, sonstige Rückstellungen, erhaltene Anzahlungen auf Bestellungen, Verbindlichkeiten aus Lieferungen und Leistungen, Verbindlichkeiten gegenüber verbundenen Unternehmen, Verbindlichkeiten gegenüber verbundenen Unternehmen, mit denen ein Beteiligungsverhältnis besteht, sonstige Verbindlichkeiten, passiver Rechnungsabgrenzungsposten sowie passive latente Steuern.

Für das Beispielunternehmen (siehe Kapitel 5 Planung des Beispielunternehmens Kfz-Zulieferer GmbH) ergeben sich die folgenden kurzfristigen Verbindlichkeiten:

Kurzfristige Verbindlichkeiten	t-2	t-1	t
Steuerrückstellungen	90,88	425,84	155,28
+ sonstige Rückstellungen	+1.932,72	+2.175,36	+2.341,84
+ erhaltene Anzahlungen auf Bestellungen	+7,04	+21,60	+26,32
+ Verbindlichkeiten aus Lieferungen und Leistungen	+1.574,40	+1.807,92	+1.296,24
+ Verbindlichkeiten gegenüber verbundenen Unternehmen	+29,60	+867,36	+928,88
+ Verbindlichkeiten gegenüber verbundenen Unternehmen, mit denen ein Beteiligungsver-	+0,00	+0,00	+560,72

[45] Vgl. Langenbeck, J.: Bilanzanalyse, Ludwigshafen 2002, S. 113 ff.

hältnis besteht + sonstige Verbindlichkeiten + passive Rechnungsabgrenzungsposten + passive latente Steuern	 +3.086,72 +19,76 +74,40	 +3.730,08 +9,68 +700,32	 +2.350,48 +77,12 +690,24
Ergebnis	6.815,52	9.738,16	8.427,12

6.4.1 Liquidität I

Die Liquidität ersten Grades, auch als Barliquidität (engl. „Cash Ratio") bezeichnet, ist eine Kennzahl, die das Verhältnis von Barmitteln zu den kurzfristig fälligen Zahlungsverpflichtungen darstellt. Die Kennzahl berechnet sich wie folgt:

$$\textbf{Liquidität 1. Grades} = \frac{\text{Liquide Mittel}}{\text{kurzfristige Verbindlichkeiten}} \times 100$$

Die liquiden Mittel setzen sich zusammen aus Barmitteln, Bankguthaben, Schecks sowie jederzeit veräußerbaren Wertpapieren des Umlaufvermögens.

Die kurzfristigen Verbindlichkeiten beinhalten Verbindlichkeiten aus Lieferungen und Leistungen, sonstige Verbindlichkeiten, Kredite und Darlehen mit einer Laufzeit < 1 Jahr sowie kurzfristige Rückstellungen. Die passiven Rechnungsabgrenzungen werden ebenfalls den kurzfristigen Verbindlichkeiten zugeordnet. Auch der Teil der passiven latenten Steuern, welcher zu den kurzfristigen Posten zugeteilt ist, zählt zu den kurzfristigen Verbindlichkeiten. Zusätzlich sind noch Verbindlichkeiten mit einer Restlaufzeit < 1 Jahr gegenüber verbunden Unternehmen und Unternehmen, mit denen ein Beteiligungsverhältnis besteht, hinzuzuaddieren

Die Liquidität ersten Grades sagt aus, inwieweit ein Unternehmen seine gesamten kurzfristigen Verbindlichkeiten aus den bereits vorhandenen liquiden Mitteln zum Bilanzstichtag bedienen kann. Zu berücksichtigen ist, dass das kurzfristige Fremdkapital indes nicht vollständig und unmittelbar fällig ist, sondern zum Großteil erst im Laufe des kommenden Geschäftsjahres zurückgeführt werden muss.

- **Liquidität ersten Grades = 100%:** Die kurzfristigen Verbindlichkeiten werden vollständig durch die kurzfristigen Zahlungsmittel gedeckt. Durch eine Liquidität ersten Grades von 100% ist jedoch ein finanzielles Gleichgewicht des Unternehmens nicht belegt, sondern lediglich ein Hinweis darauf gegeben, ob das Unternehmen zum Zeitpunkt der Bilanzerstellung seine kurzfristigen Verbindlichkeiten aus liquiden Mitteln heraus begleichen konnte (kann).

- **Liquidität ersten Grades < 100%:** Die kurzfristig fälligen Zahlungsverpflichtungen konnten (können) zu dem Stichtag nicht vollständig aus den liquiden Mitteln beglichen werden.
- **Liquidität ersten Grades > 100%:** Der verfügbare Geldbestand an dem Bilanzstichtag übersteigt die kurzfristigen Verbindlichkeiten. Dies ist jedoch wegen Unrentabilität bzw. ineffizienter Nutzung des Kapitals nicht die Regel.

Der Aussagewert der Kennzahl ist eingeschränkt, da keine Normvorstellungen existieren. Ein Wert von 100% wird in der Praxis meist nicht erreicht. Die tatsächlich erzielten Werte liegen oft deutlich darunter. In der Regel werden Forderungen aus Lieferungen und Leistungen sowie Vorräte zur Deckung der kurzfristigen Verbindlichkeiten im Zeitablauf herangezogen.

Probleme bei der Interpretation der Kennzahl ergeben sich im Wesentlichen aus der Manipulationsanfälligkeit dieser Kennzahl, da z.B. durch Aufnahme eines langfristigen Kredites die Zahlungsmittel erhöht werden, die kurzfristigen Verbindlichkeiten jedoch unverändert bleiben. Außerdem wird bei der Beurteilung häufig missachtet, dass die Zahlungsmittel im Rahmen des Betriebsprozesses schneller abfließen können, als die jeweilige Verbindlichkeit fällig wird. Besonders die Stichtagsbezogenheit begrenzt die Aussagekraft dieser Kennzahl, da sich die liquiden Mittel bis zum Zeitpunkt der Analyse in aller Regel deutlich verändert haben. Der Liquiditätsgrad ersten Grades sollte im Idealfall – allerdings nur ohne Berücksichtigung von Rentabilitätsgesichtspunkten – 100% oder mehr betragen. In der Praxis wird dieser Wert jedoch selten erreicht, daher müssen zur Beurteilung der Liquidität eines Unternehmens noch weitere Liquiditätsgrade betrachtet werden.

Für das **Beispielunternehmen** (siehe Kapitel 5 Planung des Beispielunternehmens Kfz-Zulieferer GmbH) ergeben sich die folgenden Liquiditätsgrade:

Liquidität 1. Grades		t-2	t-1	t
Zähler	Liquide Mittel	4.452,24	30,56	64,64
Nenner	Kurzfristige Verbindlichkeiten	6.815,52	9.738,16	8.427,12
Ergebnis	Dividende · 100	65,3%	0,3%	0,8%

Im Zeitpunkt t-2 weist das Beispielunternehmen einen Liquiditätsgrad 1. Grades von 65,3% auf. Aufgrund eines Rückgangs der liquiden Mittel um 99,3% verringert sich der Liquiditätsgrad auf 0,3%. Im Zeitpunkt t erhöht sich der Liquiditätsgrad wieder leicht auf 0,8%. Die Liquiditätsgrade in t-1 und t sind mit unter 1% extrem niedrig. Die Liquidität des Beispielunternehmens sollte daher mit den weiteren Liquiditätsgraden analysiert werden.

6.4.2 Liquidität II

Die Liquidität zweiten Grades – auch als einzugsbedingte Liquidität (engl. „Quick Ratio") bezeichnet – setzt das kurzfristig gebundene Umlaufvermögen in Relation zum kurzfristigen Fremdkapital.

Das kurzfristig gebundene Umlaufvermögen beinhaltet neben den liquiden Mitteln auch die kurzfristigen Forderungen aus Lieferungen und Leistungen, die sonstigen Vermögensgegenstände sowie die aktiven Rechnungsabgrenzungsposten.

Sie stellt hierbei die wichtigste Liquiditätskennzahl dar.

$$\textbf{Liquidität 2. Grades} = \frac{\text{liquide Mittel} + \text{kurzfristige Forderungen}}{\text{kurzfristige Verbindlichkeiten}}$$

Der Zähler wird im Vergleich zur Liquidität ersten Grades um leicht liquidierbare Vermögenswerte erweitert. Bei dem Terminus „kurzfristige Forderungen" handelt es sich um Forderungen, die innerhalb von 90 Tagen fällig sind und somit in absehbarer Zukunft zu liquiden Mitteln umgewandelt werden können. Die Kennzahl führt deshalb rechnerisch zu „besseren" Werten zur Deckung der kurzfristigen Schulden durch kurzfristiges Umlaufvermögen.

- **Liquidität zweiten Grades = 100%:** Die ausgewiesene Liquidität ist ausreichend, um die kurzfristigen Verbindlichkeiten zu decken.

- **Liquidität zweiten Grades < 100%:** Die ausgewiesene Liquidität ist nicht ausreichend, um die kurzfristigen Verbindlichkeiten zu decken. In diesem Fall droht Insolvenz.
- **Liquidität zweiten Grades > 100%:** Die ausgewiesene Liquidität ist ausreichend, um die kurzfristigen Verbindlichkeiten zu decken und beinhaltet zudem auch einen Risikopuffer.

Als Richtwert ist die Liquidität zweiten Grades mit einem Wert zwischen 100 und 120% angegeben, da die kurzfristigen Forderungen wie flüssige Zahlungsmittel eingestuft werden können. Dennoch sind Forderungsausfälle möglich, weshalb die Kennzahl im Optimalfall einen Wert von über 100% ausweisen sollte, um einen ausreichenden Risikopuffer für potenzielle Forderungsausfälle zu berücksichtigen. Die Forderung nach einer Erfüllung von mindestens 100% ist auch dadurch gerechtfertigt, dass die offenen Kreditlinien dem externen Analysten häufig nicht bekannt sind. Er kann somit nicht beurteilen, wie viel Geld das Unternehmen hierüber im Notfall kurzfristig akquirieren könnte. Auf keinen Fall sollte sie jedoch den Wert von 50% unterschreiten, da dies ein Indiz für Liquiditätskrisen sein kann Die Werte dieser Kennziffer differieren nach der jeweiligen Branchenzugehörigkeit (z.B. durch die üblichen Zahlungsmodalitäten der jeweiligen Branche) und schwanken im Zeitverlauf. Generell kann die Liquidität zweiten Grades als aussagekräftige Liquiditätskennziffer bezeichnet werden. Es ergeben sich allerdings auch hier einige Probleme bei der Interpretation. Als Beispiele hierfür wären zu nennen: Bei bestehenden Factoringverträgen beinhaltet die Kennzahl einen hohen Grad an Informationsasymmetrien. Dies liegt darin begründet, dass die Forderungen mit einem Abschlag an das Factoringinstitut verkauft werden und der tatsächliche Liquiditätszufluss somit nicht dem vollen Forderungsbetrag entsprechen würde, welcher in die Berechnung der Kennzahl einbezogen wird. Die Folge wäre eine „optimierte“ Darstellung dieser Liquiditätskennzahl, die jedoch nicht der Realität entspricht. Außerdem wird die Höhe und Anzahl verspäteter oder uneinbringlicher Forderungen in der Bilanzposition nicht ausreichend reflektiert. Die Interpretation sollte auch aus diesen Gründen immer unter Einbezug der Debitoren- und Kreditorenziele erfolgen.

Für das **Beispielunternehmen** (siehe Kapitel 5 Planung des Beispielunternehmens Kfz-Zulieferer GmbH) ergeben sich die folgenden Liquiditätsgrade:

Liquidität 2. Grades		t-2	t-1	t
Zähler	Liquide Mittel	4.452,24	30,56	64,64
	+ Forderungen und sonstige Vermögensgegenstände	+8.165,12	+10.337,68	+18.068,96
	+ aktive Rechnungsabgrenzungsposten	+23,84	+30,40	+41,04
		=12.641,20	=10.398,64	=18.174,64
Nenner	Kurzfristige Verbindlichkeiten	6.815,52	9.738,16	8.427,12
Ergebnis	Dividende · 100	185,5%	106,8%	126,4%

Das Beispielunternehmen weist im Zeitpunkt t-2 eine Liquidität zweiten Grades von 185,5% auf. Der massive Rückgang der liquiden Mittel im Umlaufvermögen führt auch hier dazu, dass in den Perioden t-1 und t ein Rückgang der Liquidität zu verzeichnen ist. Allerdings kann eine Steigerung der Forderungen und sonstigen Vermögensgegenstände in t die Liquidität 2. Grades wieder deutlich verbessern.

6.4.3 Liquidität III

Die Liquidität dritten Grades (engl. „Current Ratio") setzt das gesamte Umlaufvermögen in Relation zu dem kurzfristigen Fremdkapital. Demnach wird der Zähler im Vergleich zu der Liquidität zweiten Grades noch um die Vorräte erweitert, da sie als Basis der zukünftigen Umsatzerlöse eines Unternehmens definiert werden können.[46]

$$\textbf{Liquidität 3. Grades} = \frac{\text{liquide Mittel} + \text{kurzfr. Forderungen} + \text{Vorräte}}{\text{kurzfristige Verbindlichkeiten}}$$

Die Vorräte setzen sich hierbei aus den Fertigerzeugnissen und Waren zusammen, nicht jedoch aus Rohstoffen oder Halbfabrikaten, da diese noch keine verkaufsfähigen Produkte darstellen und in der

[46] Vgl. Langenbeck, J.: Bilanzanalyse, Ludwigshafen 2002, S. 114.

Regel mit weiteren Auszahlungen verbunden sind. Die Ergänzung um die Positionen der Vorräte findet statt, da die Vorräte früher oder später zu Umsatzerlösen umgewandelt werden. Dies führt wiederum zu Kundenforderungen, die ultimativ einen Liquiditätszufluss ergeben Die Kennzahl soll Hinweise darüber geben, inwieweit die kurzfristigen Verbindlichkeiten durch das gesamte liquidierbare Umlaufvermögen abgedeckt werden können.

- **Liquidität dritten Grades = 100%:** Aufbauend auf der Liquidität zweiten Grades wäre dieser Wert deutlich zu gering, da ein noch größerer Risikopuffer notwendig ist (umfassendste Liquidität)
- **Liquidität dritten Grades < 100%:** Ein Teil des langfristigen Vermögens wurde kurzfristig finanziert. Dies würde gegen die „goldene Bilanzregel" verstoßen, wonach langfristiges Vermögen stets langfristig finanziert sein sollte (siehe Kapitel 6.5 Deckungsstrukturanalyse)
- **Liquidität dritten Grades > 100%:** Dieser Wert sollte unbedingt erreicht werden. Die Kennzahl sollte im Optimalfall zwischen 160 und 230% liegen, da nun auch das Vermarktungs- und Produktionsrisiko auf die Kennziffer Einfluss nehmen können und folglich ein hoher Risikopuffer eingeplant werden muss.

Eine sichere Aussage über die Liquiditätsentwicklung kann auch mit dieser Kennzahl nicht getroffen werden.

Die Liquidität dritten Grades sollte immer mindestens 120% notieren. Werte von 120% oder höher zeigen, dass das Unternehmen genügend liquide Mittel besitzt, um seine kurzfristigen Verbindlichkeiten zu bedienen. Des Öfteren wird die Einhaltung eines Verhältnisses von 2:1 („two-to-one-rate") gefordert, da die natürliche Liquidität großer Teile des Umlaufvermögens oft länger als ein Jahr beträgt. Allerdings sollten solch hohe Werte nur für den Fall erreicht werden, dass die Vorratsbestände auch werthaltig sind und somit „echte" Sicherheiten für die Kreditgeber bieten. Andernfalls drohen durch die großen Bestände Unwirtschaftlichkeiten infolge hoher Lagerhaltungskosten. Analog zu den zuvor behandelten Liquiditätskennzahlen ergeben sich auch bei der Liquidität dritten Grades einige Probleme bei deren Interpretation. Wie bereits beschrieben, dürfen nur Fertigfabrikate und keine Rohstoffe oder Halbfabrikate in die Bildung der Kennzahl einbezogen werden. Darüber hinaus sollten sogenannte „Ladenhüter" nicht in die Berechnung einfließen. Zudem ist die Produktion unter Umständen zeitaufwändig und beinhaltet zusätzliches Risiko. Die Aussagekraft der Liquidität dritten Grades kann des Weiteren durch die Bewertungsmethoden bei den Vorräten beeinflusst werden (Lifo, Hifo etc.). Als weiterer Kritikpunkt wird die Manipulationsanfälligkeit der Kennzahl durch die Aufnahme langfristiger Kredite genannt. Dadurch können einerseits die kurzfristigen Verbindlichkeiten (Nennergröße) herabgesetzt werden (Substitution) und andererseits die liquiden Mittel (Zählergröße) erhöht werden. Diese beiden Effekte wirken sich auf die Höhe der Kennzahl aus. Die Liquidität dritten Grades ist an der angloamerikanischen Working-Capital-Betrachtung angelehnt, welche nachfolgend dargestellt wird.

Für das **Beispielunternehmen** (siehe Kapitel 5 Planung des Beispielunternehmens Kfz-Zulieferer GmbH) ergeben sich die folgenden Liquiditätsgrade:

Liquidität 3. Grades		t-2	t-1	t
Zähler	Liquide Mittel	4.452,24	30,56	64,64
	+ Forderungen und sonstige Vermögensgegenstände	+8.165,12	+10.337,68	+10.543,84
	+ aktive Rechnungsabgrenzungsposten	+23,84	+30,40	+41,04
	+Vorräte	+4.643,76	+6.660,32	+7.460,48
		=17.284,96	=17.058,96	=18.110,00
Nenner	Kurzfristige Verbindlichkeiten	6.815,52	9.738,16	8.427,12
Ergebnis	Dividende · 100	253,6%	175,2%	214,9%

Das Unternehmen weist im Zeitpunkt t-2 einen Liquiditätsgrad von 253,6% auf. Wie bei der Berechnung der anderen Liquiditätsgrade erfolgt auch hier in der Periode t-1 und t ein Rückgang der Liquidität. Auch hier liegt der Grund im Rückgang der liquiden

Mittel im Zeitpunkt t-1 und t. Allerdings wirkt sich auch hier die Steigerung der Forderungen und sonstigen Vermögensgegenstände sowie der Vorräte in t positiv auf die Liquidität 3. Grades aus.

6.4.4 Working Capital

Das Working Capital hat die Aufgabe die Liquidierbarkeit des kurzfristigen Vermögens zur Deckung des kurzfristigen Fremdkapitals zu ermitteln. Es zeigt dazu den Überschuss des Umlaufvermögens, welches kurzfristig zu liquiden Mitteln gemacht werden kann, über das kurzfristige Fremdkapital.[47]

Dabei dient das Working Capital als Indikator für die Finanzkraft sowie die Ertragskraft eines Unternehmens. Einerseits können durch die Betrachtung des Working Capital Aussagen über die fristenkongruente Finanzierung getroffen werden und andererseits lassen sich Feststellungen über die Höhe des schnell liquidierbaren Umlaufvermögens, welches zu Erträgen führt, ableiten.[48] Die Kennzahl berechnet sich aus dem Umlaufvermögen abzüglich des kurzfristigen Fremdkapitals. Der Quotient des Working Capital wird als Working Capital Ratio bezeichnet und hat einen ähnlichen Aussagegehalt wie die Liquidität dritten Grades.

$$\textbf{Working Capital} = \text{Umlaufvermögen} - \text{kurzfristige Verbindlichkeiten}$$

$$\textbf{Working Capital Ratio} = \frac{\text{Umlaufvermögen}}{\text{kurzfristige Verbindlichkeiten}}$$

$$\textbf{Working Capital (IFRS)} = \text{Current Assets} - \text{Current Liabilities}$$

$$\textbf{Net Working Capital} = \text{Umlaufvermögen} - \text{liquide Mittel} - \text{Verbindl. aus L. u. L.}$$

Das Umlaufvermögen sollte dabei alle Vermögensgegenstände beinhalten, die innerhalb eines Jahres monetisiert werden können. Nach **IAS 5** sind diese Vermögensgegenstände unter der Position Current Assets auszuweisen. Da die Kennzahl zur Abschätzung des Liquiditätspotenzials herangezogen wird, ist es sinnvoll, die stillen Reserven zu addieren, sofern diese bekannt sind.

---

47 Vgl. Wöltje, J.: Betriebswirtschaftliche Formelsammlung, 5. Aufl., Freiburg 2011, S. 174.

48 Vgl. Langenbeck, J.: Bilanzanalyse, Ludwigshafen 2002, S. 115.

Das Ergebnis des Working Capital sollte möglichst positiv sein, was bedeutet, dass ein Teil des Umlaufvermögens mit langfristig zur Verfügung stehendem Kapital finanziert ist (Working Capital Ratio > 1). Ist das Ergebnis hingegen negativ, so reicht das Umlaufvermögen nicht aus, um die gesamten kurzfristigen Verbindlichkeiten zu decken. In diesem Fall müssen (theoretisch) Teile des Anlagevermögens bzw. der Geschäftsidee liquidiert werden, um den Verbindlichkeiten nachzukommen. Dies ist gleichbedeutend damit, dass Teile des Anlagevermögens kurzfristig finanziert sind, was gegen die „goldene Bilanzregel" verstößt. Ein negatives Working Capital entsteht demnach, wenn die Fristenkongruenz nicht eingehalten wird und langfristiges Vermögen zum Teil durch risikobehaftetes, kurzfristiges Kapital finanziert ist. Risikobehaftet meint in diesem Zusammenhang eine unsichere Anschlussfinanzierung, die möglicherweise sogar noch teurer – als die bisherige Finanzierung – sein kann. Generell lässt sich sagen: Je höher das Working Capital, desto gesicherter ist die Liquidität und desto höher ist auch die Flexibilität des Unternehmens. Ein zu hohes Working Capital kann allerdings die Eigenkapitalrentabilität negativ beeinflussen.

In der Praxis sollte das Working Capital stets einen positiven Wert aufweisen. Für die Working Capital Ratio ist ein Wert größer als 133,3% anzustreben, d.h. die kurzfristigen Verbindlichkeiten dürfen höchstens 75% des Umlaufvermögens betragen.[49] Eine Verbesserung des Working Capital kann durch günstigere Einkäufe, durch vereinbarte Vorauszahlungen sowie durch eine generelle Verbesserung des Zahlungseingangs bzw. Forderungsmanagements herbeigeführt werden. Eine Verschlechterung des Working Capital resultiert häufig aus der vermehrten Inanspruchnahme von Krediten.

Neben dem Working Capital wird häufig noch das Net Working Capital (Nettoumlaufvermögen) berechnet. Das Net Working Capital (NWC) zeigt, welcher Teil des Umlaufvermögens für das Unternehmen Umsätze generiert, ohne im engeren Sinne Kapitalkosten zu verursachen. Im Gegensatz zum Working Capital findet bei der Berechnung des Net Working Capital eine Korrektur des Umlaufvermögens um die liquiden Mittel statt.

49 Vgl. Preißler, P.: Betriebswirtschaftliche Kennzahlen, München 2008, S. 129.

Das Working Capital Ratio hat eine ähnliche Aussagekraft wie die Liquidität dritten Grades. Grundsätzlich sollte dieses nie unter 100% fallen, Werte von 130% oder höher sind zu favorisieren. Wie bereits beschrieben, ist unter diesen Umständen ein Teil des Umlaufvermögens langfristig finanziert. Dies ist ein Zustand der angestrebt werden sollte, da das betrachtete Unternehmen dann nicht direkt in Liquiditätsengpässe gerät, falls sich bspw. ein Teil der Vorräte nachträglich als nicht absetzbar herausstellt. Bei einem Working Capital Ratio unter 100% ist die finanzielle Stabilität des Unternehmens gefährdet, da dann ein Verstoß gegen die „goldene Bilanzregel" vorliegt. Auch bei dem Working Capital Ratio gibt es die sogenannte „bankers rule", welche eine Quote von 200% („two-to-one-rate") vorsieht. Es gilt jedoch zu beachten, dass es auch hier keinen allgemein „richtigen" Wert für alle Unternehmen gibt. Vielmehr stellt sich die Aufgabe bei der Wahl der Finanzierungsstruktur zwischen Kosten- und Planungsvorteilen einer langfristigen Finanzierung des Umlaufvermögens und der Anpassungsflexibilität an konjunkturelle Einflüsse bzw. Schwankungen abzuwägen. Daher können Kennzahlen wie das Ratio Working Capital zu Umsatz (sog. Working-Capital-Intensität) die Analyse sinnvoll ergänzen. Diese fungiert als Indikator für einen effizienten Kapitaleinsatz.

Für das **Beispielunternehmen** (siehe Kapitel 5 Planung des Beispielunternehmens Kfz-Zulieferer GmbH) ergeben sich die folgenden Working Capital Ratios:

Working Capital Ratio		t-2	t-1	t
Zähler	Vorräte	4.643,76	6.660,32	7.460,48
	+ Forderungen & sonst. Vermögensgegenstände	+8.165,12	+10.337,68	+10.543,84
	+ liquide Mittel	+4.452,24	+30,56	+64,64
	+ aktive Rechnungsabgrenzungsposten	+23,84	+30,40	+41,04
	= Umlaufvermögen	=17.284,96	=17.058,96	=18.110,00

Nenner	Kurzfristige Verbindlichkeiten	6.815,52	9.738,16	8.427,12
Ergebnis	Dividende · 100	253,6%	175,2%	214,9%

Das Beispielunternehmen weist zum Zeitpunkt t-2 eine Working Capital Ratio von 253,6% auf. Der Rückgang im Zeitpunkt t-1 resultiert aus dem Rückgang des Umlaufvermögens und der gleichzeitigen Erhöhung der kurzfristigen Verbindlichkeiten. Der Anstieg der Working Capital Ratio im Zeitpunkt t ergibt sich aus dem Anstieg des Umlaufvermögens sowie dem Rückgang des Umlaufvermögens.

Für das **Beispielunternehmen** (siehe Kapitel 5 Planung des Beispielunternehmens Kfz-Zulieferer GmbH) ergeben sich die folgenden Net Working Capitals:

Net Working Capital	t-2	t-1	t
Umlaufvermögen	17.284,96	17.058,96	18.110,00
- liquide Mittel	-4.452,24	- 30,56	- 64,64
- Steuerrückstellungen	-90,88	- 425,84	- 155,28
- sonstige Rückstellungen	-1.932,72	- 2.175,36	- 2.341,84
- erhaltene Anzahlungen auf Bestellungen	-7,04	- 21,60	- 26,32
- Verbindlichkeiten aus Lieferungen und Leistungen	-1.574,40	- 1.807,92	- 1.296,24
- sonstige Verbindlichkeiten	-3.086,72	- 3.730,08	- 2.350,48
- passive Rechnungsabgrenzungsposten	-19,76	- 9,68	- 77,12
- passive latente Steuern	-74,40	- 700,32	- 690,24
Ergebnis	6.046,80	8.157,60	11.107,84

Im Zeitpunkt t-2 ergibt sich ein Net Working Capital von 6.046,80 TEUR. Ein massiver Anstieg ergibt sich in den Perioden t-1 und t. Hier erhöht sich das Net Working Capital auf 8.157,60 TEUR sowie auf 11.107,84 TEUR im Zeitpunkt t. Der Anstieg in beiden Perioden ergibt sich aus einer Erhöhung des Umlaufvermögens sowie einem Rückgang der kurzfristigen Verbindlichkeiten.

6.4.5 Probleme der Liquiditätsanalyse

Der Aussagegehalt der Liquiditätskennzahlen ist auf die kurzfristige Liquiditätsanalyse beschränkt. Gründe für den beschränkten Einblick in die Liquiditätssituation eines Unternehmens ergeben sich aus den folgenden Aspekten:

- Der Jahresabschluss liefert nur zum Bilanzstichtag ein tatsächliches Bild über das Unternehmen. Dabei handelt es sich bereits um einen Zeitpunkt, der in der Vergangenheit liegt, weshalb eine Aussage über die Zukunft nur prognostiziert werden kann. Von einer Kausalität der Liquidität am Bilanzstichtag und der zukünftigen Liquidität kann nicht ausgegangen werden.
- Informationen über die Fristigkeit einzelner Bilanzpositionen sind oftmals zu ungenau und grob. Bei den Vermögensgegenständen wird z.B. nur zwischen größer bzw. kleiner einem Jahr differenziert. Bei den Verbindlichkeiten wird zusätzlich noch die Fristigkeit größer fünf Jahre betrachtet. Dies hat zur Folge, dass in den „kurzfristigen Verbindlichkeiten" (< 1 Jahr) Positionen enthalten sind, die kurz nach dem Stichtag fällig sind, andere jedoch erst Monate später beglichen werden müssen[50].
- Die Betrachtung von nicht ausgeschöpften Kreditlinien fehlt bei der kurzfristigen Liquiditätsanalyse.
- Die korrespondierenden Größen aus der GuV werden bei der Berechnung der Liquiditätsgrößen außer Acht gelassen. So werden bspw. Löhne, Gehälter und Mieten, welche kurz nach dem Bilanzstichtag fällig und mit dem Abfluss liquider Mittel verbunden sind, nicht in der Liquiditätsanalyse berücksichtigt.
- Die Stichtagsbezogenheit der Bilanz schränkt die Aussagefähigkeit der Liquiditätsanalyse insofern zusätzlich ein, als dass sich zwischen dem Stichtag und dem Analysezeitpunkt die grundlegende Situation wegen der in der Regel schnellen Umschlagshäufigkeit des Umlaufvermögens bereits maßgeblich geändert haben kann. Das zur Verfügung stehende Datenmaterial ist somit bei der Analyse häufig schon längst überholt.

---

[50] Vgl. Gräfer, H.: Bilanzanalyse, 13. Aufl., Herne 2016, S. 73.

- Die Liquiditätskennziffern sollten stets im intertemporalen Vergleich und Branchenkontext mit den Konkurrenzunternehmen untersucht werden. Durch eine damit einhergehende Abweichungsanalyse können aussagekräftige Erkenntnisse über die Liquiditätslage des Unternehmens gewonnen werden.
- Informationsasymmetrien zwischen Management und dem externen Analysten erschweren die Analyse zusätzlich. Diese können z.B. durch unterschiedliche Nutzung der Bewertungswahlrechte des Vorratsvermögens entstehen (Vgl. Kapitel 1.5 Informationsasymmetrien als Herausforderung an die Jahresabschlussanalyse).

6.5 Deckungsstrukturanalyse

Bei der Analyse des Deckungsgrades handelt es sich um lang- und mittelfristige Kennzahlen zur Liquiditätsanalyse. Die Deckungsgrade geben dem externen Analysten Auskunft über die Mittelverwendung (Aktiva) und die Mittelherkunft (Passiva) des Unternehmens. Sie sind somit Teil der **Horizontalstrukturanalyse**. Im Zusammenhang mit dem Deckungsgrad wird oftmals von der goldenen Finanzierungs- bzw. goldenen Bilanzregel gesprochen. Durch die goldene Bilanzregel wird das Prinzip der Fristenkongruenz zum Ausdruck gebracht. Sie fordert, dass die Bindungsdauer der investierten Mittel (investierte Geschäftsidee) mit der entsprechenden Kapitalüberlassungsdauer übereinstimmen müssen, damit die Liquidität (dauerhaft) aufrechterhalten werden kann. Formal lässt sich dieser Zusammenhang wie folgt ausdrücken:

$$\frac{\text{langfristiges Vermögen}}{\text{langfristiges Kapital}} \leq 1$$

$$\frac{\text{kurzfristiges Vermögen}}{\text{kurzfristiges Kapital}} \geq 1$$

Der externe Analyst kann die Einhaltung der goldenen Bilanzregel durch ein Unternehmen indes nicht überprüfen, da hierfür von der Bilanz zu wenige Informationen zur Verfügung gestellt werden.

Dabei ist die Definition von langfristigem Vermögen von zentraler Bedeutung. Eine Untergliederung, wonach Anlagevermögen i.S.v. § **247 Abs. 2 HGB** langfristig ist und Umlaufvermögen im Umkehrschluss kurzfristig, greift unter Umständen zu kurz. Ebenso könnten z.B. eiserne Bestände an Vorräten unter langfristiges Vermögen subsumiert werden. Nach den IFRS wird die Informationsgewinnung dahingehend erleichtert, als eine Gliederung der Vermögensgegenstände und Schulden entsprechend der Fristigkeit in lang- und kurzfristiges Vermögen (Current und Noncurrent Assets) bzw. Fremdkapital (Current und Noncurrent Liabilities) erfolgt.

In den nachfolgenden Kapiteln werden die Deckungsgrade A, B und C sowie deren Bedeutung und Interpretation dargestellt. Die Kennzahlen dienen hierbei einerseits als Mindestvoraussetzung zur Sicherstellung der dauerhaften Zahlungsfähigkeit eines Unternehmens (Operationalisierung der goldenen Bilanzregel) und andererseits als Maß der Risikobegrenzung aus der Perspektive der Fremdkapitalgeber.

6.5.1 Deckungsgrad A

Der Deckungsgrad A ist das Eigenkapital in Relation zum Anlagevermögen. Dabei ist der Deckungsgrad A ein Maßstab für die Beurteilung der Kapitalausstattung und damit der finanziellen Stabilität des Unternehmens.[51] Der externe Analyst erhält bei Betrachtung dieser Kennzahl Auskunft darüber, inwieweit das Anlagevermögen durch das Eigenkapital gedeckt wird. Hierdurch kann eine Aussage über die Einhaltung der goldenen Bilanzregel, welche besagt, dass langfristiges Vermögen auch langfristig finanziert sein sollte, gemacht werden.

$$\textbf{Deckungsgrad A} = \frac{\text{Eigenkapital}}{\text{Anlagevermögen}} \times 100$$

Der Richtwert für den Deckungsgrad A beträgt 80% - 100%. Bei einem Wert ab 100% wird das Anlagevermögen vollständig durch Eigenkapital und somit langfristig finanziert.[52] Da sich der Deckungsgrad A lediglich mit dem Verhältnis von Eigenkapital und Anlagevermögen beschäftigt – zu dem langfristigen Kapital jedoch auch das langfristige Fremdkapital hinzugerechnet werden muss – sind hier auch Werte unter 100% vertretbar. Bei einem produzierenden Unternehmen liegt der Zielbereich dieser Kennziffer meist zwischen 50% und 70%. Werden 100% erreicht, so ist die goldene Bilanzregel im engeren Sinne erfüllt.

---

[51] Vgl. Langenbeck, J.: Bilanzanalyse, Ludwigshafen 2002, S. 110 f.

[52] Vgl. Wöltje, J.: Betriebswirtschaftliche Formelsammlung, 5. Aufl., Freiburg 2011, S. 176.

Wie oben beschrieben, können aus Sichtweise der Fremdkapitalgeber die Deckungsgrade als Maßstab der Risikobegrenzung gesehen werden, da das Risiko einer Investition mit zunehmender Investitionsdauer steigt. Dies ist der Fall, da die zukünftige Entwicklung auf lange Sicht schwieriger vorherzusagen und somit mit Unsicherheit behaftet ist. Insofern fordern die Fremdkapitalgeber häufig, dass zumindest große Teile der langfristig gebundenen Vermögensgegenstände durch Eigenkapital finanziert sein müssen. Dadurch kann das Risiko der Fremdkapitalgeber begrenzt und auf die Eigenkapitalgeber verteilt werden.

Für das **Beispielunternehmen** (siehe Kapitel 5 Planung des Beispielunternehmens Kfz-Zulieferer GmbH) ergeben sich die folgenden Deckungsgrade A:

Deckungsgrad A		t-2	t-1	t
Zähler	Gezeichnetes Kapital	5.068,80	5.068,80	5.068,80
	+ Kapitalrücklage	+9.666,16	+9.666,16	+9.666,16
	+ Gewinnrücklage	+13.999,28	+16.970,96	+19.244,16
	+ Bilanzgewinn	+1.774,08	+2.971,68	+2.249,20
	= Eigenkapital	=30.508,32	=34.677,60	=36.228,32
Nenner	Immaterielle Vermögensgegenstände	78,96	235,36	311,92
	+ Sachanlagen	+16.077,44	+17.985,84	+19.396,56
	+ Finanzanlagen	+20.531,20	+28.722,40	+29.051,28
	= Anlagevermögen	=36.687,60	=46.943,60	=48.759,76
Ergebnis	Dividende · 100	83,2%	73,9%	74,3%

Im Zeitpunkt t-2 beträgt der Deckungsgrad A 83,2%. Ein Absinken des Deckungsgrades A erfolgt in der Periode t-1 auf 73,9%. In Periode t steigt der Koeffizient wieder schwach an auf 74,3%. Der Rückgang in t-1 resultiert aus einem starken Anstieg des Anlagevermögens, welcher jedoch durch den gleichzeitigen Anstieg des Eigenkapitals teilweise kompensiert wird.

6.5.2 Deckungsgrad B

Der Deckungsgrad B setzt die Summe aus Eigenkapital und langfristigem Fremdkapital in Relation zum Anlagevermögen. Im Gegensatz zum Deckungsgrad A berücksichtigt der Deckungsgrad B demnach neben dem Eigenkapital das langfristige Fremdkapital. Dabei gibt der Deckungsgrad B Auskunft darüber, inwieweit das langfristige Vermögen durch langfristiges Kapital gedeckt ist. Langfristiges Fremdkapital wie Pensionsrückstellungen oder Festhypotheken sichern eine Investition fast so gut ab wie das Eigenkapital.

$$\textbf{Deckungsgrad B} = \frac{\text{Eigenkapital} \atop + \text{langfristigesFremdkapital}}{\text{Anlagevermögen}} \text{x } 100$$

Die Werte der Kennzahl lassen sich wie folgt interpretieren:

- **Deckungsgrad B = 100%:** Ein Deckungsgrad B in Höhe von 100% bedeutet, dass der Wert des Anlagevermögens exakt so hoch ist wie das langfristig zur Verfügung stehende Kapital des Unternehmens. Es sollte jedoch ein Wert von über 100% erreicht werden, da Teile des Umlaufvermögens („eiserne Bestände") ebenfalls langfristig finanziert werden müssen.
- **Deckungsgrad B < 100%:** Falls der Deckungsgrad B kleiner als 100% ist, so übersteigt das Anlagevermögen die absolute Höhe des langfristigen Kapitals und ist somit zum Teil kurzfristig finanziert. Hier drohen die gleichen Gefahren wie bei einem negativen Working Capital (Vgl. Kapitel 6.4.4 Working Capital).
- **Deckungsgrad B > 100%:** In diesem Fall übersteigt das langfristige Kapital die Mittelbindung in den Anlagegegenständen. Dieser Zustand ist wünschenswert, da hierdurch mehr langfristiges Eigen- und Fremdkapital vorhanden ist und somit sowohl das Anlagevermögen als auch Teile des Umlaufvermögens langfristig finanziert sind.

Der Deckungsgrad B sollte deutlich über 100% liegen. Ein Wert unter 100% kann nur kurzzeitig toleriert werden, da das Unternehmen bei Fälligkeit kurzfristiger Verbindlichkeiten in Zahlungsschwierigkeiten geraten könnte (Insolvenzgefahr). Grund hierfür ist, dass dann das Anlagevermögen zum Teil kurzfristig finanziert ist und somit das Umlaufvermögen nicht ausreicht um die kurzfristigen Verbindlichkeiten zu decken. Der Richtwert für diese Kennzahl sollte zwischen 100% und 150% liegen. Je weiter der Deckungsgrad über 100% liegt, desto mehr wird neben dem Anlagevermögen auch das Umlaufvermögen durch langfristiges Kapital finanziert. Bei Lagerbeständen, Rohstoffen und Forderungen macht diese Art der Finanzierung des betriebsnotwendigen Umlaufvermögens Sinn, da diese häufig in Form eines Sockelbetrages („eiserne Bestände") auch langfristig in der Bilanz stehen. Dies hat eine erhöhte finanzielle Stabilität für das Unternehmen zur Folge. Verallgemeinert lässt sich sagen, je höher der Deckungsgrad B ausfällt, umso solider ist die Finanzierung des Unternehmens.[53] Eine Verbesserung des Deckungsgrad B kann durch den Verkauf von Anlagevermögen, durch eine verbesserte Eigenkapitalausstattung oder durch Leasing von Anlagevermögen herbeigeführt werden. Eine Verschlechterung resultiert oftmals daraus, dass Betriebserweiterungen nicht in vollem Umfang langfristig finanziert wurden, Kapital entnommen oder ein Verlust erwirtschaftet wurde[54].

Ein Deckungsgrad B von unter 100% ist ein deutliches Warnsignal. Generell zeigt ein hoher Deckungsgrad B, dass das Unternehmen langfristig über eine solide Vermögensstruktur verfügt. Der Anlagendeckungsgrad B sagt einiges über die Finanzierungsstruktur und deren Qualität aus. Das Urteil darf jedoch nicht ausschließlich von dem Wert der Kennzahl abhängig gemacht werden. Es ist notwendig seitens des externen Analysten unternehmensspezifische Besonderheiten bei der Interpretation zu berücksichtigen. Bspw. können branchenspezifische Risiken dazu führen, dass ein generell höherer Eigenkapitalanteil als Risikopuffer in diesem Kontext erforderlich ist. Um zu einem Urteil über die „optimale" Finanzierung bzw. der Siche-

---

[53] Vgl. Gräfer, H.: Bilanzanalyse, 13. Aufl., Herne 2016, S. 90.

[54] Vgl. Ossola-Haring, C.: Handbuch Kennzahlen für Unternehmensführung, 3. Aufl., Landsberg am Lech 2006, S. 13.

rung der Liquidität zu gelangen, sollten zusätzlich zu den bisher angestellten Überlegungen auch Rentabilitätsüberlegungen bedacht und vor allem die spezifische Geschäftsidee des Unternehmens betrachtet werden.

Für das **Beispielunternehmen** (siehe Kapitel 5 Planung des Beispielunternehmens Kfz-Zulieferer GmbH) ergeben sich die folgenden Deckungsgrade B:

Deckungsgrad B		t-2	t-1	t
Zähler	Eigenkapital	30.508,32	34.677,60	36.228,32
	+langfristiges Fremdkapital (= Verbindlichkeiten gegenüber Kreditinstituten)	+12.380,96	+15.102,00	+17.683,28
		=42.889,28	=49.779,60	=53.911,60
Nenner	Immaterielle Vermögensgegenstände	78,96	235,36	311,92
	+ Sachanlagen	+16.077,44	+17.985,84	+19.396,56
	+ Finanzanlagen	+20.531,20	+28.722,40	+29.051,28
	= Anlagevermögen	=36.687,60	=46.943,60	=48.759,76
Ergebnis	Dividende · 100	116,9%	106,0%	110,6%

Das Beispielunternehmen weist im Zeitpunkt t-2 einen Deckungsgrad B von 116,9% auf. In der Periode t-1 fällt der Deckungsgrad B auf 106%. Dies ist auf den starken Anstieg des Anlagevermögens in Periode t-1 zurückzuführen. In t steigt der Deckungsgrad B auf 110,6%, da das Eigenkapital im Verhältnis stärker steigt als das Anlagevermögen.

6.5.3 Deckungsgrad C

Der Deckungsgrad C berücksichtigt im Vergleich zum Deckungsgrad B im Nenner zusätzlich die Vorräte eines Unternehmens. Demnach erlaubt der Deckungsgrad C eine Aussage darüber, ob das

Anlagevermögen und die Vorräte durch das Eigenkapital und das langfristige Fremdkapital finanziert sind.

$$\textbf{Deckungsgrad C} = \frac{\text{Eigenkapital} \\ + \text{langfristiges Fremdkapital}}{\text{Anlagevermögen} + \text{Vorräte}} \text{ x } 100$$

Als Richtwert sollte der Deckungsgrad C idealerweise einen Wert größer als 100% aufweisen. Dies bedeutet, dass sowohl das Anlagevermögen als auch die Vorräte („eiserne Bestände“) langfristig finanziert sind. In der Regel liegen jedoch keine zuverlässigen Informationen darüber vor, in welchem Zeitraum die Vorräte in liquide Mittel umgewandelt werden können. Zudem liegen auch keine sicheren Informationen darüber vor, ob die Vorräte des Unternehmens überhaupt absetzbar sind. Aus diesen Gründen ist die Aussagekraft des Deckungsgrades B zuverlässiger.

Für das **Beispielunternehmen** (siehe Kapitel 5 Planung des Beispielunternehmens Kfz-Zulieferer GmbH) ergeben sich die folgenden Deckungsgrade C:

Deckungsgrad C		t-2	t-1	t
Zähler	Eigenkapital	30.508,32	34.677,60	36.228,32
	+ langfristiges Fremdkapital (= Verbindlichkeiten gegenüber Kreditinstituten)	+12.380,96	+15.102,00	+17.683,28
		=42.889,28	=49.779,60	=53.911,60
Nenner	Anlagevermögen	36.687,60	46.943,60	48.759,76
	+ Vorräte (=Umlaufvermögen)	+4.643,76	+6.660,32	+7.460,48
		=41.331,36	=53.603,92	=56.220,24
Ergebnis	Dividende · 100	103,8%	92,9%	95,9%

Der Deckungsgrad C beträgt in der Periode t-2 103,8%. Der hohe Anstieg des Anlagevermögens und der Vorräte in t-1 führt zu eine fallenden Deckungsgrad in t-1. In t steigt der Deckungsgrad C wieder auf 95,9% an, da hier das Eigenkapital zusammen mit dem langfristigen Fremdkapital stärker ansteigt als das Anlagevermögen inklusive der Vorräte.

6.5.4 Einflussfaktoren auf die Deckungsstrukturanalyse

In dem nachfolgenden Abschnitt sollen einige Faktoren aufgezeigt werden, welche den Aussagegehalt der Deckungsstrukturanalyse maßgeblich beeinflussen können:

- **Verringerung des Sachanlagevermögens:** Die Verringerung des Sachanlagevermögens im Zeitverlauf deutet auf eine Schrumpfung der Geschäftstätigkeit und/oder eine pessimistische Einschätzung der künftigen Beschäftigung hin.
- **Beteiligungen:** Ein Anstieg der Beteiligungen kann ein Indiz für eine mögliche Geschäftsverlagerung oder für Risikostreuung durch Diversifikation sein.
- **Vorräte:** Eine Veränderung der Vorräte kann ein Hinweis auf eine Beschäftigungsveränderung sein. Steigende Roh-, Hilfs- und Betriebsstoffe bei Sinken der Bestände an fertigen Erzeugnissen deuten auf eine gute Absatzlage hin. Der umgekehrte Fall deutet hingegen auf Schwierigkeiten am Absatzmarkt hin.
- **Steigende Forderungen:** In dem kurzfristig gebundenen Umlaufvermögen muss besonders den Forderungen erhöhte Aufmerksamkeit geschenkt werden, da hier Verlustgefahren durch potenzielle Forderungsausfälle drohen. Ein Anstieg der Forderungen weist auf die Belieferung von (nur) gering solventen Kunden hin und erhöht den absoluten Umfang der kumulierten Ausfallrisiken[55].

6.5.5 Kritik an der Deckungsstrukturanalyse

Es erscheint sehr fraglich, ob mit Hilfe von Finanzierungsregeln wie der goldenen Finanzierungs- und Bilanzregel eine optimale Finanzierung sichergestellt werden kann. Wesentliche Kritikpunkte an der Deckungsstrukturanalyse werden nachfolgend erläutert:

---

[55] Vgl. Gräfer, H.: Bilanzanalyse, 13. Aufl., Herne 2016, S. 91.

- Die vorstehenden Finanzierungskennzahlen sind nur theoretischer Natur. Sie tragen der primären Zielvorstellung der Shareholder – dem Streben nach hoher Rentabilität – nicht ausreichend Rechnung.
- Die Aufgliederung der Bilanzpositionen nach Fristigkeiten ist sehr ungenau. So ist nicht sichergestellt, dass sich die jeweiligen Vermögensteile so schnell liquidieren lassen, wie dies für die Kapitalrückzahlung auch verlangt wird.
- Die aus dem Umsatzprozess freigesetzte Liquidität muss neben der Rückzahlung des ursprünglich investierten Kapitals auch für die Aufrechterhaltung des Betriebsprozesses ausreichen. Die Zahlungsfähigkeit des Unternehmens ist also nur gewährleistet, wenn nach der Liquidation der Vermögensteile kein neues Kapital benötigt wird. Sollte diese Prämisse in den Deckungsgraden und dem Grundsatz der Fristenkongruenz nicht berücksichtigt sein, so gerät das Unternehmen bei Fälligkeit der Kredite in Zahlungsschwierigkeiten, weil dann nicht alle Gläubiger befriedigt werden können oder die betrieblichen Mittel zur Aufrechterhaltung der Produktion fehlen.

6.6 Cash-Flow Analyse

Bei einem Cash-Flow handelt es sich per Definition um eine Kennzahl, die den Überschuss der laufenden operativen Einzahlungen über die laufenden operativen Auszahlungen der Unternehmung beschreibt. Daher handelt es sich bei der Cash-Flow-Analyse um eine stromgrößenorientierte Liquiditätsanalyse. Bisher fand die Analyse hingegen nur mit rein statischem Datenmaterial statt. Dieser Umstand birgt zwei Schwächen:

- Das statische Bilanzmaterial lässt nicht erkennen, inwieweit das Unternehmen aus eigener Kraft, d.h. ohne Zuführung von Eigen- oder Fremdkapital, in der Lage ist finanzielle Mittel zu akquirieren.
- Nach HGB erstellte Jahresabschlüsse sind auf die Ermittlung eines ausschüttungsfähigen Gewinns unter dem Aspekt der Kapitalerhaltung und des Gläubigerschutzes ausgerichtet. Der Gewinn resultiert letztlich jedoch aus der Gegenüberstellung von Aufwendungen und Erträgen. Da die Liquidität und der Gewinn auseinanderklaffen, ist für eine Aussage über die Finanzlage eine Ge-

genüberstellung von Ein- und Auszahlungen der Periode erforderlich.

Der Cash-Flow kann zum einen zur Analyse der Finanzkraft und zum anderen zur Analyse der Ertragskraft (Liquiditätsgenerierung durch die Geschäftsidee) eines Unternehmens verwendet werden. Darüber hinaus ist mithilfe des Cash-Flows eine Aussage über die Kreditwürdigkeit sowie die Expansionsfähigkeit möglich. Der Cash-Flow wird im Deutschen oftmals auch als Finanzüberschuss oder Kassenüberschuss bezeichnet. Der gesamte Cash-Flow erlaubt eine Zuordnung auf die folgenden drei Bereiche:

- **Operativer Cash-Flow:** Ergibt sich aus den generierten Zahlungsüberschüssen der laufenden Geschäftstätigkeit bzw. der ureigenen Geschäftsidee
- **Investitions-Cash-Flow:** Enthält Mittelabgänge für Investitionen und Zuflüsse aus dem Verkauf von Vermögensgegenständen
- **Finanzierungs-Cash-Flow:** Bezieht sich auf die Außenfinanzierung und deren Mittelzuflüsse und -abflüsse aus Eigen- und Fremdkapital

Die Summe aller drei Teil-Cash-Flows, welche als Finanzmittelfonds bezeichnet werden, ergibt den gesamten Mittelzufluss bzw. Mittelabfluss für das Unternehmen[56]. Der Cash-Flow wird oftmals auch zur Beurteilung der Vorteilhaftigkeit einer geplanten Investition herangezogen. Hierbei werden die zukünftig erwarteten Cash-Flow-Größen auf den Zeitpunkt t0 abgezinst. Diese Methode wird auch als Discounted-Cash-Flow-Methode (DCF-Methode) bezeichnet.

6.6.1 Berechnungsmöglichkeiten und Aussagekraft des Cash-Flows

Prinzipiell unterscheidet man bei der Ermittlung von Cash-Flows zwischen indirekter Methode und direkter Methode (vgl. Abschnitt 1.6.2 Cash-Flow-Rückrechnung). Bei der indirekten Ermittlung der Cash-Flows stellt die GuV den Ausgangspunkt dar.

Bei der direkten Methode ergibt sich der Cash-Flow als die Differenz aus den einzahlungswirksamen Erträgen und den auszahlungswirksamen Aufwendungen.

---

[56] Vgl. Coenenberg, A.: Jahresabschluss und Jahresabschlussanalyse, 22. Aufl., Stuttgart 2012, S. 1083.

Cash-Flow = Ertragseinzahlungen – Aufwandsauszahlungen

Zahlungswirksame Erträge beinhalten u.a. Einzahlungen aus Umsätzen und Forderungen, Desinvestitionen bzw. Anlagenabgängen, Eigenkapitaleinlagen und Kreditaufnahmen.

Zahlungswirksame Aufwendungen hingegen entstehen bei Auszahlungen für Personal, Auszahlungen für Waren und Material, Investitionen, Eigenkapitalentnahmen, Fremdkapitalzinszahlungen und Kredittilgungen.

Die direkte Ermittlung kann jedoch nur vom Unternehmen selbst vorgenommen werden, da hier die Daten der Finanzbuchhaltung notwendig sind. Dem externen Analysten fehlen die benötigten Informationen über die Zahlungsflüsse (Informationsasymmetrie).

Bei der indirekten Methode werden die „rechnungstechnischen Posten“ zum bzw. vom Jahreserfolg, dem Ausgangspunkt dieser Methode, hinzuaddiert bzw. subtrahiert. Bei rechnungstechnischen Posten handelt es sich um solche Posten, die der Ergebnisabgrenzung dienen, d.h. die zwar den Erfolg des Unternehmens beeinflussen, aber keine unmittelbaren Zahlungsab- oder -zuflüsse zur Folge haben. Der Jahreserfolg wird demnach um alle nicht zu Auszahlungen führenden Aufwendungen erhöht bzw. um alle nicht zu Einzahlungen führenden Erträge verringert. Der Cash-Flow nach der indirekten Methode berechnet sich wie folgt:

Cash-Flow = Jahreserfolg + nicht zahlungswirksame Aufwendungen - nicht zahlungswirksame Erträge

In seiner einfachsten Form beschränkt sich die Bereinigung des Cash-Flows auf zwei Positionen. Zum einen die Abschreibungen bzw. Zuschreibungen auf das Anlagevermögen als nicht zahlungswirksame Aufwendungen bzw. Erträge und zum anderen die Veränderung der langfristigen Rückstellungen, sodass sich für einen „vereinfachten Cash-Flow“ folgendes Schema ergibt:

Vereinfachter Cash-Flow:

Jahreserfolg + Abschreibungen (- Zuschreibungen) auf Anlagevermögen+ Erhöhung (- Verminderung) von langfristigen Rückstellungen

Da es in der Literatur eine Vielzahl von Definitionen und Cash-Flow-Varianten gibt, versuchen die DVFA e.V. und die Schmalenbachgesellschaft (SG) eine Vereinheitlichung für die Ermittlung eines nachhaltigen Cash-Flows festzulegen. In einschlägiger Fachliteratur oder dem Internet lässt sich das Schema zur Ermittlung dieses Cash-Flows finden.[57]

Auch bei den Cash-Flow-Analysen gilt es branchenspezifische Besonderheiten zu berücksichtigen. Handelsunternehmen weisen bei gleichem Jahresüberschuss i.d.R. einen niedrigeren Cash-Flow auf als Produktionsunternehmen, da die geringere Anlagenintensität bei Handelsunternehmen zu geringeren Abschreibungen führt. Da die Abschreibungen bei der Ermittlung des Cash-Flows zu dem Jahresüberschuss hinzuaddiert werden, führen geringere Abschreibungen bei identischem Jahresüberschuss zu einem niedrigeren Cash-Flow.

Allgemein können aus der Analyse der Cash-Flows folgende Rückschlüsse auf die Unternehmensentwicklung vermutet werden[58]:

- **Konstanter/steigender Jahresüberschuss bei sinkendem Cash-Flow:** Möglicherweise zu niedrige Abschreibungen (zur Ergebnisverbesserung) sowie Zurückhaltung bei der Bildung von Rückstellungen.
- **Hoher Cash-Flow und hohe geplante Investitionen in den Folgejahren:** Möglichkeit der Verbesserung des nachhaltigen Betriebserfolges in den Folgejahren durch Investition der laufenden erwirtschafteten liquiden Mittel.
- Steigender Cash-Flow bei Rückgang des Betriebserfolges: Deutet auf die Bildung stiller Reserven hin.
- **Hoher Cash-Flow und hohe Abschreibung nach geringen Abschreibungen in den Vorjahren:** Indiz für Ersatzinvestitionen, die einen negativen Einfluss auf das Ergebnis haben, jedoch einen positiven Einfluss auf den Erfolg der Folgejahre haben können.

Der Cash-Flow dient zudem als Frühwarnindikator. Eine Trendwende lässt sich früher erkennen als bei der Analyse der bilanziellen Jahresergebnisse, da sich der Cash-Flow an den Ein- und Auszahlungsgrößen orientiert und diese sich nicht durch bilanzpolitische Maßnahmen verschleiern lassen.

---

[57] Z.B.: Busse von Colbe, W.: Ergebnis je Aktie nach DVFA/SG, 3 Aufl., Stuttgart 2010.

[58] Vgl. Langenbeck, J.: Bilanzanalyse, Ludwigshafen 2002, S. 119.

6.6.2 Kennzahlen

Mithilfe des Cash-Flows ist es dem externen Analysten möglich, Kennzahlen zur Beurteilung der Innenfinanzierungskraft, der Verschuldungsfähigkeit sowie der Finanzkraft zu berechnen.

6.6.2.1 Nettoinvestitionsdeckung

Die Nettoinvestitionsdeckung – auch als Innenfinanzierungsgrad bekannt – zeigt die Investitionskraft eines Unternehmens auf, d.h. inwieweit das Unternehmen Investitionen aus eigener Kraft tätigen kann ohne Inanspruchnahme des Geld- oder Kapitalmarkts.

$$\textbf{Nettoinvestitionsdeckung} = \frac{\text{Cash} - \text{Flow}}{\text{Nettoinvestitionen in das Anlagevermögen}}$$

Die Berechnung des Cash-Flows wurde bereits im vorangegangenen Abschnitt sowie in Abschnitt 1.6.2 (Cash-Flow-Rückrechnung) erläutert. Zu beachten ist, dass der Nenner dieser Kennzahl nicht aus reinen Investitionsauszahlungen, wie in der Kapitalflussrechnung, sondern aus dem Anlagespiegel und dessen Buchwerten abgeleitet wird. Daraus resultiert, dass die Nettoinvestitionen aus der Differenz der Zugänge und der zum Restbuchwert bemessenen Abgänge zu ermitteln sind[59].

Liegt der Wert der Kennzahl unter 100%, so bedeutet dies, dass das Unternehmen nicht lange in der Lage sein wird, aus seinen erwirtschafteten Cash-Flows die Investitionen selbst zu finanzieren. Dies hätte einen erhöhten Bedarf von Eigen- oder Fremdkapital zur Folge.[60] Ein Wachstum ist dann nur noch durch einen Anstieg der Ergebnis- und Liquiditätsbelastung durch Zins- und Tilgungszahlungen möglich, die bei Konjunktureinbrüchen evtl. nicht mehr aufgebracht werden können[61].

Beträgt der Wert der Kennzahl bspw. 150%, so reicht der Cash-Flow nachhaltig aus, um die gesamten Nettoinvestitionen in das Anlagevermögen zu decken. Darüber hinaus verfügt das Unternehmen über

---

59 Vgl. Coenenberg, A.: Jahresabschluss und Jahresabschlussanalyse, 22. Aufl., Stuttgart 2012, S. 1087.

60 Vgl. Wöltje, J.: Betriebswirtschaftliche Formelsammlung, 5. Aufl., Freiburg 2011, S. 178.

61 Vgl. Langenbeck, J.: Bilanzanalyse, Ludwigshafen 2002, S. 121.

einen freien Cash-Flow (Free Cash-Flow, FCF) in Höhe von 50% der Nettoinvestitionen in das Anlagevermögen, welcher z.B. zur Schuldentilgung eingesetzt werden kann. Es gilt jedoch zu beachten, dass ein hoher Kennzahlenwert auch aus der Reduzierung der Nettoinvestitionen in das Anlagevermögen resultieren kann. Daher sollte die Nettoinvestitionsdeckung stets im Zusammenhang mit der Wachstumsquote betrachtet werden. Ebenso sollte nicht unberücksichtigt bleiben, dass Leasing zu einer Verzerrung des Ergebnisses führen kann. Für die Kennzahl existieren keine Branchenvergleichswerte, dennoch sollte die Kennzahl intern beobachtet werden.

Die Nettoinvestitionsdeckung sollte mindestens 100% betragen, so dass der Cash-Flow ausreicht, um die Nettoinvestitionen in das Anlagevermögen zu finanzieren. Es empfiehlt sich, diese Kennzahl zusammen mit der Wachstumsquote zu analysieren, da eine Erhöhung der Kennzahl auch aus niedrigeren Investitionen in das Anlagevermögen entstehen kann. Außerdem sollte ein intertemporaler Vergleich herangezogen werden, um die Einflüsse von Investitionszyklen heraus zu stellen, da diese Zyklen die Kennzahl eines Jahres erheblich verzerren können. Dies soll nachfolgend an einem Beispiel erläutert werden. Bspw. wurden in einem Geschäftsjahr durch einen Investitionszyklus in besonders hohem Maße notwendige (Ersatz-) Investitionen in das Anlagevermögen getätigt, welche jedoch nicht vollständig aus dem Cash-Flow der Periode gezahlt werden konnten. Ein daraus resultierender Rückschluss auf eine grundsätzlich schlechte Ertrags- und Erfolgslage des Unternehmens wäre zu relativieren, da solch hohe Investitionen erst nach Ablauf des nächsten Zyklus wieder erfolgen müssen. Allgemeingültig – ebenfalls unter Berücksichtigung der Zyklen – ist hingegen, dass je größer die Nettoinvestitionsdeckung ist, desto größer sind das Erfolgspotenzial und die Innenfinanzierungsstärke des Unternehmens. Dies kann konstatiert werden, da Investitionen, welche für den langfristigen Fortbestand eines Unternehmens notwendig sind, dann aus den eigens erwirtschafteten Mitteln getätigt werden können, ohne neues Eigen- oder Fremdkapital aufnehmen zu müssen.

6.6.2.2 Entschuldungsgrad

Der Entschuldungsgrad erlaubt eine Aussage über die Schuldentilgungskraft, also die Fähigkeit, Verbindlichkeiten mit selbst erwirtschafteten Mitteln zu tilgen. Die Kennzahl zeigt auf, welcher Prozentsatz der Verschuldung durch den Cash-Flow gedeckt ist bzw. zurückbezahlt werden kann.

$$\textbf{Entschuldungsgrad} = \frac{\text{Cash} - \text{Flow}}{\text{Effektivverschuldung}}$$

Die Effektivverschuldung berechnet sich hierbei wie folgt:

- Verbindlichkeiten
- \+ Rückstellungen
- \- Wertpapiere des Umlaufvermögens
- \- flüssige Mittel

Ein hoher Entschuldungsgrad kann sich indirekt positiv auf das Wachstum des Unternehmens auswirken. Dies liegt darin begründet, dass oftmals nur ein geringer Teil des Cash-Flows für die Schuldentilgung benötigt wird. Somit kann ein großer Teil für die Gewinnausschüttung und Erweiterungs- oder Ersatzinvestitionen verwendet werden[62]. Die Kennzahl erfreut sich vor allem bei Insolvenzprognosen in der Praxis großer Beliebtheit. In Krisenzeiten steigt die Effektivverschuldung aufgrund der schlechten Absatzlage und der Cash-Flow sinkt, bedingt durch die geringen Einzahlungen aus der Umsatztätigkeit, so dass der Entschuldungsgrad insgesamt sinkt.

> Der Entschuldungsgrad sollte grundsätzlich möglichst hoch sein. Ein hoher Wert bedeutet eine hohe Wahrscheinlichkeit, auch in Zukunft den Kapitaldienst aus den laufenden, selbst erwirtschafteten Cash-Flows bezahlen zu können. In erster Linie legen Banken und sonstige Fremdkapitalgeber ihr Augenmerk auf diese Kennzahl. Der Entschuldungsgrad dient den Fremdkapitalgebern als Anhaltspunkt, um die Schuldentilgungskraft eines Unternehmens beurteilen zu können. Denn letztlich können die Tilgungszahlungen lediglich aus eigens erwirtschafteten Mitteln geleistet werden. Die Fremdkapital-

---

62 Vgl. Groll, K.-H.: Das Kennzahlensystem zur Bilanzanalyse, 2. Aufl., München 2004, S. 69.

geber legen den Fokus dabei grundsätzlich auf einen risikoneutralen Cash-Flow, welcher nachhaltig erzielt werden kann. Die Kennzahl bringt zum Ausdruck, wie viel Prozent der Effektivverschuldung aus eigens generierten Mitteln zurückgezahlt werden können. Sie lässt damit Rückschlüsse auf die Verschuldungs- bzw. die Entschuldungsfähigkeit und/oder die Finanzierungskraft des betrachteten Unternehmens zu. Aufgrund der Frühwarnfunktion bei drohenden Insolvenzen kommt dieser Kennzahl in der Praxis große Bedeutung zu.

6.6.2.3 Dynamischer Verschuldungsgrad

Der dynamische Verschuldungsgrad ergibt sich aus dem Kehrwert des Entschuldungsgrades. Dabei gibt die Kennzahl die Anzahl der Jahre an, die für eine vollständige Tilgung der Effektivschulden bzw. der Netto-Finanzschulden aus eigener Kraft nötig wären. Allerdings nur unter der Voraussetzung, dass der gesamte Cash-Flow in den Folgejahren zur Tilgung der Schulden verwendet wird.

$$\textbf{Dynamischer Verschuldungsgrad} = \frac{\text{Effektivverschuldung}}{\text{Cash} - \text{Flow}}$$

- **Dynamischer Verschuldungsgrad = 1:** Der Cash-Flow des Geschäftsjahres ist ausreichend, um die gesamten Netto-Finanzschulden rückführen zu können. Aus Sicht der Fremdkapitalgeber wäre dieser Umstand optimal, da dann deren Risiko begrenzt ist.
- **Dynamischer Verschuldungsgrad < 1:** Lässt auf eine geringe Verschuldung des Unternehmens und somit eine überwiegende Eigenfinanzierung schließen. Hierbei wird allerdings der Leverage-Effekt vernachlässigt.
- **Dynamischer Verschuldungsgrad > 1:** Eine weitere Verschuldung wäre sinnvoll, um zusätzliche Investitionen zu tätigen und die Vorteile aus dem Leverage-Effekt (Vgl. Kapitel 7.5.4 Leverage-Effekt) zu nutzen.
- **Dynamischer Verschuldungsgrad = 3-4:** Eine Schuldentilgungsdauer von 3-4 Jahren kann als „optimaler Bereich" bezeichnet werden.
- **Dynamischer Verschuldungsgrad > 5:** Das Unternehmen ist hoch verschuldet. Wenn der gesamte Cash-Flow über mehrere Jahre vollständig zur Schuldentilgung verwendet wird, kann das Unternehmen (notwendige) Ersatz- und Wachstumsinvestitionen

sowie weitere Zahlungen (z.B. Steuern oder Dividendenausschüttungen) nicht mehr aus dem Cash-Flow bezahlen.

Damit aus der Kennzahl richtige Aussagen abgeleitet werden können, sollte der Cash-Flow im Zeitverlauf periodengerecht berechnet werden. Daher wird der Cash-Flow soweit wie möglich um außerordentliche Erträge und Aufwendungen bereinigt, mit deren regelmäßigem Anfall nicht zu rechnen ist. Mit tendenziell steigendem dynamischen Verschuldungsgrad erhöht sich die Gefahr von Liquiditätsschwierigkeiten.

Dennoch bringt die Kennzahl in ihrer Aussagefähigkeit erhebliche Probleme mit sich. Mögliche Veränderungen des Cash-Flows, welche in der Zukunft auftreten können, aber noch nicht prognostizierbar sind, bleiben unberücksichtigt, ebenso in welchem Umfang Ersatzinvestitionen erforderlich sind. Erfolgt die Finanzierung der künftigen Ersatzinvestitionen aus dem Cash-Flow, so verringert sich das Potenzial zur Tilgung der Verbindlichkeiten[63]. Ein erhöhtes Kundenziel, hohe Ausschüttungen sowie wenige erhaltene Anzahlungen sind oftmals das Resultat eines erhöhten Verschuldungsgrades. Eine Verbesserung des Verschuldungsgrades wird oftmals durch veränderte Zahlungsmethoden, durch Umwandlung von mezzaninem Kapital in Eigenkapital oder durch die Realisierung von Kursgewinnen bei Wertpapieren herbeigeführt. In der Fachliteratur wird von einer „angemessenen" Schuldentilgungsdauer gesprochen, wenn der dynamische Verschuldungsgrad dreieinhalb Jahre beträgt.

Die Kennzahl hat eher eine Indikatorfunktion und dient lediglich der Relativierung des Verschuldungsgrades. Sie gibt an, welche Ertragskraft ein Unternehmen für die Schuldentilgung hätte. Ein wahrer Aussagegehalt ergibt sich nur im intertemporalen oder intersektoralen Vergleich. Die Aussagekraft der Kennzahl wird zusätzlich dadurch eingeschränkt, da bei deren Ermittlung unterstellt wird, dass der operative Cash-Flow (Brutto-Cash-Flow) in seiner vollen Höhe ausschließlich zur Schuldentilgung verwendet wird. Die tatsächliche Dauer der vollständigen „Entschuldung" ist in der Regel deutlich höher, als dies durch den dynamischen Verschuldungsgrad angezeigt

---

63 Vgl. Franke, G.; Hax, H.: Finanzwirtschaft des Unternehmens und Kapitalmarkt, 5. Aufl., Berlin 2004, S. 120.

wird (Indikatorfunktion). Darüber hinaus ist eine vollständige Schuldentilgung von Unternehmen auch nicht angestrebt, sondern die Verschuldung wächst tendenziell mit einem Wachstum des Unternehmens.

6.6.2.4 Cash-Burn-Rate

Die Cash-Burn-Rate trifft eine Aussage darüber, wann bei einem Unternehmen – bei gleichbleibendem (negativen) Cash-Flow – mit dem Verbrauch der vorhandenen Liquidität zu rechnen ist. Diese Kennzahl wird sehr häufig zur Insolvenzprognose junger Wachstumsunternehmen angewandt und berechnet sich wie folgt:

$$\textbf{Cash} - \textbf{Burn} - \textbf{Rate} = \frac{\text{liquide Mittel (+liquide Titel)}}{\text{negativer Cash} - \text{Flow}}$$

Gerade bei kürzlich gegründeten Start-up-Unternehmen, die in der Anfangsphase extrem hohe variable und fixe Kosten haben und bei denen Umsatz und Gewinn praktisch noch nicht vorhanden sind, lässt sich ermitteln, wann die finanziellen Mittel „verbrannt" sind. Die Cash-Burn-Rate ist demnach die Zeitdauer, die bis zur Illiquidität des Unternehmens verbleibt. Die Berechnung der Kennzahl ist nur sinnvoll, wenn das Unternehmen einen negativen Cash-Flow ausweist[64]. Eine zuverlässige Aussage zur Überlebensdauer des Unternehmens kann mittels dieser Kennzahl allerdings nicht getroffen werden, da wichtige Schlüsselfaktoren außer Acht gelassen werden und insgesamt von unzutreffenden Bedingungen ausgegangen wird. Z.B. werden die liquiden Mittel aus der Bilanz zur Berechnung herangezogen unter der Prämisse, dass diese das gesamte finanzielle Potenzial des Unternehmens darstellen. Hierbei wird nicht berücksichtigt, ob das Unternehmen ggf. noch die Möglichkeit hat, neue Gelder aufzunehmen, z.B. über eine Anleiheemission oder der Emission von Aktien. Ein weiterer Kritikpunkt ist, dass die Errechnung der Kennzahl auf einem vergangenheitsorientierten Jahresabschluss beruht und aus diesen Werten auf die zukünftige Entwicklung geschlossen werden soll. Dies macht jedoch gerade bei dynamischen, wachstumsstarken Unternehmen wenig Sinn.[65]

---

[64] Vgl. Wöltje, J.: Bilanzen lesen – verstehen – gestalten, 10. Aufl., Freiburg 2011, S. 327.

[65] Vgl. Küting, K.; Weber, C-P.: Die Bilanzanalyse, 11. Aufl., Stuttgart 2015, S. 183.

Die Cash-Burn-Rate wird in der Praxis vor Allem bei jungen Unternehmen angewendet, welche noch keine Gewinne erwirtschaften. Die Kennzahl gibt Auskunft darüber, wie lange das Unternehmen noch einen negativen Cash-Flow erwirtschaften kann, ohne zahlungsunfähig zu werden. Sie sollte daher möglichst groß sein. Da sich ihr Aussagegehalt nur auf den Liquiditätsverbrauch junger Unternehmen beschränkt, ist dieser Kennzahl, ohne Berücksichtigung weiterer Informationen, nur geringe Bedeutung beizumessen. Beispielweise gilt es festzustellen, ob das Unternehmen in der Lage ist in (naher) Zukunft zahlreiche (Groß-)Aufträge für sich zu gewinnen, um die eigene Liquiditätslage zu verbessern. Die Cash-Burn-Rate kann somit höchstens als Ausgangsbasis für ergänzende Analysen gesehen werden.

6.6.3 Kritik an der Cash-Flow Analyse

Der Cash-Flow erfährt in Bezug auf seine Aussagekraft einerseits eine sehr gute Wertung, anderseits ist der Cash-Flow auch heftiger Kritik ausgesetzt. Im Folgenden sollen einige dieser Kritikpunkte aufgezeigt werden (Vgl. Abschnitt 1.6.2 Cash-Flow-Rückrechnung):

- Die Ermittlung des Cash-Flows erfolgt in der externen Bilanzanalyse in der Regel über die Erfolgsrechnung. Allerdings erlaubt diese keinen direkten Einblick in die Finanzströme, da sie vielmehr auf die Gewinnermittlung und damit auf die Aufwands- und Ertragsgrößen ausgerichtet ist.
- Eine korrekte Ermittlung des Cash-Flows ist in der Praxis unmöglich, da einige Abschlussposten einen Mischcharakter haben. Diese Mischkomponenten enthalten sowohl zahlungswirksame, als auch zahlungsunwirksame Teilkomponenten. Zu diesen Posten zählen bspw. Versicherungsaufwendungen, die zum Teil zahlungswirksam sind und zum Teil lediglich abgegrenzt werden.
- Stille Reserven, die im Umlaufvermögen generiert wurden, werden im Cash-Flow nicht berücksichtigt. Der externe Analyst hat nahezu keine Möglichkeiten, die Bilanzpolitik eines Unternehmens korrekt zu quantifizieren (Informationsasymmetrie). Im Rahmen des BilMoG wurden diese Bemessungsspielräume allerdings erheblich minimiert.

- Der zwischenbetriebliche Vergleich mithilfe von Cash-Flows ist nur eingeschränkt sinnvoll. Angenommen ein Unternehmen präferiert Leasing, während das andere den Kauf von Anlagevermögen vorzieht, so ergeben sich bei Nutzung desselben Anlagegegenstandes unterschiedliche Cash-Flows, was zu Informationsasymmetrien führt und die Vergleichbarkeit enorm erschwert.

Um die Aussagefähigkeit des Cash-Flows zu verbessern, sollten einige Modifikationen vorgenommen werden (Cash-Flow-Rückrechnungen). So scheint es sinnvoll, eine Cash-Flow-Veränderungsrechnung zu machen oder Größen wie das Working Capital mit einzubeziehen. Die Schwächen der Cash-Flow-Rechnung werden weitgehend durch eine umfangreiche Finanzrechnung – in Deutschland als Kapitalflussrechnung bezeichnet – ausgeglichen.

Abschließend lässt sich festhalten, dass die Cash-Flow-Analyse, in Verbindung mit den beschriebenen Modifikationen des Cash-Flows, trotz der genannten Kritikpunkte, als eines der wichtigsten Instrumente der externen Bilanzanalyse gesehen wird. Dies liegt darin begründet, dass die Cash-Flow-Analyse es ermöglicht die Bereitstellung der Liquidität eines Unternehmens, die aus der ureigenen Geschäftsidee resultiert, zu quantifizieren und für die Bildung weiterer, aussagekräftiger Kennzahlen zu verwenden.

6.7 Kapitalflussrechnungen

Die Kapitalflussrechnung soll den externen Analysten genauer über die Finanzlage des zu untersuchenden Unternehmens informieren. Sie wird als Ergänzung zur ertrags- und aufwandsorientierten GuV gesehen, da in die Kapitalflussrechnung nur liquiditätswirksame Ein- und Auszahlungen einfließen. Der externe Analyst rundet dadurch seine Jahresabschlussbetrachtungen ab, indem – neben den ermittelten Erkenntnissen über die Vermögens- (Bilanz) und Erfolgslage (GuV) – nun auch umfassende Untersuchungen zur Finanzlage des betrachteten Unternehmens vorgenommen werden. Die Kapitalflussrechnung hat den Charakter einer dynamischen Finanzanalyse, da sowohl die Anfangs- und Endbestände (statisch) der liquiden Mittel als auch deren Veränderung im gesamten betrachteten Zeitraum (dynamisch) impliziert werden. Dabei kann die Kapitalflussrechnung als eine Weiterentwicklung des Cash-Flow-Konzeptes betrachtet werden. Sie verdeutlicht daher nochmals die Bedeutsamkeit der Cash-Flows für die Analyse eines Unternehmens. Das Cash-

Flow-Konzept wird hierbei um bestimmte Bilanzpositionen, die sich nicht in der Gewinn- und Verlustrechnung niederschlagen, erweitert. Bei der Ermittlung der Kapitalflussrechnung wird im Wesentlichen in drei Arten von Zahlungsströmen unterschieden:

1. Cash-Flow aus operativer/laufender Geschäftstätigkeit

2. Cash-Flow aus Investitionstätigkeit

3. Cash-Flow aus Finanzierungstätigkeit

Dies führt zu einer umfassenden Abbildung der Zahlungsströme. Dadurch ergibt sich eine verbesserte Aussage über das Aufkommen finanzieller Mittel sowie über die Mittelverwendung. Insofern kann der externe Analyst durch die Kapitalflussrechnung die zukünftige Ertragskraft des Unternehmens bzw. dessen Fähigkeit zukünftig Liquidität generieren zu können (Innenfinanzierungskraft), fundierter bewerten. Darüber hinaus vereinfacht die Kapitalflussrechnung den Betriebs- und Branchenvergleich, da die vom Management verwendeten Bilanzierungswahlrechte bzw. deren Einfluss weitestgehend bereinigt werden.

Gem. **§ 297 Abs. 1 S. 2 HGB** haben börsennotierte Kapitalgesellschaften den Konzernanhang um eine Kapitalflussrechnung zu erweitern. Außerdem haben kapitalmarktorientierte Unternehmen gem. **§ 264 Abs. 1 S. 2** ebenso eine Pflicht zur Aufstellung einer Kapitalflussrechnung. Bei Einzelabschlüssen ist eine Kapitalflussrechnung nicht zwingend zu erstellen. In diesem Falle muss der externe Analyst, selbständig eine Kapitalflussrechnung aus dem Jahresabschluss ableiten. Bei der Erstellung der Kapitalflussrechnung gibt es jedoch eine Vielzahl von Verfahren[66]. Nach **IAS 1.10** ist die Kapitalflussrechnung Pflichtbestandteil des Jahresabschlusses nach IFRS.

6.7.1 Struktur und Aufbau der Kapitalflussrechnung

Die Ermittlung der Kapitalflussrechnung kann entweder originär oder derivativ erfolgen. Die originäre Ermittlung wird durch die Unternehmen bei deren Jahresabschlusserstellung selbstständig durchgeführt (intern), sofern diese gesetzlich dazu verpflichtet sind oder die Ermittlung der Kapitalflussrechnung freiwillig vornehmen. Für den externen Analysten ist die originäre Variante indes nicht möglich, da diese Ermittlungsform Ausgangsdaten der Finanzbuch-

[66] Vgl. Langenbeck, J.: Bilanzanalyse, Ludwigshafen 2002, S. 143.

haltung benötigt. Eine originäre Kapitalflussrechnung basiert stets auf einen zukünftigen Zeitpunkt.

Die derivative Ermittlung erfolgt hingegen über die Bilanz sowie die GuV und ist somit die geläufige Ermittlungsmethode, wenn das Unternehmen keine Kapitalflussrechnung erstellt hat. Diese Variante findet allerdings nur noch im Rahmen von HGB-Einzelabschlüssen Anwendung, da gesetzliche Vorgaben Konzerne und kapitalmarktorientierte Unternehmen zur eigenständigen Aufstellung einer (originären) Kapitalflussrechnung verpflichten. Im Gegensatz zur originären Ermittlung ist die derivative Kapitalflussrechnung vergangenheitsorientiert, d.h. hier wird die Kapitalflussrechnung auf Basis von zwei aufeinander folgenden Jahresabschlüssen ermittelt.[67] Insofern ist die derivative in dem Vergleich zur originären Kapitalflussrechnung nur bedingt dazu geeignet Aussagen über die zukünftige Entwicklung des Unternehmens zu tätigen.

Darüber hinaus gibt es weitere Einschränkungen bezüglich derer Aussagekraft. Zum einen ist der Aussagegehalt dieser Ermittlungsform stark von dem Umfang der veröffentlichten Daten des Unternehmens abhängig, da man sich hierbei lediglich auf die Informationen des publizierten Jahresabschlusses stützen kann. Zum anderen ergibt sich auch bei diesem Analyseinstrument die Problematik der Datenaktualität, da der externe Analyst auch die Kapitalflussrechnung erst nach Veröffentlichung des Jahresabschlusses erstellen kann. In der Regel liegt allerdings zwischen dem Bilanzstichtag und der Veröffentlichung ein nicht unerheblicher Zeitraum, weshalb sich die im Jahresabschluss dargestellte Unternehmenssituation zum Zeitpunkt der Analyse bereits maßgeblich geändert haben kann. Nichtsdestotrotz ist die Kapitalflussrechnung ein weiterer wichtiger Bestandteil der Jahresabschlussanalyse, da sie ein umfassendes Bild über die Finanzlage des Unternehmens liefert.

Die Kapitalflussrechnung kann jedoch nicht als ein losgelöstes Instrument der Bilanzanalyse betrachtet werden. Vielmehr ist sie eine Erweiterung der Liquiditätsanalyse um die dynamische Betrachtungsweise, welche auf statischem Datenmaterial basiert. Die statische Bilanzanalyse fasst mehrere Bilanzposten zusammen, wohingegen die Kapitalflussrechnung eine Beurteilung der Bewegung dieser Bilanzbestände erlaubt.

---

[67] Vgl. Coenenberg, A.: Jahresabschluss und Jahresabschlussanalyse, 22. Aufl., Stuttgart 2012, S. 785.

Die Gestaltung sowie der Aufbau und der Inhalt einer Kapitalflussrechnung hängen von mehreren Faktoren ab. Diese können bspw.sein:

1. interne oder externe Erstellung sowie dem damit einhergehenden Umfang der Informationsgrundlagen

2. Aufstellungsgrund (freiwillig, Pflicht, zu Analysezwecken) und

3. Ermittlungsverfahren (derivativ oder originär) etc.

In früheren Zeiten, als noch kein einheitlicher Standard vorhanden war, unterschieden sich die Kapitalflussrechnungen von Unternehmen oftmals erheblich. Die Schmalenbach Gesellschaft, Deutsche Gesellschaft für Betriebswirtschaft e.V. sowie das DRSC erarbeiteten mit dem Deutschen Rechnungslegungsstandard Nr. 2 (DRS 2) eine einheitliche Struktur bzw. einen einheitlichen Aufbau der Kapitalflussrechnung.

Den historischen Ausgangspunkt der Kapitalflussrechnung stellt der Finanzplan dar, welcher auf Aus- und Einzahlungen basiert. Mittels der Gegenüberstellung der Ein- und Auszahlungen erlaubt der Finanzplan, den Kapitalbedarf bzw. Kapitalüberschuss zu ermitteln. Inhaltlich unterscheiden sich der Finanzplan und die Kapitalflussrechnung nicht. Die Kapitalflussrechnung soll dem externen Analysten einen besseren Einblick in die Struktur der Zahlungsströme des Unternehmens geben[68]. Diese Verbesserung resultiert zum Großteil aus der Aufgliederung in die drei Arten der Zahlungsströme (laufende Geschäftstätigkeit, Investitionstätigkeit und Finanzierungstätigkeit).

6.7.2 Erstellung der Kapitalflussrechnung

Im Folgenden soll der Ablauf für die Erstellung einer Kapitalflussrechnung nach dem derivativen Ansatz dargestellt werden. Ausgangspunkt bei der Erstellung einer Kapitalflussrechnung stellt die **(1) Beständedifferenzenbilanz** dar. Die Beständedifferenzenbilanz ergibt sich durch Subtraktion der Bilanzposten der Geschäftsjahresbilanz von der Vorjahresbilanz und hat die gleiche Gliederung wie die Stichtagsbilanz. Ein positives Vorzeichen ist ein Indiz auf Bestandsmehrungen, wohingegen ein negatives Vorzeichen ein Hinweis auf Bestandsminderungen ist. Demnach erlaubt uns die Beständedif-

---

[68] Vgl. Küting, K.; Weber, C-P.: Die Bilanzanalyse, 11. Aufl., Stuttgart 2015, S. 193f.

ferenzenbilanz eine Aussage über die Vermehrung bzw. Verminderung des Unternehmensvermögens bzw. Unternehmenskapitals[69]. Generell gilt, dass sich auch bei der Beständedifferenzenbilanz die gleiche Bilanzsumme auf beiden Seiten der Bilanz ergeben muss. Insofern müssen die Veränderungen der Aktiva exakt gleich hoch sein wie die der Passiva.

Im nächsten Schritt wird durch Umstrukturierung der Beständedifferenzenbilanz und durch Interpretation der Bestandsänderungen als Mittelherkunft bzw. -verwendung eine **(2) Veränderungsbilanz** erstellt. Grundlage ist die Überlegung, dass Aktivzunahmen bzw. Passivabnahmen „Mittelverwendung", Passivzunahmen und Aktivabnahmen hingegen „Mittelherkunft" bedeuten. In der Veränderungsbilanz wird die Mittelverwendung (positive Aktivaveränderung, negative Passivaveränderung) der Mittelherkunft (negative Aktivaveränderung, positive Passivaveränderung) gegenübergestellt. Die Aussagefähigkeit der Veränderungsbilanz ist stark eingeschränkt, da nur die Zu- und Abgänge der Bilanzpositionen ausgewiesen werden. Somit werden einige finanzielle Bewegungen außer Acht gelassen. Auch hier müssen beide Bilanzseiten in der Höhe äquivalent sein, so dass die Mittelverwendung der Mittelherkunft entsprechen muss.

Nach der Veränderungsbilanz erfolgt die Erstellung der **(3) Bewegungsbilanz**. Die Bewegungsbilanz ist materiell gesehen identisch mit der Veränderungsbilanz. Beide unterscheiden sich lediglich in Bezug auf die Interpretation der Rechnungsinhalte. Die Bewegungsbilanz wird neben der Untergliederung in Mittelherkunft und Mittelverwendung, die der Veränderungsbilanz entspricht, oftmals noch nach Finanzierungsart sowie Verwendungsart (Investitionen, Schuldentilgung, Dividendenzahlung) untergliedert. Der wesentliche Nachteil der Bewegungsbilanz liegt darin, dass wegen den buchhaltungstechnisch bedingten Informationsmängeln keine Trennung in liquiditätswirksame und liquiditätsunwirksame Bewegungen vorgenommen werden kann. Bewegungsbilanzen eignen sich daher **nicht** als Finanzierungsrechnung, um weitergehende Informationen über die Finanzlage des Unternehmens zu erlangen. Insofern kann die Bewegungsbilanz lediglich als Zwischenschritt bei der Ermittlung der Kapitalflussrechnung gesehen werden.[70]

---

[69] Vgl. Coenenberg, A.: Jahresabschluss und Jahresabschlussanalyse, 22. Aufl., Stuttgart 2012, S. 807.

[70] Vgl. Küting, K.; Weber, C-P.: Die Bilanzanalyse, 11. Aufl., Stuttgart 2015, S. 198 f.

Um im letzten Schritt zur **(4) Kapitalflussrechnung** zu gelangen, muss die Bewegungsbilanz um die Daten der GuV erweitert werden. Ziel ist es hierbei, der originären Kapitalflussrechnung möglichst nahe zu kommen. Die absoluten Bestandsveränderungen, wie diese in der Veränderungs-/Bewegungsbilanz erfasst sind, werden durch die Summe der zugrundeliegenden Soll- und Habenbuchungen ersetzt. Auf diese Weise werden Zu- und Abnahme der Bestandskonten und nicht nur die Differenz der Bewegung dargestellt. Somit erfolgt die Umwandlung der statischen Kapitalflussrechnung in eine echte Stromgrößenrechnung. Im Rahmen der externen Erstellung einer Kapitalflussrechnung ist diese Aufspaltung nur für den Bereich des Anlagevermögens möglich, da die hierfür notwendigen Informationen im Anlagespiegel vorliegen. Für die anderen Bereiche wären Daten der Finanzbuchhaltung notwendig, welche dem externen Analysten nicht zur Verfügung stehen (Informationsasymmetrie). Im ersten Schritt bei der Erstellung der Kapitalflussrechnung werden die GuV-Daten in die Bewegungsbilanz einbezogen, wodurch per Saldo alle erfolgswirksamen, aber nicht zahlungswirksamen Buchungen kompensiert werden. In einem weiteren Schritt erfolgt die Zerlegung des Bilanzgewinns. Der Bilanzgewinn wird hierbei in Aufwendungen, Erträge sowie Gewinnvortrag der Vorperiode und Rücklagenbewegung aufgeteilt. Die Einbeziehung der Erfolgsrechnung führt letztlich dazu, dass die „Cash-Flow-Rechnung" in die Bewegungsbilanz integriert wird. Nach Einbeziehung der GuV-Daten erfolgt die Ausgliederung von Fonds. Ein Fonds ist grundsätzlich eine Zusammenfassung von mehreren Bilanzpositionen, kann aber auch nur einen einzelnen Posten oder Teile von Bilanzposten umfassen. Der Fonds kann als eine Art „Finanzmittelbestand" angesehen werden. Ziel ist es, durch die Fondsbildung die Ursachen der Fondsveränderung festzustellen (Ursachenrechnung).

Durch die Ausgliederung einzelner Bilanzposten und deren Bündelung in einen Fonds soll die Veränderung der ausgegliederten Bilanzposten erklärt werden. Mithilfe der Gegenbestandskonten soll dabei die Fondsveränderung aufgezeigt werden (Fondsveränderungsnachweis). Eine Erhöhung der Gegenbestandskonten stellt eine Fondsmittelverwendung dar, Abgänge werden als Fondszuflüsse bezeichnet. Für den Aussagegehalt der Kapitalflussrechnung ist die Wahl des Fonds von essentieller Bedeutung. Die Größe des Fonds, d.h. die Anzahl der einbezogenen Bilanzposten, stellt das erste Kriterium dar. Je mehr Bilanzposten ein Fonds beinhaltet, desto umfangreicher wird der Fondsveränderungsnachweis und umso weniger Bewegungen werden in der Ursachenrechnung dargestellt. Neben der Größe des Fonds ist die Netto- oder Bruttobetrachtung ein weiteres Ausprägungsmerkmal. Oftmals werden Fonds nur aus aktiven Bilanzposten gebildet, zum Teil werden aber auch passivische Bilanzposten einbezogen.

Des Weiteren ist zu beachten, dass fondsinterne Zahlungsbewegungen in der Kapitalflussrechnung nicht auszuweisen sind, da diese keine Relevanz für die wirtschaftliche Lage des Unternehmens haben. Dabei werden die Sollumsätze aus den Fondsbeständen mit den jeweiligen Habenumsätzen anderer Fondsbestände verrechnet. Wichtig dabei ist, dass je mehr in den Fonds ausgegliedert wird, die Kapitalflussrechnung als Liquiditätsrechnung immer ungeeigneter wird. Dies liegt darin begründet, dass sich dann viele Vorgänge, die liquiditätswirksam sind, fondsintern abspielen und demzufolge für die Liquiditätsanalyse nicht mehr berücksichtigt werden. Darüber hinaus besteht die Gefahr, dass dann die Veränderungen des Fondsbestandes nur noch wenig auf finanzielle Sachverhalte zurückzuführen sind. Die Veränderungen können nämlich auch aus Bewertungsmaßnahmen resultieren. Hier geht es insbesondere um bilanzpolitische Wertbeeinflussung bei Vorräten. Aus oben dargestellten Gründen sollte eine aussagekräftige Kapitalflussrechnung daher immer möglichst liquiditätsnah erstellt werden. Dabei sollte die Fondsabgrenzung stets zahlungsorientiert durchgeführt werden.[71]

Letztlich bleibt anzumerken, dass es sich bei der Fondsauswahl lediglich um eine Umwandlungsmaßnahme handelt. Die jeweiligen Grunddaten und deren Berechnung werden dabei nicht beeinflusst.

Im letzten Schritt geht es nun darum, durch Umformung die erweiterte Bewegungsbilanz in eine Kapitalflussrechnung umzuwandeln. Hierbei werden die ermittelten Zahlungsvorgänge in Staffelform entsprechend dem Aktivitätsformat gegliedert. Nach Art des zahlungswirksamen Geschäftsvorfalls erfolgt nun die Zuordnung der ermittelten Zahlungseingänge und -ausgänge. Hierbei wird in operativen Bereich, Investitionsbereich, Finanzierungsbereich und Finanzmittelbereich unterschieden. Der operative Bereich umfasst den Cash-Flow der auf die Erlöserzielung ausgerichteten Aktivitäten, welche die unmittelbare Umsetzung der ureigenen Geschäftsidee darstellen. Der Cash-Flow aus Investitionstätigkeit ergibt sich durch

---

[71] Vgl. Coenenberg, A.: Jahresabschluss und Jahresabschlussanalyse, 22. Aufl., Ulm 2012, S. 814 f.

die Gegenüberstellung von Ein- und Auszahlungen, die durch Investitionen und Desinvestitionen eines Unternehmens anfallen. Zahlungstransaktionen, die sich auf die Zusammensetzung von Eigenkapitalposten und der Finanzschulden eines Unternehmens auswirken, werden im Cash-Flow aus Finanzierungstätigkeit zusammengefasst. Die Veränderung des Finanzmittelfonds wird in dem Fondsveränderungsnachweis zusammengefasst. Das Ergebnis ist die Kapitalflussrechnung nach DSR 2 und der derivativen Methode. Neben der derivativen Methode, welche am häufigsten verwendet wird, existiert noch die indirekte Methode. Hintergrund dieser Methode ist, dass unternehmensfremde Personen die Zahlungswirksamkeit der meisten Geschäftsvorfälle nicht beurteilen können. Nach der indirekten Methode wird, bspw. beim Cash-Flow aus Geschäftstätigkeit, vom Jahresergebnis ausgegangen, dem alle zahlungsunwirksamen bekannten Aufwendungen hinzuaddiert und alle zahlungsunwirksamen bekannten Erträge subtrahiert werden.

6.7.3 Kapitalflussrechnung am Beispiel der Kfz-Zulieferer GmbH

In dem folgenden Kapitel soll nun beispielhaft die Ermittlung einer Kapitalflussrechnung anhand der Daten der Kfz-Zulieferer GmbH dargestellt werden.

Die Beständedifferenzenbilanzen (Tabelle 5, Tabelle 8) sowie die Veränderungs-/Bewegungsbilanzen (Tabelle 6, Tabelle 9) der Kfz-Zulieferer GmbH für die vergangenen Perioden sind nachstehend aufgeführt. Anschließend erfolgt die Ermittlung der Kapitalflussrechnung nach der indirekten Methode (Tabelle 7, Tabelle 10). Die notwendigen Daten wurden der Bilanz, GuV und dem Anlagespiegel entnommen. Hierbei wurde angenommen, dass für das Jahr t-1 ein Gewinn aus Anlagenabgängen in Höhe von 100 TEUR und für das Jahr t in Höhe von 200 TEUR entsteht. Darüber hinaus wurde unterstellt, dass der gesamte Bilanzgewinn jährlich an die Gesellschafter ausgeschüttet wird und das Unternehmen in beiden Jahren einen Kredit in Höhe von 3.000 TEUR aufnimmt. Die Einzahlungen aus Anlagenabgängen errechnen sich, indem die historischen Anschaffungs- und Herstellungskosten der Anlagenabgänge um deren kumulierte Abschreibungen verringert und anschließend um den Gewinn aus Anlagenabgängen erhöht werden.

Absolute Zahlen in TEUR	t-2	t-1	Veränderung
AKTIVA			
Anlagevermögen			
Immaterielle Vermögensgegenstände	78,96	235,36	156,40
Sachanlagen	16.077,44	17.985,84	1.908,40
Finanzanlagen	20.531,20	28.722,40	8.191,20
	36.687,60	46.943,60	10.256,00
Umlaufvermögen			
Roh-, Hilfs- und Betriebsstoffe	1.163,52	1.344,56	181,04
Unfertige Erzeugnisse	432,72	1.003,36	570,64
Fertige Erzeugnisse von Waren	3.047,52	4.042,96	995,44
Geleistete Anzahlungen	0,00	269,44	269,44
=Vorräte	4.643,76	6.660,32	2.016,56
Forderungen und sonstige Vermögensgegenstände			
Forderungen aus Lieferung und Leistung	4.564,32	5.107,20	542,88
Forderungen gegen verbundene Unternehmen	2.592,48	3.013,68	421,20
Forderungen gegen Unternehmen, mit denen ein Beteiligungsverhältnis besteht	392,88	348,72	-44,16
Sonstige Vermögensgegenstände	615,44	1.868,08	1.252,64
	8.165,12	10.337,68	2.172,56
Kassenbestand, Guthaben bei Kreditinstituten und Schecks	4.452,24	30,56	-4.421,68
	17.261,12	17.028,56	-232,56
Rechnungsabgrenzungsposten	23,84	30,40	6,56
Bilanzsumme	53.972,56	64.002,56	10.030,00

PASSIVA			
Eigenkapital			
Gezeichnetes Kapital	5.068,80	5.068,80	0,00
Kapitalrücklage	9.666,16	9.666,16	0,00
Gewinnrücklage	13.999,28	16.970,96	2.971,68
Bilanzgewinn	1.774,08	2.971,68	1.197,60
	30.508,32	34.677,60	4.169,28
Rückstellungen			
Rückstellungen für Pensionen	4.267,76	4.484,80	217,04
Steuerrückstellungen	90,88	425,84	334,96
Sonstige Rückstellungen	1.932,72	2.175,36	242,64
	6.291,36	7.086,00	794,64
Verbindlichkeiten			
Verbindlichkeiten gegenüber Kreditinstituten	12.380,96	15.102,00	2.721,04
Erhaltene Anzahlungen auf Bestellungen	7,04	21,60	14,56
Verbindlichkeiten aus Lieferung und Leistung	1.574,40	1.807,92	233,52
Verbindlichkeiten gegenüber verbundenen Unternehmen	29,60	867,36	837,76
Verbindlichkeiten gegenüber Unternehmen mit denen ein Beteiligungsverhältnis besteht	0,00	0,00	0,00
Sonstige Verbindlichkeiten	3.086,72	3.730,08	643,36
	17.078,72	21.528,96	4.450,24
Rechnungsabgrenzungsposten	19,76	9,68	-10,08
Passive latente Steuern	74,40	700,32	625,92
Bilanzsumme	53.972,56	64.002,56	10.030,00

Tabelle 5: Beständedifferenzenbilanz der Kfz-Zulieferer GmbH für t-1

Absolute Zahlen in TEUR	
Mittelverwendung	
Aktivzunahmen	
Immaterielle Vermögensgegenstände	156,40
Sachanlagen	1.908,40
Finanzanlagen	8.191,20
Roh-, Hilfs- und Betriebsstoffe	181,04
Unfertige Erzeugnisse	570,64
Fertige Erzeugnisse von Waren	995,44
Geleistete Anzahlungen	269,44
Forderungen aus Lieferung und Leistung	542,88
Forderungen gegen verbundene Unternehmen	421,20
Sonstige Vermögensgegenstände	1252,64
Rechnungsabgrenzungsposten	6,56
Passivabnahmen	
Rechnungsabgrenzungsposten	10,08
Summe Bestandsveränderungen	14.505,92
Mittelherkunft	
Passivzunahmen	
Gewinnrücklage	2.971,68
Bilanzgewinn	1197,60
Rückstellungen für Pensionen	217,04
Steuerrückstellungen	334,96
Sonstige Rückstellungen	242,64
Verbindlichkeiten gegenüber Kreditinstituten	2721,04
Erhaltene Anzahlungen auf Bestellungen	14,56
Verbindlichkeiten aus Lieferung und Leistung	233,52
Verbindlichkeiten gegenüber verbundenen Unternehmen	837,76
Sonstige Verbindlichkeiten	643,36
Passive latente Steuern	625,92
Aktivabnahmen	
Forderungen gegen Unternehmen, mit denen ein Beteiligungsverhältnis besteht	44,16
Kassenbestand, Guthaben bei Kreditinstituten und Schecks	4.421,68
Summe Bestandsveränderungen	14.505,92

Tabelle 6: Veränderungs-/Bewegungsbilanz der Kfz-Zulieferer GmbH für t-1

Absolute Zahlen in TEUR	t-1
Jahresüberschuss/-fehlbetrag	5.943,36
+ Abschreibungen auf Gegenstände des AVs	3.330,24
+ Zunahme von Rückstellungen	794,64
- Abnahme von Rückstellungen	0,00
- sonstige zahlungsunwirksame Erträge	0,00
+ sonstige zahlungsunwirksame Aufwendungen	0,00
- Gewinne aus Anlagenabgängen	-100,00
+ Verluste aus Anlagenabgängen	0,00
- Zunahme der Vorräte, Forderungen aus LuL. sowie anderer Aktiva	-4.195,68
+ Zunahme der Verbindlichkeiten aus LuL. sowie anderer Passiva	2.345,04
- Abnahme der Verbindlichkeiten aus LuL. sowie anderer Passiva	0,00
= CF aus laufender Geschäftstätigkeit	8.117,60
+ Einzahlungen aus Anlagenabgängen	1.921,60
- Verluste aus Anlagenabgängen	0,00
- Auszahlungen bzw. Investitionen in das AV	-15.407,84
= CF aus Investitionstätigkeit	-13.486,24
+ Einzahlungen aus Kapitalerhöhungen oder Zuschüssen der Gesellschafter	0,00
- Auszahlungen an Gesellschafter z.B. Dividenden	-1.774,08
+ Einzahlungen aus der Aufnahme von Krediten	3.000,00
- Auszahlungen zur Tilgung von Krediten (z.B. Raten- oder Zinszahlungen)	-278,96
= CF aus Finanzierungstätigkeit	946,96
+ Zahlungswirksame Veränderungen der Finanzmittelbestände (Summe der 3 CFs)	-4.421,68
+ Finanzmittelbestand am Anfang der Periode	4.452,24
= Finanzmittelbestand am Ende der Periode	30,56

Tabelle 7: Kapitalflussrechnung nach der indirekten Methode für die Kfz-Zulieferer GmbH für t-1

Absolute Zahlen in TEUR	t-1	t	Veränderung
AKTIVA			
Anlagevermögen			
Immaterielle Vermögensgegenstände	235,36	311,92	76,56
Sachanlagen	17.985,84	19.396,56	1.410,72
Finanzanlagen	28.722,40	29.051,28	328,88
	46.943,60	48.759,76	1.816,16
Umlaufvermögen			
Roh-, Hilfs- und Betriebsstoffe	1.344,56	1.183,68	-160,88
Unfertige Erzeugnisse	1.003,36	1.182,56	179,20
Fertige Erzeugnisse von Waren	4.042,96	4.782,00	739,04
Geleistete Anzahlungen	269,44	312,24	42,80
=Vorräte	6.660,32	7.460,48	800,16
Forderungen und sonstige Vermögensgegenstände			
Forderungen aus Lieferung und Leistung	5.107,20	4.944,08	-163,12
Forderungen gegen verbundene Unternehmen	3.013,68	3.342,80	329,12
Forderungen gegen Unternehmen, mit denen ein Beteiligungsverhältnis besteht	348,72	265,28	-83,44
Sonstige Vermögensgegenstände	1.868,08	1.991,68	123,60
	10.337,68	10.543,84	206,16
Kassenbestand, Guthaben bei Kreditinstituten und Schecks	30,56	64,64	34,08
Rechnungsabgrenzungsposten	30,40	41,04	10,64
Bilanzsumme	64.002,56	66.869,76	2.867,20

PASSIVA			
Eigenkapital			
Gezeichnetes Kapital	5.068,80	5.068,80	0,00
Kapitalrücklage	9.666,16	9.666,16	0,00
Gewinnrücklage	16.970,96	19.244,16	2.273,20
Bilanzgewinn	2.971,68	2.249,20	-722,48
	34.677,60	36.228,32	1.550,72
Rückstellungen			
Rückstellungen für Pensionen	4.484,80	4.531,04	46,24
Steuerrückstellungen	425,84	155,28	-270,56
Sonstige Rückstellungen	2.175,36	2.341,84	166,48
	7.086,00	7.028,16	-57,84
Verbindlichkeiten			
Verbindlichkeiten gegenüber Kreditinstituten	15.102,00	17.683,28	2.581,28
Erhaltene Anzahlungen auf Bestellungen	21,60	26,32	4,72
Verbindlichkeiten aus Lieferung und Leistung	1.807,92	1.296,24	-511,68
Verbindlichkeiten gegenüber verbundenen Unternehmen	867,36	928,88	61,52
Verbindlichkeiten gegenüber Unternehmen mit denen ein Beteiligungsverhältnis besteht	0,00	560,72	560,72
Sonstige Verbindlichkeiten	3.730,08	2.350,48	-1.379,60
	21.528,96	22.845,92	1.316,96
Rechnungsabgrenzungsposten	9,68	77,12	67,44
Passive latente Steuern	700,32	690,24	-10,08
Bilanzsumme	64.002,56	66.869,76	2.867,20

Tabelle 8: Beständedifferenzenbilanz der Kfz-Zulieferer GmbH für t

Absolute Zahlen in TEUR	
Mittelverwendung	
Aktivzunahmen	
Immaterielle Vermögensgegenstände	76,56
Sachanlagen	1.410,72
Finanzanlagen	328,88
Unfertige Erzeugnisse	179,20
Fertige Erzeugnisse von Waren	739,04
Geleistete Anzahlungen	42,80
Forderungen gegen verbundene Unternehmen	329,12
Sonstige Vermögensgegenstände	123,60
Kassenbestand, Guthaben bei Kreditinstituten und Schecks	34,08
Rechnungsabgrenzungsposten	10,64
Passivabnahmen	
Bilanzgewinn	722,48
Steuerrückstellungen	270,56
Verbindlichkeiten aus Lieferung und Leistung	511,68
Sonstige Verbindlichkeiten	1.379,60
Passive latente Steuern	10,08
Summe Bestandsveränderungen	6.169,04
Mittelherkunft	
Passivzunahmen	
Gewinnrücklage	2.273,20
Rückstellungen für Pensionen	46,24
Sonstige Rückstellungen	166,48
Verbindlichkeiten gegenüber Kreditinstituten	2581,28
Erhaltene Anzahlungen auf Bestellungen	4,72
Verbindlichkeiten gegenüber verbundenen Unternehmen	61,52
Verbindlichkeiten gegenüber Unternehmen, mit denen ein Beteiligungsverhältnis besteht	560,72
Rechnungsabgrenzungsposten	67,44
Aktivabnahmen	
Roh-, Hilfs- und Betriebsstoffe	160,88
Forderungen aus Lieferung und Leistung	163,12
Forderungen gegen Unternehmen, mit denen ein Beteiligungsverhältnis besteht	83,44
Summe Bestandsveränderungen	6.169,04

Tabelle 9: Veränderungs-/Bewegungsbilanz der Kfz-Zulieferer GmbH für t

Absolute Zahlen in TEUR	t
Jahresüberschuss/-fehlbetrag	4.522,40
+ Abschreibungen auf Gegenstände des AVs	3.363,60
+ Zunahme von Rückstellungen	0,00
- Abnahme von Rückstellungen	-57,84
- sonstige zahlungsunwirksame Erträge	0,00
+ sonstige zahlungsunwirksame Aufwendungen	0,00
- Gewinne aus Anlagenabgängen	-200,00
+ Verluste aus Anlageabgängen	0,00
- Zunahme der Vorräte, Forderungen aus LuL. sowie anderer Aktiva	-1.016,96
+ Zunahme der Verbindlichkeiten aus LuL. sowie anderer Passiva	0,00
- Abnahme der Verbindlichkeiten aus LuL. sowie anderer Passiva	-1.206,96
= CF aus laufender Geschäftstätigkeit	5.404,24
+ Einzahlungen aus Anlagenabgängen	399,52
- Verluste aus Anlagenabgängen	0,00
- Auszahlungen bzw. Investitionen in das AV	-5.379,28
= CF aus Investitionstätigkeit	-4.979,76
+ Einzahlungen aus Kapitalerhöhungen oder Zuschüssen der Gesellschafter	0,00
- Auszahlungen an Gesellschafter z.B. Dividenden	-2.971,68
+ Einzahlungen aus der Aufnahme von Krediten	3.000,00
- Auszahlungen zur Tilgung von Krediten (z.B. Raten- oder Zinszahlungen)	-418,72
= CF aus Finanzierungstätigkeit	-390,40
+ Zahlungswirksame Veränderungen der Finanzmittelbestände (Summe der 3 CFs)	34,08
+ Finanzmittelbestand am Anfang der Periode	30,56
= Finanzmittelbestand am Ende der Periode	64,64

Tabelle 10: Kapitalflussrechnung nach der indirekten Methode für die Kfz-Zulieferer GmbH für t

7 Erfolgswirtschaftliche Bilanzanalyse

7.1 Analyse der Ertragsstruktur

Eine der wichtigsten Größen zur Beurteilung des Erfolges eines Unternehmens ist die **Ertragskraft**, welche durch die erfolgswirtschaftliche Bilanzanalyse ermittelt werden soll. Die Ermittlung erfolgt, indem die ausgewiesene Gewinnsituation auf ihre Höhe und Entstehung (Erfolgsquellen) sowie der damit verbundenen Aufwands- und Ertragsstruktur untersucht wird. Die hierfür notwendigen Analyseinstrumente werden nachfolgend dargestellt. Wichtig ist hierbei, dass diese Untersuchung soweit wie möglich frei von bilanzpolitischen sowie handels- und steuerrechtlichen Einflüssen erfolgen soll. Aus den Erkenntnissen der Ergebnisanalyse soll anschließend die künftige Ertragskraft prognostiziert werden.

Allgemein lässt sich die Ertragskraft als die Fähigkeit beschreiben, nachhaltig Gewinne zu erzielen (**Gewinnerzielungsfähigkeit**). Die Gewinne dienen dabei einerseits den Gewinnausschüttungen für die Investoren/Anteilseigner und andererseits dazu, Kapitalrücklagen zu bilden, um in Zukunft die Leistungsfähigkeit und damit den langfristigen Unternehmenserfolg zu sichern[72]. Von der Höhe der Ertragskraft und somit der Fähigkeit nachhaltig wettbewerbsfähig zu sein, machen verschiedene Interessengruppen, wie bspw. Aktionäre und Investoren, Fremdkapitalgeber, Konkurrenten etc., ihre individuellen Entscheidungen abhängig. Aktionäre und Investoren stützen sich bei ihrer Investitionsentscheidung auf die prognostizierte Ertragskraft (Performance), um daraus schließen zu können wie wahrscheinlich und harmonierend finanzielle Rückflüsse aus ihren Investments in Zusammenhang mit ihrer zukünftigen Liquiditätsplanung sind (z.B. durch Dividendenausschüttungen oder Kursgewinne). Fremdkapitalgeber ziehen diese Größe (neben weiteren) zur Beurteilung der Sicherheit ihres überlassenen Kapitals heran. Außerdem sollen die damit verbundenen Zins- und Tilgungszahlungen aus Perspektive der Gläubiger abgesichert werden. Die unmittelbaren Konkurrenten hingegen nutzen die Prognose der Ertragskraft, um einstufen zu können, wie stark das eigene Unternehmen im Vergleich ist.

Die GuV stellt die zentrale Informationsquelle zur Beurteilung der Ertragskraft dar. In der GuV werden die Erträge und Aufwendun-

[72]Vgl. Gräfer, H; Schneider, G.: Bilanzanalyse, 13. Aufl., Herne 2016, S. 27.

gen innerhalb einer Periode (Zeitraumrechnung) gegenübergestellt und anhand dieser Aufstellung der Jahresüberschuss bzw. Jahresfehlbetrag ermittelt. Die GuV kann sowohl nach dem HGB als auch nach IFRS entweder nach dem Umsatzkostenverfahren oder dem Gesamtkostenverfahren erstellt werden.

Beim Gesamtkostenverfahren werden die angefallenen Aufwendungen gemäß ihrer Art in den jeweiligen Posten zusammengefasst. Das Gesamtkostenverfahren ist aufwandsartenorientiert und entspricht einer **Produktionserfolgsrechnung**. Die Aufstellung der Aufwendungen nach diesem Verfahren ist gegenüber dem Umsatzkotenverfahren einfacher durchzuführen, da hier sowohl nach HGB als auch nach IFRS die betrieblichen Aufwendungen nicht den einzelnen Funktionsbereichen zugeordnet werden müssen.

Bei dem Umsatzkostenverfahren hingegen handelt es sich um eine **Umsatzerfolgsrechnung**. Dabei müssen für die Abgrenzung der Erträge und Aufwendungen die abgesetzten Mengeneinheiten herangezogen werden. Die Aufwendungen werden dabei nicht nach Aufwandsarten, sondern nach Funktionsbereichen wie Herstellung, Verwaltung und Vertrieb gegliedert. Das Umsatzkostenverfahren ist somit aufwandsträgerorientiert. Aus diesem Grund wird in der internationalen Rechnungslegung das Umsatzkostenverfahren gem. **IAS 1.92** bevorzugt, da die GuV bei diesem Verfahren entscheidungsrelevantere Informationen liefern kann als beim Gesamtkostenverfahren. Im Hinblick auf die Personalaufwendungen gibt es bei dem Umsatzkostenverfahren eine Besonderheit. Da bei der Wahl des Umsatzkostenverfahrens nicht mehr der gesamte Personalaufwand in der GuV ablesbar ist, muss nach. **IAS 1.93** zusätzlich der Personalaufwand im Anhang angegeben werden.

Um die Ertragskraft eines Unternehmens besser bestimmen zu können, empfiehlt es sich, das Jahresergebnis in verschiedene Teilergebnisse aufzugliedern. Eine Aufspaltung in das ordentliche Betriebsergebnis, das Finanzergebnis (betriebsfremdes ordentliches Ergebnis) und das außerordentliche Ergebnis hat sich dabei besonders bewährt. Die Aufspaltung erfolgt in der Regel nach den Kriterien der Betriebszugehörigkeit sowie der Regelmäßigkeit (ordentlich/außerordentlich). Das ordentliche Betriebsergebnis wird hierbei als betriebsbedingt gesehen, wohingegen das Finanzergebnis als betriebsfremd, aber dennoch regelmäßig erzielbar (ordentlich) gilt. Daher können das ordentliche Betriebsergebnis und das Finanzergebnis zusammengefasst werden, um daraus das ordentliche Ergebnis zu erhalten.

Allerdings muss beachtet werden, dass die bis dato geltende Ausweisregelung zu außerordentlichen Aufwendungen und Erträgen gem. § **277 Abs. 4** HGB durch das Bilanzrichtlinie-Umsetzungsgesetz (BilRUG) vollständig aufgehoben wurde. Infolgedessen ist es untersagt, außerordentliche Erträge und Aufwendungen separat in der GuV auszuweisen. Die Änderung wurde durchgesetzt, um die nationale Rechnungslegung den internationalen Standards (IFRS) anzugleichen, da diese den separaten Ausweis ebenfalls nicht mehr kennen. Für den externen Analysten ergeben sich durch das Ausweisverbot im Hinblick auf die Analyse nun weitere Schwierigkeiten, da sich neue Informationsasymmetrien bilden können. Zwar werden in Zukunft nach § **285 Nr. 31 HGB-E** im Anhang „jeweils der Betrag und die Art der einzelnen Erträge und Aufwendungen von außergewöhnlicher Größenordnung oder außergewöhnlicher Bedeutung, soweit die Beträge nicht von untergeordneter Bedeutung sind" ausgewiesen, jedoch muss berücksichtigt werden, dass die *außergewöhnlichen* von den *außerordentlichen* Erträgen und Aufwendungen (teilweise) differieren. Insofern ist die Ermittlung des außerordentlichen Ergebnisses und damit die Ergebnisquellenanalyse deutlich erschwert worden.

Durch die Ergebnisquellenanalyse kann der externe Analyst wichtige Erkenntnisse erlangen, in welchem Maße der Erfolg durch die eigentliche Kerngeschäftstätigkeit (ordentliches Betriebsergebnis) und somit unmittelbar aus der ureigenen Geschäftsidee erzielt wurde. Zusätzlich wird dargestellt welchen Anteil das außerordentliche/außergewöhnliche (soweit wie möglich) und das finanzielle Ergebnis am Jahresüberschuss haben. Ein hoher Anteil des ordentlichen Betriebsergebnisses lässt auf eine gute zukünftige Ertragskraft schließen, da man davon ausgehen kann, dass dieses Ergebnis regelmäßig – d.h. nachhaltig – erzielbar ist.

Vorsicht ist jedoch im Rahmen der Erfolgsspaltung bei den „sonstigen betrieblichen Erträgen und Aufwendungen" geboten, da beide als „Mischposten" in den meisten Fällen sowohl ordentliche, als auch außerordentliche Komponenten beinhalten. Der externe Analyst kann diese aufgrund der unvollständigen Informationsgrundlage jedoch häufig nicht genau zuordnen. In der Regel werden die sonstigen betrieblichen Erträge dem außerordentlichen/außergewöhnlichen Ergebnis und die sonstigen betrieblichen Aufwendungen aufgrund des Vorsichtsprinzips des HGB dem ordentlichen Ergebnis zugerechnet. Diese Vorgehensweise kann jedoch zu Verzerrungen führen. Zusätzlich wird die Analyse durch die Neuerungen des BilRUG erschwert bzw. verhindert. Die Änderungen beeinträchtigen bzw. verhindern die Trennung von regelmäßigen und unregelmäßigen Erträgen und Aufwendungen durch das Verbot zum Ausweis von außerordentlichen Erträgen und Aufwendungen.

7.1.1 Das ordentliche Betriebsergebnis

Das ordentliche Betriebsergebnis („Betriebserfolg") ist der wesentliche Teil des operativen Ergebnisses. Es wird ermittelt, indem man das ausgewiesene Betriebsergebnis, sofern dies möglich ist, um die unregelmäßigen und außerordentlichen/außergewöhnlichen Komponenten bereinigt. Das ordentliche Betriebsergebnis sollte sich somit nur aus den Ertrags- und Aufwandskomponenten zusammensetzen, die mit dem eigentlichen Betriebszweck in einem direkten Zusammenhang stehen und daher aus der gewöhnlichen Geschäftstätigkeit (Umsetzung der Geschäftsidee) resultieren. Dabei kann davon ausgegangen werden, dass diese Erträge und Aufwendungen auch in Zukunft mit einer gewissen Wahrscheinlichkeit wieder eintreten werden. Wie eine Bereinigung um die unregelmäßigen und außerordentlichen/außergewöhnlichen Erträge und Aufwendungen – ausgehend vom EBIT – aussehen kann, ist der folgenden Tabelle zu entnehmen[73]:

	Betriebsergebnis (EBIT)
+	außerplanmäßige Abschreibungen
+	steuerliche Abschreibungen
+	unregelmäßiger Teil der sonstigen betrieblichen. Aufwendungen
-	unregelmäßiger Teil der sonstigen betrieblichen Erträge
+	Zinsanteil in Pensionsrückstellungen
+	Geschäftswertabschreibungen
+	gebildete stille Reserven
-	aufgelöste stille Reserven
=	ordentliches Betriebsergebnis

Tabelle 11: Berechnung des ordentlichen Betriebsergebnisses

[73] Vgl. Gräfer, H.; Schneider, G.: Bilanzanalyse, 13. Aufl., Herne 2016, S. 34.

Während das in der GuV ausgewiesene Betriebsergebnis durch viele betriebsfremde und außerordentliche/außergewöhnliche Vorgänge verzerrt wird und daher in seiner Aussagekraft begrenzt ist, hat das ordentliche Betriebsergebnis den Vorteil weitestgehend frei von störenden und verzerrenden Einflüssen zu sein[74].

Da das ordentliche Betriebsergebnis für die Bilanzanalyse eine sehr große Bedeutung hat, empfiehlt es sich die Kennzahl „ordentlicher Betriebsergebnisanteil" zu berechnen[75].

$$\textbf{ordentlicher Betriebsergebnisanteil} = \frac{\text{ordentliches Betriebsergebnis}}{\text{EBT}}$$

Durch eine zu starke Fokussierung auf diese Kennzahl besteht allerdings die Gefahr, dass falsche Interpretationen abgeleitet werden. So kann bspw. ein Unternehmen seinen ordentlichen Betriebserfolg verbessern, indem es einen defizitären Bereich, welcher dem gewöhnlichen Geschäftsbereich zuzuordnen ist, in eine Tochterunternehmung ausgliedert. Somit würde sich das ordentliche Betriebsergebnis verbessern, da die Verluste aus der ausgegliederten Abteilung nun nicht mehr im ordentlichen Betriebserfolg erfasst werden, sondern im Finanzergebnis. Tatsächlich hat sich aber in diesem Fall nichts an der operativen Ertragslage geändert. Diese Problematik ist allerdings nicht bei Unternehmen relevant, welche einen Konzernabschluss aufstellen, da hier die Aufwendungen und Erträge des Tochterunternehmens direkt in der Konzern-GuV erfasst werden[76].

Je höher diese Kennzahl notiert, desto höher ist die Wahrscheinlichkeit, dass auch in Zukunft der eigentliche Betriebszweck die Basis für den Unternehmenserfolg bilden wird. Wie bereits zuvor beschrieben wurde, liefert das ordentliche Betriebsergebnis durch die durchgeführten Bereinigungen um außerordentliche, nicht regelmäßig zu erwartende Erträge und Aufwendungen einen guten Richtwert dafür, welche Erträge das Unternehmen zukünftig erzielen kann, sofern sich wesentliche Einflussfaktoren nicht ändern. Zu denken wäre bei einem

[74] Vgl. Gräfer, H.; Schneider, G.: Bilanzanalyse, 13. Aufl., Herne 2016, S. 35.

[75] Vgl. Brösel, G.: Bilanzanalyse, 13. Aufl., Berlin 2010, S. 198.

[76] Vgl. Küting, K.; Weber, C-P.: Die Bilanzanalyse, 11. Aufl., Stuttgart 2015, S. 276.

solchen Einflussfaktor bspw. an den Verkauf eines (profitablen) Unternehmensbereiches. Falls solche Änderungen zum Zeitpunkt der Analyse bereits geplant sind und offenliegen, ist es notwendig sie in die Bewertung einzubeziehen und deren Einfluss auf das künftige ordentliche Betriebsergebnis herauszustellen. Durch die Ergebnisquellenanalyse wird das Ergebnis in seine Einzelbestandteile zerlegt, was Rückschlüsse auf deren Bedeutung für die Entwicklung des Unternehmens ermöglicht. Vor dem Hintergrund der zu Beginn des Buches beschriebenen Problematik der Informationsasymmetrie (siehe Abschnitt 1.5 Informationsasymmetrien als Herausforderung an die Jahresabschlussanalyse), liefert das Ergebnis bzw. die Kennzahl aufgrund der getätigten Bereinigungen – anders als der Jahresüberschuss – eine gute Informationsgrundlage. Der externe Analyst erhält einen „bereinigten" Erfolg, welcher Veränderungen der Ertragskraft, Fehlentwicklungen des Unternehmens und Kaschierungen seitens der Unternehmensleitung durch bilanzpolitische Wahlrechte erkennbar macht. Man stelle sich vor, dass ein Unternehmen im Laufe der Jahre einen konstanten oder steigenden Jahresüberschuss in der GuV ausweist. Dies würde ohne weitere Betrachtungen auf eine positive Unternehmensentwicklung hindeuten, kann allerdings durch bilanzpolitische Maßnahmen stark beeinflusst worden sein. Die Ermittlung des ordentlichen Betriebserfolges zeigt jedoch die wahre, „unverfälschte" Unternehmenssituation. Sinkt dieser Wert, bei steigendem Jahresüberschuss, so ist dies ein Hinweis darauf, dass die Unternehmensleitung durch bilanzpolitische Maßnahmen einen verfälschten Jahresüberschuss zur Kaschierung der tatsächlich eingetretenen, negativen Entwicklung ausgewiesen hat. In diesem Fall sollte der externe Analyst gewarnt sein und eine Ursachenanalyse durchführen.

Zur besseren Prognose der zukünftigen Ertragskraft muss der externe Analyst die Entwicklung der beiden Ergebnisgrößen im Zeitverlauf gegenüberstehend betrachten. Je höher der absolute Wert des ordentlichen Betriebsergebnisses sowie dessen Anteil am ausgewiesenen Jahresüberschuss sind, desto positiver ist die aktuelle Situation und die Prognose der künftigen Unternehmensentwicklung zu beurteilen. Daher ist ein im Zeitverlauf hoher Wert dieser Kennzahl als erfolgsversprechend zu werten. Final kann festgestellt werden, dass je höher der Anteil des ordentlichen Betriebsergebnisses an dem ausgewiesenen Jahresüberschuss der GuV ist, desto höher ist die Güte bzw. Qualität des ausgewiesenen Ergebnisses der GuV. Durch die neuerdings eingeführten Änderungen des BilRUG wird jedoch die Bildung und Interpretation des ordentlichen Betriebsergebnisses erheblich erschwert.

7.1.2 Das ordentliche Finanzergebnis

Das ordentliche Finanzergebnis wird zwar, ähnlich wie das ordentliche Betriebsergebnis, durch die Betätigung des Unternehmens weitestgehend regelmäßig erwirtschaftet, steht aber nicht direkt im Zusammenhang mit dem eigentlichen Unternehmenszweck. Da es sich hierbei um einen Erfolg handelt, der neben dem Betriebserfolg entstanden ist, wird das ordentliche Finanzergebnis auch als das „betriebsfremde Ergebnis" bezeichnet[77]. Wegen der (unterstellten) Regelmäßigkeit der Erzielung findet jedoch in den meisten Fällen, sofern dies möglich ist (BilRUG), neben den jeweiligen Einzelbetrachtungen zusätzlich eine Aggregation der beiden Größen „ordentliches Betriebsergebnis" und „ordentliches Finanzergebnis" statt. Das Resultat wird als ordentliches Ergebnis oder „Ergebnis der gewöhnlichen Geschäftstätigkeit" bezeichnet und gibt die kumulierte Höhe des regelmäßig erzielbaren, betriebsbedingten und betriebsfremden Ergebnisses an.

Die Berechnung des ordentlichen Finanzergebnisses ist in folgender Tabelle dargestellt:

	Erfolge aus der Bewertung von Anteilen an assoziierten Unternehmen nach der Equity Methode
+	Erträge aus Beteiligungen
+	Erträge aus anderen Wertpapieren und Ausleihungen des Finanzanlagevermögens
+	regelmäßige Erträge bzw. Aufwendungen aus Immobilien
+	Erträge aus Gewinngemeinschaften und Gewinnabführungsverträgen
+	sonstige Zinsen und ähnliche Erträge
+	betriebsfremde Erträge (z.B. Kursgewinne)

[77] Vgl. Gräfer, H.; Schneider, G.: Bilanzanalyse, 13. Aufl., Herne 2016, S. 38.

-	Aufwendungen aus Verlustübernahmen
-	Zinsen und ähnliche Aufwendungen
-	betriebsfremde Aufwendungen (z.B. Kursverluste)
=	ordentliches Finanzergebnis

Tabelle 12: Berechnung des ordentlichen Finanzergebnisses

Bei der Ermittlung des Finanzergebnisses taucht die Frage auf, ob die Zinsaufwendungen, welche als Kosten für die Kapitalakquise verstanden werden können, dem ordentlichen Betriebsergebnis oder dem ordentlichen Finanzergebnis zuzuordnen sind. Ein Argument, die Zinsaufwendungen dem Betriebsergebnis zuzuschreiben, ist, dass das aufgenommene Fremdkapital ultimativ der Erzielung des Betriebserfolges dient und demzufolge die Zinsaufwendungen diesem zuzuordnen sind.

Allerdings ist dies aus den folgenden zwei Gründen abzulehnen:

- In der externen Bilanzanalyse ist es nur schwer oder kaum einschätzbar, wie hoch der Zinsaufwand für das Fremdkapital ist, welches im eigentlichen Kernbereich des Unternehmens eingesetzt wird und wie hoch der Anteil der Zinsaufwendungen ist, der für den Erwerb von Beteiligungen oder ähnlicher finanzwirtschaftlicher Aktivitäten eingesetzt wird.[78]
- Die Berücksichtigung von Zinsaufwendungen im ordentlichen Betriebserfolg kann Branchenvergleiche verzerren und erschweren. Damit sich die Art der Finanzierung und die Zusammensetzung der Kapitalstruktur nicht auf das ordentliche Betriebsergebnis auswirken, liegt es daher nahe, die Zinsaufwendungen in das Finanzergebnis auszugliedern.

Um zu ermitteln, wie hoch der Anteil des Finanzergebnisses am Gesamtergebnis ist, kann man analog zum ordentlichen Betriebsergebnisanteil den ordentlichen Finanzergebnisanteil berechnen.

$$\textbf{ordentlicher Finanzergebnisanteil} = \frac{\text{ordentliches Finanzergebnis}}{\text{EBT}}$$

[78] Vgl. Gräfer, H.; Schneider, G.: Bilanzanalyse, 13. Aufl., Herne 2016, S. 38.

Entsprechend den Ausführungen aus dem vorigen Kapitel ist ein verhältnismäßig möglichst geringer Finanzergebnisanteil als positiv anzusehen, da dieser nicht im unmittelbaren Zusammenhang mit der Kerngeschäftstätigkeit (Umsetzung der ureigenen Geschäftsidee) steht bzw. erwirtschaftet wurde. Des Öfteren valutiert das Ergebnis mit einem negativen Wert, was darauf zurück zu führen ist, dass das Unternehmen sehr stark fremdfinanziert ist und keine bzw. nur geringe Erträge aus Beteiligungen etc. erzielt hat. Dem Finanzergebnis kommt aufgrund der (unterstellten) Regelmäßigkeit jedoch in Bezug auf die nachhaltige Gewinnerzielungsfähigkeit (Ertragskraft) oftmals eine höhere Bedeutung zu als den außerordentlichen/außergewöhnlichen Komponenten.

Zur genaueren Analyse kann das Finanzergebnis in seine einzelnen Bestandteile aufgegliedert werden. Hierbei kommen vor allen Dingen die Unterteilungen in das Zinsergebnis und das Beteiligungsergebnis in Frage. Aus diesen können dann weitere Kennzahlen wie bspw. die Zinsbelastung, Zinsintensität, der Beteiligungsergebnisanteil und die Beteiligungsrendite gebildet und interpretiert werden. Bspw. liefert das Verhältnis von Zinsergebnis zu dem Jahresüberschuss dem externen Analysten Erkenntnisse darüber, wie stark das Unternehmen – im Hinblick auf seine Erfolgssituation – von der Entwicklung der Zinsen auf den Kapitalmärkten abhängig ist. Der Beteiligungsergebnisanteil hingegen misst die Relation des Beteiligungsergebnisses zu dem Jahresüberschuss und lässt Rückschlüsse auf die Relevanz des Bereiches für die Erfolgslage des Unternehmens sowie das Maß der Risikostreuung und Diversifikation zu. Veränderungen dieser Erträge im Zeitverlauf lassen auf Gewinnverlagerungen im Konzern schließen. Die Beurteilung des Finanzergebnisses führt insbesondere unter Berücksichtigung von weiteren Kennzahlen zu aussagefähigen Resultaten.

7.1.3 Auslandsabhängigkeit

Eine weitere Kennzahl im Rahmen der Erfolgsanalyse ist die Auslandsabhängigkeit (Exportquote). Mit Hilfe dieser Kennzahl kann ermittelt werden, wie hoch der Anteil des Exportes am Gesamtumsatz ist.

$$\textbf{Auslandsabhängigkeit} = \frac{\text{Auslandsumsatz}}{\text{Gesamtumsatz}}$$

Zunächst gibt die Exportquote grundsätzlich Auskunft darüber, in welchem Maße das Unternehmen von ausländischen Märkten abhängig ist.

Die Aussage dieser Kennzahl ist nicht eindeutig und hängt von mehreren Faktoren ab. Zu Beginn muss das Absatz- und Umsatzpotenzial der jeweiligen Märkte in die Beurteilung einbezogen werden. Darüber hinaus spielen vor allen Dingen Risikoaspekte bei der Urteilsfindung eine wichtige Rolle. Mögliche Risiken, welche bei einer steigenden Exportquote ebenfalls steigen, stellen dabei politische und wirtschaftliche Unsicherheiten, Umsatzeinbußen durch Währungsschwankungen sowie Zoll- oder Zahlungsrisiken dar. Da diese Risiken länderspezifisch mitunter stark schwanken, sollte bei einer hohen Auslandsabhängigkeit eines Unternehmens zunächst untersucht werden, welche Länder die Hauptabsatzmärkte des Unternehmens darstellen. Für den Fall, dass ein hoher Anteil der Umsätze in politisch oder wirtschaftlich unsicheren Ländern erzielt wird, ist eine hohe Auslandsabhängigkeit negativ zu deuten. Hier besteht das Risiko, dass diese Absatzmärkte in Zukunft – z.B. aufgrund von politisch ungünstigen Ereignissen – einbrechen könnten. Seitens des Unternehmens ist es notwendig, die Forderungen für Lieferungen und Leistungen in „riskante“ Länder, z.B. durch Vorauskasse, entsprechend abzusichern. Damit kann Forderungsausfällen, welche oftmals mit Liquiditätsproblemen und Rentabilitätseinbußen verbunden sind, vorgebeugt werden. Zudem können durch Wechselkursänderungen die Absatzpreise, gerechnet in der heimischen Währung, in den betreffenden Ländern sinken, was ein operatives Risiko darstellt und ultimativ zu Umsatzeinbußen führen kann. Diesem Risiko kann aber unter anderem durch Verlagerungen der Produktionsstätten in den Auslandsmärkten begegnet werden. Für den Raum einer Währungsunion, wie dies bspw. in großen Teilen Europas der Fall ist, entfällt dieses Risiko ohnehin. Außerdem reduzieren sich in diesen Fällen die Zollrisiken bzw. häufig sind diese überhaupt nicht mehr existent.

Andererseits kann eine hohe Auslandsabhängigkeit auch positiv beurteilt werden. Dies ist der Fall, wenn der Heimatmarkt einer bestimmten Branche stagniert oder schrumpft, während der Auslandsmarkt ein relativ hohes oder zumindest stabiles Wachstum vorweisen kann. Dieses Szenario konnte z.B. verstärkt seit 2011 in der Photovoltaikbranche beobachtet werden. Hier führten massive Förderkürzungen in Deutschland zu einer Kontraktion des Heimatmarktes, während die Märkte in USA, China, Indien und einigen anderen Ländern mit zweistelligen Wachstumsraten pro Jahr zulegen konnten. Deutsche Solarmodulproduzenten, die frühzeitig diesen Trend erkannt und verstärkt auf das Ausland gesetzt haben, verfügten dadurch nun über einen wichtigen Wettbewerbsvorteil. Aufgrund dieser Entwicklung streben deutsche Modulhersteller eine niedrige Inlandsabhängigkeit an, was mit einer hohen Auslandsabhängigkeit einhergeht. Ebenfalls kann ein hoher Anteil des Exportgeschäftes am Gesamtumsatz des Unternehmens ein Zeichen für eine gute Qualität der eigenen Produkte sein, weshalb diese auf ausländischen Märkten erfolgreich sind. In diesen Fällen muss erprobt werden, ob sogar noch weitere (wachsende) Märkte erschlossen werden können, um den Umsatz weiter auszudehnen.

Auch in der deutschen Automobilbranche ist mittlerweile eine hohe Auslandsabhängigkeit eher positiv als negativ zu werten. Denn während der heimische Markt bzw. der gesamte europäische Markt eher schwächelte, da vor allem in der Südperipherie die PKW-Neuzulassungen stark rückläufig sind, boomt der PKW-Markt in den Schwellenländern und insbesondere in China. Da sich China mittlerweile zum größten PKW-Markt der Welt entwickelt hat, ist es für deutsche Automobilkonzerne extrem wichtig, möglichst hohe Anteile in diesem Markt zu sichern, um damit die relativ schwache Nachfrage in Europa zu kompensieren.

Die Interpretation der Auslandsabhängigkeit ist sehr stark von unterschiedlichen Faktoren abhängig. Das wesentlichste Kriterium stellt wohl die Frage dar, ob der heimische Markt genug Absatz-/Umsatzpotenzial bietet, um langfristig erfolgreich wirtschaften zu können, oder ob es möglicherweise sogar zu Umsatzrückgängen, infolge eines schrumpfenden Marktes kommt. Außerdem ist der Aussagegehalt der Kennzahl sehr stark von der jeweiligen Branche abhängig, sodass allgemeingültige Richtwerte nicht sinnvoll erscheinen und die Kennzahl stets im Branchenkontext betrachtet werden sollte. Darüber hinaus müssen die oben beschriebenen Risiken in die Beurteilung miteinbezogen werden, um zu einem abschließenden, risikoadäquaten Urteil zu gelangen. Tendenziell ist eine hohe Auslandsabhängigkeit positiv zu sehen, sofern die ausländischen

Absatzmärkte nicht zu sehr auf einzelne Länder konzentriert sind, um damit potenzielle Nachfrageeinbrüche in den einzelnen Ländern abfedern zu können. Dementsprechend ist eine weitergehende Analyse der Exportquote, welche die Umsätze nach den einzelnen Exportstaaten differenziert, empfehlenswert, da der externe Analyst somit Erkenntnisse erhält, welche Staaten den höchsten Exportanteil haben. Hierzu kann bspw. die Kennzahl „Umsatz nach Regionen" genutzt werden. Abschließend bietet sich eine intertemporale Betrachtung der Exportquote an, um Veränderungen der Kennzahl über verschiedene Perioden hinweg zu erkennen. Eine Ursachenanalyse im Falle von festgestellten Veränderungen sollte zwingend durchgeführt werden, sofern der externe Analyst über die Möglichkeit bzw. die benötigten Informationen dazu verfügt. Mögliche Gründe für eine Erhöhung der Exportquote im Zeitverlauf könnten z.B. der Wegfall von Konkurrenten im Ausland, die Erschließung neuer Märkte oder stagnierende Inlandsumsätze verbunden mit einer zunehmenden Verlagerung der Geschäftstätigkeit in das Ausland sein. Ein Sinken der Quote könnte bspw. damit zusammenhängen, dass (neue) Konkurrenten den ausländischen Markt bzw. die ausländischen Märkte ebenfalls erschlossen haben. Eine weitere Erklärung hierfür wäre, dass konjunkturelle Rezessionen in großen ausländischen Märkten die Nachfrage und somit ultimativ die Umsatzerlöse negativ beeinflussen. All diese Einflussfaktoren müssen für die Prognose der Ertragskraft eines stark exportabhängigen Unternehmens berücksichtigt werden.

7.1.4 Rohertragsquote

Die Rohertragsquote, auch Rohergebnismarge genannt, spielt eine große Rolle bei der Beurteilung der Ertragssituation eines Unternehmens. Sie wird oftmals von Firmenleitungen als oberstes Unternehmensziel definiert und gibt das Verhältnis des Rohergebnisses zum erzielten Umsatz an.[79]

$$\textbf{Rohertragsquote} = \frac{\text{Rohergebnis}}{\text{Umsatzerlöse}}$$

[79] Vgl. Schröder, H.: Marketing-Funktionen ganzheitlich beherrschen, Düsseldorf 2010, S. 50.

Das Rohergebnis kann nach dem folgenden Schema ermittelt werden:

Umsatzerlöse
+/- Bestandsveränderungen
+ andere aktivierte Eigenleistungen
+ sonstige betriebliche Erträge
- Materialeinsatz
= Rohertrag

Bei der Rohertragsquote handelt es sich um eine Rentabilitätskennzahl, da bei der Berechnung eine Ertragsgröße einer Leistungsgröße gegenübergestellt wird (siehe Abschnitt 7.5 Rentabilitätsbetrachtungen). Sie bezieht sich lediglich auf diejenigen Einzelkosten (Material-/Wareneinsatz), welche den Umsatzerlösen direkt zurechenbar sind. Diese haben einen variablen Charakter und sind daher unmittelbar vom Umsatz abhängig, was bedeutet, dass je höher der Umsatz ist, desto höher sind die Materialkosten und vice versa. Die Rohertragsquote sollte jedoch bei Veränderungen des Umsatzes identisch bleiben, da sie relativ zu diesem ermittelt wird. Falls sich Änderungen ergeben, müssen die Ursachen dafür untersucht werden, da sich hieraus mitunter wichtige Erkenntnisse gewinnen lassen.

Aus dem Rohergebnis sind weitere Aufwendungen, wie Personalaufwendungen, Abschreibungen, Zinsen und Steuern zu leisten. Insofern wird der Rohertrag als die Größe gesehen, die zur Deckung der gesamten Betriebskosten zur Verfügung steht. Aus ihm wird folglich ersichtlich, wie hoch die (Fix-)Kosten des Unternehmens höchstens sein dürfen, um Gewinne verzeichnen zu können. Generell ist das Rohergebnis besonders für die betriebliche Erfolgsmessung von Handelsunternehmen von großer Bedeutung. In diesem Zusammenhang wird die Kennzahl auch als Handelsspanne bezeichnet. Dies liegt daran, dass bei Handelsunternehmen der Materialeinsatz in der Regel einen sehr großen Aufwandsposten darstellt, da Handelsunternehmen im Normalfall keine eigene Produktion haben.

Die Rohertragsquote bietet eine gute Möglichkeit sich über die Ertragslage eines Unternehmens zu informieren. Außerdem kann die Rohertragsquote als erster Ansatzpunkt zur Bestimmung der Wertschöpfungstiefe des betrachteten Unternehmens genutzt werden. Die Kennzahl ist sehr stark branchenabhängig und sollte daher stets im Branchenvergleich betrachtet werden. Allerdings muss der externe Analyst berücksichtigen, dass die Werte auch innerhalb einzelner Branchen aufgrund der Einzigartigkeit der Geschäftsideen sehr stark schwanken können. So können bspw. Premiumhersteller einer Branche deutlich höhere Roherträge und Rohertragsquoten erzielen als der Branchendurchschnitt. Zudem ist die Rohertragsquote bei Produktionsunternehmen sehr stark davon abhängig, ob die Fertigung eher lohn- oder materialintensiv ist. Der Rohertrag gewinnt folglich zusammen mit dem Personalaufwand bzw. der Personalaufwandsquote eine besonders hohe Aussagekraft. Insofern ist es auch hier notwendig, wie bei allen vorgestellten Kennzahlen, den allgemeinen Branchenvergleich um eine spezifische Peer-Group-Betrachtung zu ergänzen.

Für das **Beispielunternehmen** (siehe Kapitel 5 Planung des Beispielunternehmens Kfz-Zulieferer GmbH) ergeben sich die folgenden Rohertragsquoten:

Rohertragsquote		t-2	t-1	t
Zähler	Umsatzerlöse	30.606,64	35.050,88	37.687,36
	+ Bestandserhöhung an fertigen & unfertigen Erzeugnissen	+282,80	+1.419,92	+735,20
	+ andere aktivierte Eigenleistungen	+761,20	+1.036,16	+259,92
	+ sonstige betriebliche Erträge	+2.099,12	+4.132,96	+1.634,00
	- Materialeinsatz /-aufwand	-13.757,36	-17.733,20	-17.936,80
	= Rohergebnis	= 19.992,40	=23.906,72	=22.379,68
Nenner	Umsatzerlöse	30.606,64	35.050,88	37.687,36
Ergebnis	Dividende · 100	65,3%	68,2%	59,4%

Das Unternehmen weist im Zeitpunkt t-2 eine Rohertragsquote von 65,3% auf. Die Rohertragsquote steigt im Zeitpunkt t-1 auf 68,2%. Was darauf zurückzuführen ist, dass das Rohergebnis in diesem Zeitraum gesteigert wurde. Relativiert wird dies jedoch unmittelbar durch den Anstieg der Umsatzerlöse. Dies führt in der Periode t zu einem Rückgang der Rohertragsquote auf 59,4%.

7.2 Aufwandsstrukturanalyse

Die Aufwandsstrukturanalyse stellt einen weiteren wesentlichen Bestandteil der erfolgswirtschaftlichen Bilanzanalyse dar. Der externe Analyst erlangt hierdurch Erkenntnisse über die Aufwandsstruktur des Unternehmens.

7.2.1 Materialaufwandsquote

Die Materialaufwandsquote gibt an, wie viel Prozent der Gesamtleistung die Materialaufwendungen ausmachen. Die Materialaufwandsquote bzw. Materialintensität bietet zusammen mit der Personalaufwandsquote einen guten Überblick darüber, ob ein Unternehmen material- oder lohnintensiv ist und sollte dementsprechend immer zeitgleich mit der Personalaufwandsquote begutachtet werden. Die Kennzahl setzt den Materialaufwand in Relation zu den Umsatzerlösen.

$$\textbf{Materialaufwandsquote} = \frac{\text{Materialaufwand}}{\text{Umsatzerlöse}}$$

Hat ein Unternehmen eine hohe Materialaufwandsquote, so signalisiert dies einen hohen Anteil von fremdbezogenen Materialien, was wiederum auf eine geringe Fertigungstiefe innerhalb des Unternehmens schließen lässt. Der Vorteil einer hohen Materialaufwandsquote liegt in einer meist hohen produktionswirtschaftlichen und absatzpolitischen Flexibilität, denn das Risiko von temporär zu hoher bzw. zu niedriger Beschäftigung innerhalb des Unternehmens wird teilweise auf die Zulieferer verlagert.[80] Allerdings muss bedacht werden, dass im Gegenzug mit steigender Materialaufwandsquote auch die Abhängigkeit von Lieferanten zunimmt[81]. Dies birgt das Risiko von Produktionsausfällen im Falle von Lieferengpässen, was ultimativ zu Umsatz-, Liquiditäts- und Rentabilitätseinbußen führen würde.

---

[80] Vgl. Küting, K.; Weber, C-P.: Die Bilanzanalyse, 11. Aufl., Stuttgart 2015, S. 300.

[81] Vgl. Wöltje, Bilanzen: lesen – verstehen – gestalten 10. Aufl., Freiburg 2011, S. 351.

Im Umkehrschluss lässt eine niedrige Materialaufwandsquote auf eine hohe Fertigungstiefe schließen. Dies hat für das Unternehmen den Vorteil, dass eine relativ hohe Liefersicherheit gegeben ist, allerdings verbunden mit dem Nachteil weniger flexibel auf volatile Absatzmärkte reagieren zu können. Generell ergibt sich aus einer hohen Fertigungstiefe tendenziell eher die Möglichkeit für die Ausnutzung von Synergiepotenzialen, da die Kapazitäten des Unternehmens besser ausgenutzt werden.

Die Materialaufwandsquote lässt sich sinnvollerweise im Zeitverlauf sowie im Branchenvergleich interpretieren. Generell sollte versucht werden, bei einer sich ändernden Materialintensität die Ursachen dafür zu ergründen, um eine sinnvolle Interpretation zu erhalten. Mögliche Ursachen werden nachfolgend erläutert.

Ein Unternehmen kann zudem durch effizientere Herstellungsprozesse die Materialaufwandsquote senken, wenn bspw. der Ausschuss in der Produktion verringert wird. Insofern liefert eine, im Branchenvergleich festgestellte, unterdurchschnittliche Quote unter anderem Hinweise darauf, dass das Unternehmen wirtschaftlicher arbeitet als die Konkurrenten und umgekehrt.

Die Materialaufwandsquote wird auch durch Preisveränderungen beeinflusst. So kann sich bspw. eine niedrigere Materialaufwandsquote aufgrund von erhöhten Verkaufspreisen ergeben oder umgekehrt[82]. Neben den Verkaufspreisen wirken sich selbstverständlich auch die Einkaufspreise auf die Materialaufwandsquote aus. Höhere (niedrigere) Einkaufspreise führen zu einer Erhöhung (Senkung) der Quote, sofern die Verkaufspreise nicht mindestens im gleichen Maße steigen (sinken). Auch die Bildung oder Auflösung von stillen Reserven im Vorratsvermögen verändert die Materialintensität, da sich dadurch die Größe im Zähler der Kennzahl verändert.[83]

Da die Materialintensität sehr stark branchenabhängig ist, lassen sich nur schwer allgemeingültige Richtwerte definieren. Generell haben Handels- und Dienstleistungsunternehmen eine eher niedrige Materialaufwandsquote, während Produktionsunternehmen recht hohe Materialaufwandsquoten vorweisen.

---

[82] Vgl. Walter, W.: Erfolgsfaktor Unternehmenssteuerung Kennzahlen, Instrumente, Praxistipps, Berlin 2006, S. 69f.

[83] Vgl. Gräfer, H.; Schneider, G.: Bilanzanalyse, 13. Aufl., Herne 2016, S. 47.

Aufgrund der starken Branchenabhängigkeit der Kennzahl sollte diese grundsätzlich immer in einem Branchenvergleich betrachtet werden. Durch einen solchen Vergleich kann festgestellt werden, ob die Konkurrenten ihre Leistung mit vergleichbarem, weniger oder mehr Materialaufwand erwirtschaftet haben. Aus den resultierenden Ergebnissen wird abgeleitet, wie produktiv bzw. effizient das Unternehmen im Hinblick auf den Materialaufwand gewirtschaftet hat. Außerdem muss die Analyse zwingend um einen Vergleich im Zeitverlauf ergänzt werden. Falls sich die Quote im Laufe der Jahre signifikant geändert hat, so gilt es ferner die Ursachen zu erforschen. Gängige Beispiele, welche zum Teil schon zuvor dargestellt wurden, hierfür sind: (1) Veränderung der Einkaufs- und/oder Verkaufspreise, (2) Bildung oder Auflösung von stillen Reserven, (3) „Make-or-buy"-Entscheidungen (Eigenfertigung vs. Fremdbezug), (4) Wirtschaftlichkeitsveränderungen des Betriebsablaufes, (5) Kauf oder Verkauf einer (materialintensiven) Unternehmenssparte, (6) Einführung neuer (materialintensiver) Produkte. Bei produzierenden Unternehmen zeigt eine sinkende Quote im Zeitverlauf häufig an, dass die Produktion effizienter geworden ist oder die Fertigungstiefe erhöht wurde.

In die Beurteilung der Kennzahl im Zeitverlauf sollte der externe Analyst zwingend mitaufnehmen wie stark sich die Geschäftstätigkeit in diesen Perioden verändert hat. Allgemein kann konstatiert werden, dass sich die Vergleichbarkeit der Werte umso schwieriger gestaltet, je mehr sich die Geschäftstätigkeit und die damit zusammenhängenden Einflussfaktoren verändert haben. Als verdeutlichendes Szenario könnte hierzu der Verkauf einer materialintensiven Unternehmenssparte dienen, der dazu führen würde, dass die Materialaufwandsquote in den Folgeperioden sinkt. Für diese Untersuchungen ist es notwendig weiteres Datenmaterial auszuwerten, sofern es dem Analysten zur Verfügung steht. Ebenso müssen die Einflussmöglichkeiten des Managements, insbesondere durch die Bildung oder Auflösung von stillen Reserven oder durch Entscheidungen über die Fertigungstiefe, in die Beurteilung einbezogen werden. Grundsätzlich kann jedoch gesagt werden, dass eine hohe Materialaufwandsquote auf eine hohe Abhängigkeit des Unternehmenserfolges von volatilen Preisen auf den Beschaffungsmärkten (Lieferanten) hindeutet. Eine niedrige

Materialaufwandsquote ist hingegen mit einer hohen Fertigungstiefe verbunden, welche die besagten Abhängigkeiten zwar reduziert, aber dem Unternehmen durch einen hohen Fixkostenanteil weniger Flexibilität einräumt und eine hohe Kostenremanenz verursacht.

Für das **Beispielunternehmen** (siehe Kapitel 5 Planung des Beispielunternehmens Kfz-Zulieferer GmbH) ergeben sich die folgenden Materialaufwandsquoten:

Materialaufwandsquote		t-2	t-1	t
Zähler	Materialaufwand	13.757,36	17.733,20	17.936,80
Nenner	Umsatzerlöse	30.606,64	35.050,88	37.687,36
Ergebnis	Dividende · 100	44,9%	50,6%	59,4%

Das Beispielunternehmen weist im Zeitpunkt t-2 eine Materialaufwandsquote von 44,9% auf. Ein Anstieg der Materialaufwandsquote im Zeitpunkt t-1 und t ergibt sich aus der Erhöhung des Materialaufwands, welcher proportional stärker steigt als die Umsatzerlöse.

7.2.2 Personalaufwandsquote

Die Personalaufwandsquote bzw. Personalintensität, sollte ergänzend zur Materialaufwandsquote herangezogen werden, um beurteilen zu können, wie personalintensiv ein Unternehmen arbeitet. Die Kennzahl setzt den gesamten Personalaufwand in Bezug zu den Umsatzerlösen.

Der Personalaufwand setzt sich aus den folgenden Positionen zusammen:

- Löhne und Gehälter
- Soziale Abgaben
- Aufwendungen für Altersversorgung und Unterstützung

$$\textbf{Personalaufwandsquote} = \frac{\text{Personalaufwand}}{\text{Umsatzerlöse}}$$

Die Personalaufwandsquote kann einen Hinweis darauf geben, wie wirtschaftlich der Produktionsfaktor Arbeit eingesetzt wird[84]. Zusätzlich dient sie dazu, die Erfolgsabhängigkeit von der Entwicklung der Personalkosten abzuschätzen.

Wie bei der Materialintensität bietet sich eine Interpretation dieser Kennzahl im Zeitverlauf und Branchenvergleich an. Dabei ist zu berücksichtigen, dass es ein überregionales Lohngefälle gibt, was die Vergleichbarkeit der Personalkosten auch im Branchenvergleich erschwert.

Unternehmen mit einer überdurchschnittlich hohen Personalaufwandsquote sind prinzipiell gegenüber Konjunktureinbrüchen anfälliger, da sie die Personalkosten nur sehr zeitverzögert senken können. Eine steigende Personalaufwandsquote bei nicht adäquat fallender Materialaufwandsquote sollte als Warnsignal verstanden werden, da sich daraus eine verschlechterte strukturelle Ertragskraft des Unternehmens ableitet.

Eine Erhöhung der Pensionsrückstellungen könnte eine Begründung für einen überproportional hohen Anstieg der Personalaufwandsquote im Zeitverlauf sein. In diesem Fall wäre dies dann kein Hinweis für Unwirtschaftlichkeiten im Unternehmen, sondern schlicht eine vorsorgliche Maßnahme.

Falls die Personalintensität im Zeitverlauf fällt, ist dies häufig ein Hinweis darauf, dass erfolgreich Rationalisierungsmaßnahmen durchgeführt wurden. Hierbei wäre bspw. an den Abbau von Arbeitsplätzen, eine Automatisierung der Produktion oder an eine Entscheidung für verstärkten Fremdbezug zu denken. Allerdings ist es ratsam lediglich so viel einzusparen, dass der reibungslose Ablauf der Produktion sowie der sonstigen betrieblichen Funktionen stets gewährleistet ist.

Zusätzlich zu den zuvor beschriebenen Einschränkungen der Aussagekraft der Kennzahl kommt durch die potenzielle Möglichkeit des Personalleasings (Leiharbeiter) ein weiterer verzerrender Parameter hinzu. Üblicherweise fallen die Kosten hierfür nicht unter die Personalaufwendungen, sondern werden in dem Gesamtkostenverfahren z.B. unter der Position „Aufwendungen für bezogene Leistungen“ gemäß § **275 Abs. 2 Nr. 5 HGB** erfasst. Dieser Sachverhalt würde

---

[84]Vgl. Wöltje, Bilanzen: lesen – verstehen – gestalten, 10. Aufl., Freiburg 2011, S. 352.

dazu führen, dass die Quote als zu gering ausgewiesen wird (Informationsasymmetrien).

Zu beachten ist, dass eine Besonderheit bei der Erfassung der Personalkosten nach IFRS existiert. Anders als nach dem HGB werden nämlich nach IFRS auch die GuV- wirksam erfassten Erträge und Aufwendungen aus aktienorientierten Vergütungen bei den Personalaufwendungen berücksichtigt[85]. Dies kann bei hoher aktienorientierter Vergütung die Personalaufwandsquote stark beeinflussen, was die Bewertung und Interpretation der Personalaufwandsquote auf der Grundlage von IFRS-Informationen erschwert.

Zudem sei hier auf die unterschiedliche Diskontierung der Pensionsrückstellungen nach HGB und IFRS hingewiesen (siehe Kapitel 4.6 Bewertung von Pensionsrückstellungen), welche die Personalaufwandsquote ebenfalls verzerren kann.

Die Personalaufwandsquote sollte immer zusammen mit der Materialaufwandsquote analysiert werden. Generell spiegelt eine hohe Personalaufwandsquote einen hohen Fixkostenanteil im Unternehmen wider, was bei Nachfrageeinbrüchen die Gefahr hoher Verluste birgt. Für die Einschätzung im Rahmen eines Branchen- oder Unternehmensvergleiches gilt, dass bei einer Branche mit einer relativ personalintensiven Produktion die Quote naturgemäß höher ausfällt, ohne dass dies zu einer verschlechterten Ertragskraft führen muss. Im Vergleich zu Wettbewerbern kann jedoch auf die individuelle Produktivität des betrachteten Unternehmens geschlossen werden. Bezogen auf die Produktivität eines Unternehmens heißt es, dass je geringer die Personalintensität ist, desto produktiver bzw. effizienter wird das Unternehmen bewertet. Insofern lässt die Kennzahl Rückschlüsse auf die Rationalisierungsgrade des betrachteten Unternehmens zu.

Bei der Kennzahl wird ab einem Wert größer 50% von einem personalkostenintensiven Unternehmen gesprochen. Um eine noch differenziertere Betrachtung zu erhalten kann zusätzlich auch die Produktivität je Mitarbeiter analysiert werden, indem der Umsatz durch die Mitarbeiteranzahl dividiert wird.

---

85 Vgl. Coenenberg, A.: Jahresabschluss und Jahresabschlussanalyse, 22. Aufl., Stuttgart 2012, S. 1140 f.

In dem Zusammenhang mit der Personalaufwandsquote kommt, insbesondere in Deutschland, auch dem Einfluss von Betriebsräten eine große Bedeutung zu, da branchenabhängige Tarifverträge zu höheren Gehaltszahlungen führen und somit die Personalaufwendungen bzw. Personalaufwandsquote bei gleichbleibender Produktivität erhöhen. Da jedoch nicht alle Unternehmen unter einem derartigen Einfluss stehen, wird die Vergleichbarkeit maßgeblich erschwert. Eine sinnvolle Beurteilung kann somit nur stattfinden, wenn der externe Analyst alle oben beschriebenen Einschränkungen berücksichtigt.

Für das **Beispielunternehmen** (siehe Kapitel 5 Planung des Beispielunternehmens Kfz-Zulieferer GmbH) ergeben sich die folgenden Personalaufwandsquoten:

Personalaufwandsquote		t-2	t-1	t
Zähler	Personalaufwand	8.272,80	9.214,72	9.856,16
Nenner	Umsatzerlöse	30.606,64	35.050,88	37.687,36
Ergebnis	Dividende · 100	27,0%	26,3%	26,2%

Das Beispielunternehmen weist im Zeitpunkt t-2 eine Personalaufwandsquote von 27% auf. Auf den ersten Blick legt der Anstieg des Personalaufwands in den Perioden t-1 und t die Vermutung nahe, dass hier die Personalaufwandsquoten steigen müssten. Dies ist aber nicht der Fall, da die Umsätze in den beiden Perioden prozentual stärker gestiegen sind als die Personalaufwendungen, was letztlich zu einem Rückgang der Personalaufwandsquote auf 26,2% in t führt.

7.2.3 Kapitalintensität

Bei der Kennzahl „Kapitalintensität" – oder auch „Abschreibungsquote" genannt – wird der Abschreibungsaufwand in Relation zu der Gesamtleistung (Umsatzerlöse) gesetzt. Als Abschreibungsaufwand werden die Abschreibungen auf Sachanlagen betrachtet, welche im jeweiligen Geschäftsjahr angefallen sind.

$$\textbf{Kapitalintensität} = \frac{\text{Abschreibungen auf Sachanlagen}}{\text{Umsatzerlöse}}$$

Tendenziell wird eine hohe Kapitalintensität von Unternehmen meist durch eine relativ niedrige Personalaufwandsquote kompensiert. D.h. es werden verstärkt Maschinen bei der Produktion eingesetzt, um Personalkosten zu reduzieren. Damit sind kapitalintensive Unternehmen weniger anfällig gegenüber gesetzlichen oder tarifvertraglichen Lohnerhöhungen.

Im Gegenzug kann eine sinkende Kapitalintensität bei signifikant sinkenden Abschreibungen als Warnzeichen dienen, dass das Unternehmen sein Betriebsergebnis durch eine Änderung der Abschreibungspolitik verbessern will und die Abschreibungen in den Folgejahren „nachgeholt“ werden müssen.

Die Kennzahl ist erheblich von der jeweiligen Branche des betrachteten Unternehmens abhängig. Unternehmen in einer anlagenintensiven Branche, wie dies in der Regel bei Produktionsunternehmen der Fall ist, sind durch eine hohe Kapitalintensität gekennzeichnet. Im Gegensatz dazu haben Dienstleistungsunternehmen (z.B. Wirtschaftsprüfungsgesellschaften) oder Handelsunternehmen, welche nur ein geringes Sachanlagevermögen besitzen, eine niedrige Kapitalintensität. Im Zusammenhang mit der Personalaufwandsquote liefert die Kennzahl Einblicke in den Rationalisierungsgrad der Gesellschaft. So gilt eine hohe Abschreibungsquote in Verbindung mit einer geringen Personalaufwandsquote als Anzeichen für einen hohen Rationalisierungsgrad. Durch die kombinierte Betrachtung der beiden Kennzahlen können Rückschlusse auf das langfristige Erfolgspotenzial geschlossen werden. Eine moderne, rationalisierte Ausstattung des Anlagevermögens deutet auf eine gute zukünftige Ertragskraft, sowie auf eine Sicherung der langfristigen Wettbewerbsfähigkeit hin.

Die Höhe der Kapitalintensität hängt maßgeblich mit der Investitionspolitik eines Unternehmens zusammen. Eine hohe Quote steht häufig für kürzlich durchgeführte Investitionen, wohingegen eine niedrige Quote regelmäßig auf vernachlässigte Investitionen in den letzten Geschäftsjahren hinweist. In diesem Fall müssen die unterlassenen Investitionen in den nächsten Perioden erfolgen. Jedoch muss bei der Interpretation auch die Methode der Investitionszyklen berücksichtigt werden, wonach Unternehmen in regelmäßigen Zyklen ihre (Ersatz-)Investitionen durchführen. Falls dies von dem betrachteten Unternehmen ebenfalls praktiziert wird, ist eine niedrige Kapitalintensität nicht zwangsläufig ein Zeichen für unterlassene Investitionen, sondern möglicherweise nur ein Indiz dafür, dass der letzte Investitionszyklus eine Weile in der Vergangenheit liegt. Insofern sollte auch die Kapitalintensität stets im Zeitverlauf interpretiert werden, um zu einem sinnvollen Ergebnis zu gelangen.

Zudem unterliegt diese Kennzahl dem bilanzpolitischen Handlungsspielraum des Managements. Die vom Unternehmen gewählte Abschreibungsmethode hat folglich einen großen Einfluss auf die Höhe der Abschreibungen und damit auf die Kapitalintensität. Daher sollten bei der Kapitalintensitätsanalyse die Abschreibungsmethoden unbedingt berücksichtigt werden. Darüber hinaus kann die Kennzahl durch die Bildung von stillen Reserven beeinflusst werden. So deutet ein im Zeitverlauf steigender Abschreibungsaufwand unter anderem auf die Bildung stiller Reserven hin, was bedeutet, dass das ausgewiesene Ergebnis schlechter als das tatsächlich erzielte Betriebsergebnis ist. Eine sinkende Quote weist unter Umständen auf veränderte Abschreibungsmethoden hin, um den ausgewiesenen Jahresüberschuss zu verbessern und eventuell bestehende Krisensituationen zu kaschieren.

7.2.4 Zinsintensität

Die Zinsintensität berücksichtigt, wie viel Zinsaufwendungen ein Unternehmen für sein Fremdkapital zu zahlen hat. Diese Größe wird ins Verhältnis zur Gesamtleistung (Umsatzerlöse) gesetzt.

$$\textbf{Zinsintensität} = \frac{\text{Zinsaufwendungen}}{\text{Umsatzerlöse}}$$

Obwohl die Zinsaufwendungen keinen direkten Bezug zur Gesamtleistung haben, kann eine Betrachtung dieser Kennzahl durchaus für die Analyse eines Unternehmens sinnvoll sein. Sie dient dazu, die Aufwandsstruktur besser zu durchleuchten.[86]

---

86 Vgl. Tacke, H.R.: Jahresabschlussanalyse in der Praxis, Berlin 1997, S. 87.

Auch diese Kennzahl sollte vor allem im Branchenvergleich und im Zeitverlauf analysiert werden. Für eine sinnvolle Analyse der Zinsbelastung sollte unbedingt die Vermögensstruktur allgemein und im Speziellen der Verschuldungsgrad beobachtet werden. Besonders bei liquiditätsschwachen Unternehmen, welche mit geringen Margen zu kämpfen haben, kann eine zu hohe Zinsbelastung den Unternehmenserfolg gefährden. Da die Fremdkapitalzinsen ebenfalls Fixkosten darstellen, kann eine hohe Quote – gleichbedeutend mit hohem Zinsaufwand – in Phasen konjunktureller Krisen zu erheblichen Schwierigkeiten für ein Unternehmen führen.

Zu beachten ist, dass Unternehmen, welche nach HGB bilanzieren, häufig den Zinsanteil für Pensionsrückstellungen nicht unter dem Posten „Zinsen und ähnliche Aufwendungen" erfassen, sondern diesen zum Personalaufwand hinzuaddieren. Dies verfälscht die Zinsintensität, kann jedoch durch eine Schätzung des verborgenen Zinsaufwandes approximiert werden[87].

Die Zinsintensität kann die Analyse des Aufwands komplettieren. Sie ist Resultat der Finanzierungsstruktur des Unternehmens (finanzielle Absicherung der Geschäftsidee), d.h. insbesondere dem Anteil von Eigen- und Fremdkapital am Gesamtkapital. Folglich sollte die Interpretation immer im Zusammenhang mit der Betrachtung der Fremdkapitalquote, der Eigenkapitalquote und des Verschuldungsgrades erfolgen. Außerdem spielt die Zusammensetzung des Fremdkapitals eine weitere Rolle. So ist es bspw. möglich, dass kurzfristige Finanzierungen im Vergleich zu langfristigen Finanzierungen kostengünstiger sind und daher die Kennzahl verringern. Hier müssen jedoch Sicherheitsaspekte bedacht werden, da kurzfristige Finanzierungen als weniger solide gelten.

Eine hohe Quote deutet möglicherweise darauf hin, dass das Unternehmen schlecht kapitalisiert ist. Die Betrachtung der Zinsintensität ist hauptsächlich bei hoch verschuldeten Unternehmen sinnvoll. Der Zinsaufwand und somit die Zinsintensität kann durch eine Verringerung des Leverage – z.B. durch Erhöhung des Eigenkapitals – gesenkt werden. Insbesondere

[87]Vgl. Groll, K.: Das Kennzahlensystem zur Bilanzanalyse, 2. Aufl., München 2004, S. 77.

wegen des Fixkostencharakters der Fremdkapitalzinsen sollte diese Kennzahl im Auge behalten werden, da bei einem überproportional hohen Zinsaufwand weniger liquide Mittel für die weitern Aufwendungen (Personal-, Material und sonstige Sachaufwendungen) zur Verfügung stehen. Dies birgt vor allen Dingen in Krisenzeiten ein hohes Risiko von Liquiditätsproblemen. Abschließend kann festgehalten werden, dass ein hoher Wert der Kennzahl auf eine starke Liquiditätsbindung der betrachteten Unternehmung hindeutet, was deren Dispositionsfreiheit, aufgrund der starken Abhängigkeit von Fremdkapitalgebern, einschränkt.

Für das **Beispielunternehmen** (siehe Kapitel 5 Planung des Beispielunternehmens Kfz-Zulieferer GmbH) ergeben sich folgende Zinsintensitäten:

Zinsintensität		t-2	t-1	t
Zähler	Zinsaufwand	687,36	697,76	572,88
Nenner	Umsatzerlöse	30.606,64	35.050,88	37.687,36
Ergebnis	Dividende · 100	2,2%	2,0%	1,5%

Die Zinsintensität in der Periode t-2 beträgt 2,2%. Im Zeitpunkt t-1 erfolgt ein minimaler Rückgang auf 2,0%. Dies resultiert daraus, dass bei ansteigendem Zinsaufwand der Anstieg der Umsatzerlöse prozentual höher ausfällt. Im Zeitpunkt t verringert sich der Zinsaufwand und gleichzeitig erhöhen sich die Umsatzerlöse, was ebenfalls in einem Rückgang der Zinsintensität resultiert.

7.2.5 Forschungs- und Entwicklungsaufwandsquote

Die Kennzahl „Forschungs- und Entwicklungsaufwandsquote“ gibt an, wie viel Prozent der Gesamtleistung für die Forschung und Entwicklung aufgewendet bzw. in diesen Bereich reinvestiert wurden.

$$\textbf{F\&E} - \textbf{Aufwandsquote} = \frac{\text{F\&E} - \text{Aufwand}}{\text{Umsatz}}$$

Eine Analyse der Forschungs- und Entwicklungsaufwandsquote macht vor allem im Branchenvergleich Sinn.

Verfügt ein Unternehmen über eine signifikant höhere F&E-Aufwandsquote als die anderen Unternehmen derselben Branche, so können daraus folgende Schlussfolgerungen gezogen werden:

- Das Unternehmen wird in Zukunft innovativere Produkte als die Konkurrenz auf den Markt bringen und somit einen wertvollen Wettbewerbsvorteil haben.
- Das Unternehmen wird die Erkenntnisse aus der Forschung und Entwicklung für effizientere Produktionsanlagen nutzen. Damit kann der Herstellungsprozess produktiver gemacht werden, was dem Unternehmen zukünftig mehr Spielraum für Preissenkungen gibt und somit ultimativ zu erhöhten Marktanteilen und Umsatzausweitungen führt. Zudem kann durch innovative Anlagen die Qualität der hergestellten Produkte verbessert werden.

Voraussetzung für beide Sachverhalte ist, dass die Forschungs- und Entwicklungsprojekte auch tatsächlich erfolgreich sind und später vom Unternehmen genutzt werden können. Dies ist aber sowohl von Unternehmensseite als auch besonders aus Sicht des externen Analysten meist nur bedingt einschätzbar.

Falls die Kennzahl im Zeitverlauf auffällig zurückgeht, so kann dies zwar das Ergebnis kurzfristig verbessern, jedoch sollte davon ausgegangen werden, dass dieser Effekt nur kurzzeitig anhält. Da Forschungs- und Entwicklungskosten als Investition in die Zukunft eines Unternehmens bzw. dessen Geschäftsidee gesehen werden, können unterlassene bzw. über mehrere Perioden rückläufige Aufwendungen ein ernstzunehmendes Problem darstellen. Aufgrund der fehlenden Innovationskraft ist nämlich das Risiko gegeben, dass die Nachfrage nach den Produkten des Unternehmens in Zukunft zurückgeht. Daher wird entweder der Absatz sinken oder die Preise müssen reduziert werden, was zu Umsatzeinbußen führen würde.

Die Analyse des F&E-Aufwands ist jedoch nur möglich, wenn das zu analysierende Unternehmen von der Erweiterung der Mindestgliederung gem. **§ 265 Abs. 5 HGB** Gebrauch macht. Je höher die Bedeutung des F&E-Aufwands für ein Unternehmen ist, desto größer ist auch die Wahrscheinlichkeit, dass diese freiwillige Angabe im Anhang enthalten ist. Wird der Gesamtbetrag des F&E-Aufwands gem. **§ 248 Abs. 2 HGB** aktiviert, so muss der vollständige Aufwand ausgewiesen werden. Ebenfalls müssen die auf den F&E-Aufwand entfallenden immateriellen Vermögensgegenstände des Anlagevermögens verpflichtend angegeben werden.

Nach IFRS wird zwischen einer Forschungs- und Entwicklungsphase gem. **IAS 38.52** unterschieden. Die Forschungskosten dürfen dabei nicht aktiviert werden. Werden die kumulierten Kriterien des **IAS 38.57** erfüllt, so dürfen die Entwicklungskosten aktiviert werden.

Die Betrachtung der F&E-Aufwandsquote macht vor Allem im Branchenvergleich und Zeitverlauf Sinn. Branchen die durch eine hohe Dynamik und relativ kurze Produktlebenszyklen gekennzeichnet sind, haben meist eine deutlich höhere Quote vorzuweisen als Unternehmen in stabileren Märkten. Zu dem erstgenannten Bereich gehören z.B. Pharmaunternehmen, Maschinenbauunternehmen oder Elektronikunternehmen, wohingegen zur letztgenannten Art unter anderem Unternehmen der Automobilindustrie zugeordnet werden können. Allerdings sollten auch diese Unternehmen ausreichend Mittel für Forschung und Entwicklung einplanen. Obwohl dieser Kostenblock das aktuelle Ergebnis vermindert, ohne direkt zu Umsätzen zu führen, ist es dennoch notwendig in diesen Bereich zu investieren, um langfristig am Markt bestehen zu können und wesentliche Zukunftschancen zu realisieren. Die hierfür benötigte Liquidität muss aus dem aktuellen Produktportfolio generiert werden und ist solange gebunden, bis aus den Innovationen Umsatzerlöse resultieren. Durch strategische Investitionen in den Forschungs- und Entwicklungsbereich kann die prognostizierte, zukünftig zu erwartende Ertragskraft nachhaltig gesteigert werden. Eine hohe Quote zeigt, dass das Unternehmen in neue und/oder weiterentwickelte Produkte oder Produktionsanlagen investiert und damit auch langfristig konkurrenzfähig bleiben kann.

Darüber hinaus können aus der Beurteilung der Quote erste Informationen für das „Product-Cycle-Management" gewonnen werden, indem die Dauer bis zur Vermarktung neuer Produkte analysiert wird. Ein hoher Forschungsaufwand deutet auf potenziell geringere Produktlebenszyklen hin. Allerdings muss berücksichtigt werden, dass die Kennzahl lediglich eine Indikation für die relative Bedeutung der Forschung- und Entwicklung für die Geschäftsidee liefert. Sie lässt jedoch keine Beurteilung der tatsächlichen Innovationskraft zu, da diese sich nur durch den ex-post Erfolg neuer Produkte zeigt. Insofern muss die Interpretation um weitere Analysen ergänzt werden. Zu denken wäre hierbei bspw. an die absolute Anzahl der Patentanmeldungen, Untersuchungen zu der Kundenzufriedenheit mit neuen Produkten oder die Messung von Effizienzsteigerungen in dem Produktionsbereich, z.B. durch Ermittlung von Durchlaufzeiten oder der Ausschussquote. Die F&E-Intensität kann zusammenfassend als Investition in die Verbesserung der Zukunftsfähigkeit der Geschäftsidee verstanden werden.

7.2.6 Herstellungsintensität

Bei dieser Kennzahl werden die Herstellungskosten („Costs of Goods Sold") mit dem Umsatz verglichen, wobei zu beachten ist, dass diese nach HGB und IFRS unterschiedlich ermittelt werden. Die Kennzahl zeigt, welchen Anteil die Herstellungskosten am Umsatz haben. Hierdurch wird erkenntlich, wie viel Cent pro erwirtschaftetem Euro Umsatz für die Herstellungskosten aufgewendet werden müssen.

$$\textbf{Herstellungsintensität} = \frac{\text{Herstellungskosten}}{\text{Umsatzerlöse}}$$

Zunächst muss für diese Betrachtung definiert werden, wie sich die Herstellungskosten nach HGB und IFRS zusammensetzen.

Herstellungskosten nach HGB:

In **§ 255 Abs. 2 S. 2 HGB** wird geregelt, welche Kostenbestandteile zu den Herstellungskosten gehören. Folgende Positionen sind demnach Pflichtbestandteile der Herstellungskosten:

- Materialeinzelkosten
- Fertigungseinzelkosten
- Sondereinzelkosten der Fertigung
- Materialgemeinkosten
- Fertigungsgemeinkosten
- Werteverzehr des Anlagevermögens

Zusätzlich gibt es nach **§ 255 Abs. 2 S. 3 HGB** Wahlrechte für die Einbeziehung der folgenden Positionen:

- Allgemeine Verwaltungskosten

- Herstellungsbezogene Fremdkapitalkosten
- Aufwendungen für betriebliche Altersvorsorge
- Aufwendungen für freiwillige soziale Leistungen
- Aufwendungen für soziale Einrichtungen

Die Vertriebskosten dürfen grundsätzlich nicht in die Herstellungskoten einbezogen werden.

Herstellungskosten nach IFRS:

Nach IFRS werden die Herstellungskosten ähnlich berechnet, dennoch bestehen Unterschiede. Die Positionen Materialeinzelkosten, Fertigungseinzelkosten, Sondereinzelkosten der Fertigung, Materialgemeinkosten, Fertigungsgemeinkosten und der Werteverzehr des Anlagevermögens werden nach **IAS 2.12** analog zum HGB zwingend zu den Herstellungskosten gerechnet. Nach IFRS besteht allerdings kein Wahlrecht zum Einbezug von allgemeinen Verwaltungskosten, Aufwendungen für die betriebliche Altersvorsorge und für freiwillige soziale Leistungen. Diese müssen nach den internationalen Standards zwingend in die Herstellungskosten einbezogen werden, sofern sie produktionsbezogen sind. Für die herstellungsbezogenen Fremdkapitalkosten hingegen wird ein Wahlrecht eingeräumt, sofern sich diese auf „Qualifying Assets" beziehen. Für die Vertriebskosten besteht nach IFRS analog zum HGB ein Aktivierungsverbot[88]. Im Gegensatz zum HGB kommt nach IFRS somit der sogenannte „Vollkostenansatz" zur Anwendung.

Generell gibt die Herstellungsintensität Auskunft darüber, wie hoch die Kosten der Leistungserstellung sind, d.h. die Kosten, die anfallen, um den Periodenumsatz zu erzielen. Dabei werden die Herstellungskosten für Produkte, die auf Lager produziert wurden, nicht berücksichtigt. Da es bei der Ermittlung der Herstellungskosten relativ große bilanzpolitische Spielräume gibt, kann es insbesondere für externe Analysten aufgrund der unvollständigen Informationsgrundlage schwierig sein, diese vernünftig zu interpretieren. Vor allem die unbekannten Verteilungsschlüssel der Kostenarten auf die Herstellungskosten erschweren die Analyse. Dennoch macht die Analyse der Herstellungskostenintensität vor allem im Zeitverlauf Sinn, da aufgrund des Stetigkeitsprinzips die Verteilungsschlüssel in

---

[88] Vgl. Petersen, K.; Bansbach, F.; Dornbach, E.: IFRS Praxishandbuch, 6. Aufl., München 2012, S. 56.

der Regel konstant bleiben und daher steigende oder fallende Herstellungsintensitäten sinnvoll interpretierbar sind. [89]

Aufgrund der bilanziellen Spielräume bei den Herstellungskosten sollte diese Kennzahl vorwiegend im Zeitverlauf analysiert werden. Der Branchenvergleich wird durch zuvor genannte Bewertungsfreiräume enorm erschwert, da dem externen Analysten hierfür nicht alle benötigten Informationen zur Verfügung stehen (Informationsasymmetrie). Besonders die Vergleichbarkeit von Bilanzierungen nach IFRS mit Bilanzierungen nach HGB ist in der Regel undurchführbar (Inter-Standard-Differenzen).

Eine sinkende Quote ist in den meisten Fällen positiv zu beurteilen und zeigt, dass die Herstellung innerhalb des Unternehmens effizienter wird. Allerdings müssen an dieser Stelle weitere Untersuchungen erfolgen. Da niedrigere Herstellungskosten unter Umständen auch mit niedrigerer Qualität einhergehen, müssen auch Qualitätsaspekte der Produkte herangezogen werden. Bei der Interpretation sollte zusätzlich berücksichtigt werden, dass ein niedrigerer Wert nicht zwingend aus gesteigerter Effizienz resultiert, sondern möglicherweise auch auf einen Anstieg der Verkaufspreise zurückzuführen ist. Je niedriger die Quote ist, desto höher ist die vom Unternehmen erzielte Marge und vice versa. Die Kennzahl sollte immer zusammen mit der Material- und der Personalkostenintensität betrachtet werden. Hierbei gilt, wenn sich die Material- und die Personalkostenintensität senken, so verringert sich auch die Herstellungskostenintensität. Insofern gibt die Kennzahl Anhaltspunkte für die Wirtschaftlichkeit des Material- und Personaleinsatzes in Relation zu den Umsatzerlösen. Außerdem können durch die kombinierte Betrachtung Erkenntnisse über die Fertigungstiefe erlangt werden. Je höher die Herstellungsintensität, desto höher die Fertigungstiefe und umgekehrt. Bezüglich der Erfolgssituation kann festgestellt werden, dass ein im Zeitverlauf steigender (sinkender) Wert der Kennzahl mit einer verschlechterten (verbesserten) Erfolgssituation einhergeht, weil die erzielte Marge geringer (höher) ist.

[89] Vgl. Gräfer, H.; Schneider, G.: Bilanzanalyse, 13. Aufl., Herne 2016, S. 49.

7.2.7 Vertriebsintensität

Bei der Kennzahl Vertriebsintensität werden die Vertriebskosten ermittelt und durch den Umsatz geteilt. Die Vertriebsintensität gibt an, wie viel Prozent des Umsatzes für den Vertrieb aufgewendet werden bzw. wie viel Cent pro erzieltem Euro Umsatz an Vertriebskosten entstehen.

$$\textbf{Vertriebsintensität} = \frac{\text{Vertriebskosten}}{\text{Umsatzerlöse}}$$

Dazu muss zuerst definiert werden, wie sich die Vertriebskosten zusammensetzen. Gemäß **§ 275 Abs. 3 HGB** werden den Vertriebskosten alle Personal-, Material- und Abschreibungs- sowie sonstigen Aufwendungen des Vertriebsbereiches zugeordnet. Zu beachten ist, dass gemäß **§ 255 Abs. 2 S. 4 HGB** die Vertriebskosten nicht aktiviert werden dürfen. Auch nach IFRS herrscht ein Aktivierungsverbot für die Vertriebskosten, welche hier „Selling Costs" genannt werden, was in **IAS 2.16d** geregelt wird. Prinzipiell gibt es keine Unterschiede zur Bestimmung der Vertriebskosten im Vergleich zu den Regelungen im HGB, was zumindest die Vergleichbarkeit von Abschlüssen, die auf Basis unterschiedlicher Rechnungslegungsvorschriften erstellt wurden, ermöglicht.

Die Interpretation der Vertriebsintensität bereitet ähnliche Schwierigkeiten wie die Interpretation der Herstellungsintensität und ist somit hauptsächlich im Zeitverlauf sinnvoll. Sollten die Vertriebskosten stark ansteigen, kann man daraus Rückschlüsse z.B. auf erhöhte Marketing- und Werbemaßnahmen ziehen und umgekehrt. Wenn der Umsatz dabei proportional geringer steigt oder gar konstant bleibt und folglich die Vertriebsintensität stark ansteigt, könnte dies auf Absatzprobleme beim Unternehmen hindeuten. Ein weiterer Grund für eine steigende Vertriebsintensität könnte allerdings auch die Einführung von neuen Produkten sein, welche erst durch Werbemaßnahmen bekannt gemacht werden müssen und zu Beginn keinen bzw. nur sehr geringen Umsatz verzeichnen. Ein weiterer Grund hierfür könnte auch eine Internationalisierungsstrategie des Unternehmens darstellen, die mit außerordentlich hohen Aufwendungen in diesem Bereich verbunden ist. An dieser Stelle sollten die Kennzahlen Auslandsabhängigkeit sowie Umsatz nach Regionen in Betracht gezogen werden. Steigerungen der Auslandsabhängigkeit deuten auf eine Ausweitung der Geschäftstätigkeit im Ausland hin und neue Umsatzregionen auf die Erschließung neuer Märkte. Insofern kann festgehalten werden, dass eine Bewertung der Kennzahl immer weitergehende Analysen erfordert.

Darüber hinaus sagt die Kennzahl bei einer isolierten Betrachtung – analog wie die F&E-Intensität – nur wenig über den Vertriebserfolg aus. Durch Kombination mit weiteren Kennzahlen, die Erkenntnisse über den Erfolg des Vertriebes erlauben, kann letztlich ein begründetes Urteil gefällt werden. Zu denken wäre hierbei bspw. an die Umsatzentwicklung, die relative Höhe des Marktanteils, die Kundenzufriedenheit und die absolute Höhe der Neukundenakquisen etc.

Durch einen Branchenvergleich kann zudem die Effizienz des Vertriebes im Vergleich zu Konkurrenten mit ähnlichen Produktportfolien analysiert und bewertet werden. So gilt, wenn das betrachtete Unternehmen seinen Umsatz mit einer niedrigeren Vertriebsintensität als direkte Konkurrenten erwirtschaftet hat, ist der Vertrieb als effizienter zu werten und umgekehrt.

7.2.8 Verwaltungsintensität

Die Verwaltungsintensität gibt das Verhältnis der allgemeinen Verwaltungsaufwendungen in Bezug zu den Umsatzerlösen an.

$$\textbf{Verwaltungsintensität} = \frac{\text{Verwaltungskosten}}{\text{Umsatzerlöse}}$$

Die Verwaltungskosten, welche nicht zu den Herstellungskosten hinzugerechnet werden, werden unter dem Posten „allgemeine Verwaltungskosten“ zusammengefasst. Dieser Posten beinhaltet Personal-, Material-, Abschreibungsaufwendungen und sonstige Aufwendungen des Verwaltungsbereiches. Dazu gehören bspw. Abschreibungen auf Verwaltungsgebäude, Löhne und Gehälter des Rechnungswesens oder Vorstandsgehälter, allerdings exklusive derer des Vertriebsvorstandes.

Die herstellungsbezogenen Verwaltungskosten sind nach HGB bereits in den Material- und Fertigungsgemeinkosten enthalten, während diese nach IFRS gesondert aktiviert werden müssen. Die allgemeinen Verwaltungskosten hingegen dürfen nach § **255 Abs. 2 Satz**

3 HGB wahlweise aktiviert werden im Gegensatz zur internationalen Rechnungslegung. Denn nach **IAS 2.16c** ist die Aktivierung von allgemeinen Verwaltungskosten verboten.

Die Interpretation dieser Kennzahl macht vor allem im Zeitverlauf Sinn. Im intertemporalen Vergleich sind prinzipiell gleichbleibende oder im Optimalfall sinkende Verwaltungsintensitätskennzahlen positiv zu beurteilen. Eine mögliche Ursache hierfür wäre, dass das Unternehmen erfolgreich Rationalisierungsmaßnahmen durchgeführt hat, was sich positiv auf den Jahresüberschuss auswirkt. Die allgemeinen Verwaltungskosten und somit auch die Verwaltungskostenintensität sollten so gering wie möglich gehalten werden, da sie in keinem direkten Bezug zu der Unternehmenswertschöpfung bzw. Umsatzerzielung stehen. Daher gilt, je mehr Finanzmittel hierfür verwendet werden, desto weniger kann in die Produktion und somit in den eigentlichen Leistungsbereich zur Umsatzerzielung fließen. Dennoch sind Verwaltungsbereiche notwendig und die Kosten dafür können daher nicht komplett eliminiert werden. Wenn man die Funktion des Controllings betrachtet, welche ebenfalls unter die allgemeinen Verwaltungskosten fällt, so können die durch das Controlling getroffenen Maßnahmen zur Realisierung von Kosteneinsparungspotenzialen und somit zu einer Erhöhung der Profitabilität führen. Dies verdeutlicht, dass ein gewisses Maß an Verwaltungskosten grundsätzlich sinnvoll sein kann bzw. notwendig ist.

Ein allgemeingültiger Richtwert kann jedoch nicht angegeben werden und hängt in jedem Fall von der Branche, der jeweiligen Geschäftsidee und der effizienten Gestaltung von Verwaltungsstrukturen in einem Unternehmen ab. Auch hier können durch einen Branchenvergleich Einsparpotenziale sowie Ineffizienzen identifiziert werden. Final kann konstatiert werden, dass die Kennzahl insbesondere dafür verwendet werden sollte, um die Wirtschaftlichkeit der Verwaltung zu überprüfen und die Analyse der Aufwendungen zu komplettieren.

7.3 Produktivitätsanalyse

Unter dem Begriff der Produktivität versteht man den Quotienten aus der erbrachten Leistung (Output) und den dafür notwendigen Produktionsfaktoren (Input). Aus ökonomischer Sicht sollte dabei die erbrachte Leistung bzw. der Output mit möglichst kleinem Input erreicht werden (Minimumprinzip). Oder umgekehrt sollte der Output bei gegebenem Input so groß wie möglich sein (Maximumprinzip). Steigerungen der Produktivität können entweder erreicht werden, wenn bei gleichem Einsatz an Produktionsfaktoren der Output vergrößert werden kann oder wenn es gelingt bei gleichem Output den Input zu verringern.

$$\textbf{Produktivität} = \frac{\text{Input}}{\text{Output}}$$

Eine hohe Produktivität eines Unternehmens korreliert in den meisten Fällen mit einer hohen Rentabilität und gilt daher als eine notwendige Bedingung um rentabel zu wirtschaften. Jedoch bedeutet eine hohe Produktivität nicht zwangsläufig eine hohe Rentabilität bzw. eine hohe Wirtschaftlichkeit, da dies von weiteren Faktoren wie z.B. der Kostenstruktur abhängig ist. Sieht man allerdings wie beschrieben die Produktivität eines Unternehmens als notwendige Bedingung für dessen Rentabilität, so fordern und fördern die meisten Unternehmensleiter Produktivitätssteigerungen (z.B. durch verstärkte Automatisierung) ihres eigenen Unternehmens, um damit wettbewerbsfähig zu bleiben. Im Zuge der Produktivitätssteigerungen muss stets die Aufrechterhaltung der Qualität der Produkte im Auge behalten werden. Um die Produktivität eines Unternehmens mit Hilfe von Kennzahlen zu analysieren, sollten vor allem die Arbeitsproduktivität und die Betriebsmittelproduktivität bestimmt und interpretiert werden.

Die Produktivitätsanalyse zielt daher auf die Ergiebigkeit der betrieblichen Faktorkombinationen ab. Hierbei sollen insbesondere ineffektive/ineffiziente Prozesse und Abläufe ausfindig gemacht werden. Außerdem soll ein Vergleich zu anderen Unternehmen bzgl. der verschiedenen Produktivitätskennzahlen ermöglicht werden.

Grundsätzlich kann die Produktivität in drei Bereiche aufgeteilt werden. Nämlich die technische oder physische Produktivität (z.B. Ausbringungsmenge in Stück pro Stunde), die wertmäßige Produktivität (Verhältnis von Outputmenge zum Kapitaleinsatz) sowie die Arbeitsproduktivität (z.B. Verhältnis der erbrachten Leistung in Stück zur Anzahl an Mitarbeitern). Eine Gesamtproduktivität kann indes aufgrund der nicht durchführbaren Summenbildung der Faktoreinsatzmengen nicht bestimmt werden, weshalb man sich bei der Analyse auf die partiellen Produktivitätskennzahlen beschränken muss.

Ein wesentliches Hindernis der Produktivitätsanalyse stellt die Tatsache dar, dass dem externen Analysten die benötigten Informationen in der Regel nur begrenzt zur Verfügung stehen (Informationsasymmetrie). Daher können auf Basis der veröffentlichten Daten diesbezüglich nur indikative Untersuchungen durchgeführt werden.

Ein Problem, welches bei der Bestimmung des Outputs aufkommt, ist dessen Messung. Bei den meisten Unternehmen lässt sich die mengenmäßige Leistung nicht ohne weiteres sinnvoll bestimmen. Dies liegt darin begründet, dass eine Produktionsmenge, die in Tonnen, Stück oder anderen Mengeneinheiten angegeben wird, nur sinnvoll als Output-Maßgröße verwendet werden kann, wenn das Unternehmen lediglich ein Produkt mit nur einer Fertigungsstufe herstellt. Bspw. hat die Produktionsmenge „100 Motoren pro Jahr" wenig Aussagekraft, da unklar ist, welche Teile für den Motor fremdbezogen wurden und welche Arbeitsschritte dafür in dem Unternehmen tatsächlich angefallen sind. Dies legt den Schluss nahe, dass die Höhe des Outputs in einer anderen Form definiert werden muss. Die wohl passendste Größe dafür liefert die betriebliche Wertschöpfung.[90]

7.3.1 Betriebliche Wertschöpfung

Betriebliche Wertschöpfung wird im Allgemeinen als das Ziel produktiver Arbeit gesehen und bezeichnet die von dem Unternehmen bewirkte Transformation von vorhandenen Gütern in Güter mit einem höheren Geldwert. Somit entspricht die Wertschöpfung der Differenz zwischen dem Wert des Outputs und dem Wert des Inputs – genauer dem Produktionswert abzüglich der vom Unternehmen bezogenen, nicht selbst erstellten Vorleistungen. Wertschöpfung gilt somit als der vom Unternehmen verursachte Mehrwert, der durch die Tätigkeiten des Unternehmens den Leistungen Dritter hinzugefügt wurde. Folglich sollte eine größtmögliche betriebliche Wertschöpfung das Ziel der ökonomischen Bemühungen eines jeden Unternehmens sein.

---

[90] Vgl. Baulig, K.: Begriff und Problematik der Erfassung der betrieblichen Wertschöpfung, Koblenz 2011, S. 3f.

Durch das Verwenden dieser Maßeinheit kann man den mengenmäßigen Output durch den leistungsmäßigen Output ersetzen. Für den externen Analysten lassen sich aus der Wertschöpfung zwei Faktoren ableiten:

1. die technische Leistungsfähigkeit des Unternehmens;

2. die marktmäßige Leistungsfähigkeit des Unternehmens, d.h. wie hoch der Markt die Leistung eines Unternehmens bewertet.

Aus volkswirtschaftlicher Sicht zeigt die betriebliche Wertschöpfung, wie hoch der Beitrag des Unternehmens zum Bruttoinlandsprodukt ist.

Grundsätzlich wird zwischen der Netto- und Bruttowertschöpfung unterschieden (siehe Tabelle 13: Berechnung der betrieblichen Wertschöpfung). Der Unterschied zwischen diesen beiden Größen liegt in den Abschreibungen. So ergibt sich die betriebliche Nettowertschöpfung, indem man bei der Berechnung die Abschreibungen zu den Vorleistungen hinzuaddiert. Bei der Bruttowertschöpfung werden die Abschreibungen als Teil der Unternehmensleistung betrachtet und somit nicht als Vorleistung angesehen[91]. Die Bruttowertschöpfung ergibt sich somit durch Addition der Nettowertschöpfung und der Abschreibungen.

	Personalaufwand
+	sonstige Steuern
+	Betriebsergebnis
=	Netto-Wertschöpfung
+	Abschreibungen
=	Brutto-Wertschöpfung

Tabelle 13: Berechnung der betrieblichen Wertschöpfung

Darüber hinaus kann noch eine weitere Unterscheidung in primäre und sekundäre Wertschöpfungsaktivitäten erfolgen. Die primären Wertschöpfungsaktivitäten belaufen sich auf die unmittelbar im Zusammenhang mit der Transformation stehenden Tätigkeiten wie z.B. Produktion und Logistik. Die sekundären Aktivitäten hingegen

[91] Vgl. Groll, K. Kennzahlen für das wertorientierte Management, Wien 2003, S. 131.

sind alle Aktivitäten, welche dazu beitragen, dass die primären Aktivitäten reibungslos durchgeführt werden können. Hierzu zählen bspw. die Organisation, das Controlling oder die Personalabteilung.

Die betriebliche Nettowertschöpfung lässt sich subtraktiv anhand der Differenz aus der Gesamtleistung und den Aufwendungen für die Vorleistungen berechnen. Diese Methode kann man allerdings nur anwenden, wenn die GuV nach dem Gesamtkostenverfahren erstellt wurde. Eine Alternative zur subtraktiven Berechnung bietet die additive Methode. Hierbei werden der Personalaufwand, das Betriebsergebnis und die sonstigen Steuern aufaddiert. Der Vorteil dieser Methode ist, dass sie sowohl beim Umsatz- als auch beim Gesamtkostenverfahren angewendet werden kann.

Generell ist die Betrachtung der betrieblichen Bruttowertschöpfung der Nettowertschöpfung vorzuziehen. Sie hat den Vorteil, dass sie einen besseren Maßstab für die Leistungskraft des Unternehmens darstellt. Zudem lassen sich die Betriebsgröße sowie das Unternehmenswachstum anhand der Bruttowertschöpfung besser beurteilen. Andererseits kommt es bei der Anwendung der Netto-Methode nicht zu Verzerrungen durch unterschiedliche Abschreibungsmethoden, was den Vorteil hat, dass man das Wachstum des Unternehmens innerhalb der Branche besser vergleichen kann[92].

Grundsätzlich hat die Betrachtung der Wertschöpfung einen wesentlichen Vorteil, da diese sowohl unabhängig vom Ausmaß der Geschäftstätigkeit als auch von der Finanzierungsstruktur eines Unternehmens ist. Daher bietet sie einen objektiven Beurteilungsmaßstab für die Ertragskraft eines Unternehmens und macht diese mit weiteren Unternehmen vergleichbar.

Die Kennzahl „betriebliche Wertschöpfung“ eignet sich gut zur Messung der Arbeitsproduktivität und der Betriebsmittelproduktivität. Diese beiden Kennzahlen sollten immer im Zusammenhang betrachtet werden, da zur Analyse des Outputs eines Unternehmens immer alle verwendeten Produktionsfaktoren herangezogen werden sollten[93].

---

[92]Vgl. Groll, K.: Das Kennzahlensystem zur Bilanzanalyse, 2.Aufl., München 2004, 49f.

[93]Vgl. Groll, K.: Kennzahlen für das wertorientierte Management, Wien 2003, S. 132.

7.3.2 Arbeitsproduktivität

Die Arbeitsproduktivität drückt die Wertschöpfung des Unternehmens im Verhältnis zur Anzahl der Beschäftigten aus und berechnet sich wie folgt:

$$\textbf{Arbeitsproduktivität} = \frac{\text{Wertschöpfung}}{\text{durchschnittliche Beschäftigungszahl}}$$

Die Kennzahl zeigt, wie hoch die Wertschöpfung pro Mitarbeiter ausfällt und damit wie produktiv ein Mitarbeiter für das Unternehmen ist[94].

Die Analyse der Arbeitsproduktivität macht vor allem im Branchenvergleich (Abweichungsanalyse) Sinn. Falls die Arbeitsproduktivität des Unternehmens unter dem Branchendurchschnitt (Benchmark) liegt, so sollte diese durch Rationalisierungsmaßnahmen und/oder durch effizientere Produktionsanlagen erhöht werden. Vor allem aber die Betrachtung im Zeitverlauf kann Handlungsempfehlungen für das strategische Management liefern. Falls die Arbeitsproduktivität im Zeitverlauf sinkt, so ist dies ein wesentliches Indiz dafür, dass der Betriebsablauf zumindest teilweise Ineffizienzen aufweist. Wichtig ist es dabei, die Gründe für eine sich ändernde Arbeitsproduktivität zu untersuchen. Dies ist aber im Rahmen der externen Bilanzanalyse sehr schwierig, falls der Lagebericht keine Informationen hierzu liefert. Auch hier ergeben sich also wieder Informationsasymmetrien zwischen externem Analysten und Management.

Die Arbeitsproduktivität wird neben dem Faktor Arbeit auch durch andere Aspekte beeinflusst. Mögliche Gründe für eine sich erhöhende Arbeitsproduktivität können sein:

- Die Qualifikation der Beschäftigten hat sich verbessert.
- Die Organisationsstruktur des Betriebes hat sich verbessert.
- Die Verkaufspreise konnten erhöht werden.
- Die Preise bei den Lieferanten sind gesunken.
- Die Substitution von Personal durch effizientere Maschinen (Umsetzung von Rationalisierungsmaßnahmen).

---

[94]Vgl. Schnaußen, W.; Clausen, L., Controlling und Berliner Balanced Scorecard Ansatz, München 2009, S. 115.

Generell kann festgehalten werden, dass die Gesamtproduktivität eines Unternehmens umso höher ist, je höher die Arbeitsproduktivität ist, da diese eine Teilproduktivität darstellt. Die Kennzahl ist jedoch stark branchenabhängig, weshalb keine allgemeingültigen Richtwerte genannt werden können. Sie sollte daher stets im Vergleich zu den direkten Konkurrenten des zu analysierenden Unternehmens betrachtet werden. Zudem lässt der intertemporale Vergleich dieser Kennzahl Rückschlüsse auf die Entwicklung der Mitarbeiterproduktivität zu. Tauchen hier signifikante Veränderungen auf, sollten zunächst die Ursachen hierzu betrachtet werden, um daraus weitere Rückschlüsse auf das Unternehmen zu ziehen.

Da die Kennzahl nur eine so genannte Teilproduktivität darstellt, sollte sie durch den Einbezug weiterer Produktivitätskennzahlen ergänzt werden. So lässt sich bspw. auch die Personalkostenproduktivität berechnen, welche die Vergütung der Mitarbeiter in Relation zur Wertschöpfung setzt und somit Aufschluss über die Produktivität des wertmäßigen Produktionsfaktors Arbeit gibt. Darüber hinaus sollte auch die Maschinenproduktivität berücksichtigt werden, da Steigerungen der Arbeitsproduktivität nicht immer auf eine Leistungssteigerung der Mitarbeiter zurückzuführen sind, sondern oft auf technischem Fortschritt basieren. Durch die Analyse der Arbeitsproduktivität können zudem wichtige Erkenntnisse für die Personal- und die Produktionsplanung gewonnen werden, da sich die Kennzahl durch geringfügige Änderungen entsprechend unterschiedlicher Erkenntnisinteressen gestalten lässt. Somit wäre bspw. auch eine Bestimmung der Produktionsmenge pro Tag möglich, welche Rückschlüsse für die künftige Produktionsplanung zulässt.

7.3.3 Wertschöpfungsquote

Die Wertschöpfungsquote ist eine Kennzahl, welche häufig als Ergänzung zur Umschlagshäufigkeit des betriebsbedingten Kapitals betrachtet wird. Sie zeigt das Verhältnis von Wertschöpfung zur Gesamtleistung an.

$$\textbf{Wertschöpfungsquote} = \frac{\text{Wertschöpfung}}{\text{Gesamtleistung}}$$

Sollte die GuV auf Basis des Umsatzkostenverfahrens aufgestellt werden, so kann man hier auch anstatt der Gesamtleistung den Umsatz für die Berechnung der Kennzahl nutzen, um damit eine Näherungslösung zu erhalten. Falls die GuV allerdings auf Grundlage des Gesamtkostenverfahrens ermittelt wurde, so berechnet sich die Gesamtleistung aus der Summe von Umsatzerlösen, Bestandsveränderungen anfertigen und unfertigen Erzeugnissen sowie Erträgen aus aktivierten Eigenleistungen. Unter Umständen werden auch sonstige betriebliche Erträge teilweise oder in Gänze hinzugerechnet. Auch diese Kennzahl ist sehr branchenabhängig. So haben Maschinenbauer normalerweise eine ziemlich hohe Wertschöpfungsquote, während Dienstleister und Energieversorger eine deutlich niedrigere Quote aufweisen[95].

Prinzipiell zeigt die Wertschöpfungsquote, ob ein Unternehmen im Branchenvergleich eine verhältnismäßig hohe oder niedrige Fertigungstiefe aufweist. Möchte ein Unternehmen seine Fertigungstiefe verkleinern, so werden in der Regel Personalaufwand und Abschreibungen durch einen erhöhten Materialaufwand (Fremdbezug) ersetzt. In der Konsequenz wird die Wertschöpfungsquote aufgrund der Outsourcing-Maßnahmen sinken.

Tendenziell kann man feststellen, dass produzierende Unternehmen mit einer überdurchschnittlichen Wertschöpfungsquote im Branchenvergleich vermehrt innovative Produkte herstellen. Der Konkurrenzdruck ist bei diesen Produkten (noch) nicht so hoch, weshalb hier ein großes Erfolgspotenzial liegt und höhere Margen erzielt werden können. Hingegen haben Unternehmen mit einer niedrigeren Wertschöpfungsquote meist mit einem starken Kostenwettbewerb zu kämpfen und haben daher oftmals bereits Teile der Produktion ausgelagert[96].

Für ein Unternehmen können erhebliche Vorteile entstehen, wenn die Wertschöpfung und damit die Fertigungstiefe vergrößert werden[97]: Mögliche Vorteile hierbei sind:

- Die variablen Kosten können dadurch deutlich gesenkt werden.

---

[95] Vgl. Groll, K.: Das Kennzahlensystem zur Bilanzanalyse, 2.Aufl., München 2004, S. 54.

[96] Vgl. Frank, H.: Corporate Entrepreneurship, 2. Aufl., Wien 2009, S. 171.

[97] Vgl. Groll, K.: Das Kennzahlensystem zur Bilanzanalyse, 2.Aufl., München 2004, S. 55.

- Der Cash-Flow verbessert sich tendenziell.
- Synergiepotenziale innerhalb des Unternehmens können auftreten.
- Aufgrund der Eigenfertigung kann die Qualität der eigenen Produkte besser kontrolliert werden, was für Marketingzwecke genutzt werden kann.
- Die Produktion kann unabhängig von eventuellen Lieferantenproblemen erfolgen.

Diesen Vorteilen stehen allerdings auch einige Nachteile gegenüber:

- Der Kapitalbedarf steigt, während die Umschlagshäufigkeit sinkt.
- Potenzielles Know-how der Lieferanten kann nicht genutzt werden.
- Die fixen Kosten steigen, so dass in der Folge konstant hohe Umsätze notwendig sind, um diese zu decken.
- Die Abschreibungen auf Sachanlagen steigen.

Die Wertschöpfungsquote macht eine Aussage über die Fertigungstiefe im Unternehmen. Allgemein gilt, je höher die Kennzahl notiert, desto höher ist die Fertigungstiefe und umgekehrt. Im Falle einer hohen Wertschöpfungsquote bedeutet dies, dass ein Unternehmen vorgelagerte Stufen der Produktion selbst übernommen hat, wohingegen eine niedrige Quote bedeutet, dass ein Großteil der Vorstufen ausgelagert wurde (Outsourcing). Eine niedrige Quote erhöht zwar die Abhängigkeit von den Lieferanten, jedoch kann das Unternehmen sich dadurch auf seine Kernkompetenzen beschränken und diese schlussendlich produktiver und profitabler durchführen. Im Gegensatz dazu führt eine hohe Quote zu einer höheren Dispositionsfreiheit bzw. Unabhängigkeit von Lieferanten, was das Risiko von Produktionsausfällen infolge von Lieferengpässen deutlich senken kann.

Durch eine Wertschöpfungsbetrachtung lassen sich Erkenntnisse über die zugrundeliegende Strategie eines Unternehmens bzgl. der Eigenfertigung bzw. des Fremdbezuges gewinnen. Somit kann letztlich auch über die konkrete Umsetzung der Geschäftsidee geurteilt werden. Durch den intertemporalen Vergleich der Kennzahl wird zudem ersichtlich, inwiefern sich die Strategie hinsichtlich der Fertigungstiefe verändert hat. Somit können direkt Rückschlüsse auf die Einflüsse der Managementtätigkeit bzgl. der getroffenen „Make-or-buy-Entscheidungen" gezogen werden.

Zu beachten ist, dass es keine allgemeingültigen Richtwerte für die Kennzahl gibt, da diese von der spezifischen Geschäftsidee eines Unternehmens abhängt. Grundsätzliche Einflussfaktoren sind jedoch die Branche, Wettbewerbssituation, Einkaufs- und Verkaufspreise, Fertigungstiefe und das notwendige Know-how. Hierbei gilt grundsätzlich, dass (technisch) anspruchsvolle Produkte in der Regel eine höhere Wertschöpfungsquote aufweisen, da das Unternehmen unter Umständen kein Know-how an die Lieferanten weitergeben will.

7.3.4 Kapazitätsauslastung

Die Kapazitätsauslastung ist vor allem für produzierende Unternehmen eine wichtige Kennzahl. Sie beschreibt das Verhältnis zwischen der erbrachten Leistung eines Geschäftsjahres und der maximal möglichen Leistung. Die Kapazität als maximal mögliche Leistung wird durch die in einem bestimmten Zeitraum (meistens ein Geschäftsjahr) maximal verfügbaren Ressourcen (Produktionsstandorte, Maschinen, Mitarbeiter, Werkzeuge etc.) bestimmt. Kapazitätsanpassungen können sowohl durch intensitätsmäßige (schnellere Laufzeiten) als auch über zeitliche (Anpassungen der Arbeitszeiten, Einführung von Schichtbetrieb etc.) oder quantitative (Zusätzliche Maschinen, Mitarbeiter etc.) Anpassungen erreicht werden.

$$\textbf{Kapazitätsauslastung} = \frac{\text{erbrachte Leistung}}{\text{maximal mögliche Leistung}}$$

Die Kapazität eines Unternehmens hängt folglich von drei Parametern ab, nämlich der Intensität mit der die Produktion erfolgt, der mengenmäßigen Ausstattung mit Maschinen, Mitarbeitern etc. und der gewählten Zeitspanne, in welcher produziert wird.

Da vor allem Industriebetriebe häufig hohe Fixkosten tragen müssen, sollte die Kapazitätsauslastung hier genauer betrachtet werden. Im Allgemeinen sollte diese mindestens so hoch sein, dass das Unternehmen seine Fixkosten zu jeder Zeit decken kann. Allerdings verhindern mehrere Limitationen, dass die (technisch) maximal mögliche Kapazitätsauslastung erreicht werden kann. Hierunter fallen bspw. gesetzliche Vorschriften, die bestimmte Arbeitszeiten verbieten sowie Kostenüberlegungen, da für Überstunden in der Regel Zuschläge zu zahlen sind, was sich wiederum negativ auf die Rentabilität auswirkt. Ein weiterer begrenzender Faktor kann eine mangelnde Nachfrage sein, was zu einer notwendigen Herabsetzung der erbrachten Leistung führt und somit die kritischste Limitation darstellt. Zudem kann der stetige Betrieb von Produktionsmaschinen an der Kapazitätsgrenze zu einem schnelleren Verschleiß und höheren Instandhaltungskosten führen. Auch aus Risikogesichtspunkten ist eine vollständige Kapazitätsauslastung nicht erstrebenswert, da im Falle eines Maschinenausfalles, keine zusätzlichen Produktionsmittel bestehen, um die Auftragserfüllung zu gewährleisten und daraus Vertragsstrafen resultieren können.

Eine hohe Kapazitätsauslastung kann folglich auch Nachteile mit sich bringen, falls diese mit anderen wichtigen Zielen in Konflikt steht. Zuletzt können unter einer zu hohen Kapazitätsauslastung auch die Lieferzeiten leiden, was oftmals zu einer verminderten Termintreue führt. Dies liegt daran, dass bei einer hohen Kapazitätsauslastung neue Aufträge einen Engpass in der Produktion auslösen können und somit Fertigungsaufträge zeitlich nach hinten geschoben werden müssen. In diesem Fall hätte sich ein Unternehmen eine hohe Kapazitätsauslastung mit langen Lieferzeiten erkauft.

Außerdem ist Vorsicht geboten, wenn eine erhöhte Kapazitätsauslastung durch Preissenkungen oder Rabatte erkauft wird, um damit den Absatz zu erhöhen. Denn oftmals ist die durch die Preissenkung induzierte Reduktion der Erlöse größer als die damit verbundene Reduktion der Aufwendungen aufgrund von positiven Skaleneffekten. Daher sollte bei der Analyse der Kapazitätsauslastung zwingend die Ertragslage berücksichtigt werden.[98]

Die Interpretation dieser Kennzahl ist vor allem im Zeitverlauf sinnvoll. Hier kann sie sowohl Aufschlüsse über die allgemeine Absatzsituation als auch über die Qualität des strategischen Managements bzw. des Controllings geben.

> Grundsätzlich sollte die Kapazitätsauslastung möglichst hoch sein. Eine isolierte Betrachtung der Kennzahl ist aus den oben

---

[98] Vgl. Rieder, M.: Die Auslastung ist ein trügerischer Ratgeber, St. Gallen 2010, S. 9 f.

genannten Gründen jedoch nicht empfehlenswert. Bei der Interpretation der Kennzahl sollte der externe Analyst stets die aufgezeigten Limitationen, die verhindern können, dass die maximale Auslastung erreicht wird, berücksichtigen. Zusätzlich sollten daher die Rentabilitätskennzahlen des Unternehmens betrachtet werden, da bspw. eine hohe Auslastung bei negativen Margen wenig Aussagekraft hat bzw. aus unternehmerischer Sicht nicht lohnenswert wäre. Die Kennzahl kann im Zusammenhang mit der Anlagenintensität Informationen über die Ausstattung des Unternehmens mit Maschinen bzw. anderen Vermögensgegenständen des Anlagevermögens geben. Außerdem kann die Kennzahl aus Sicht des Managements dafür verwendet werden, um die Kapazitätsplanung sowie die Kapazitätsbedarfsplanung fundiert durchzuführen.

Für das **Beispielunternehmen** (siehe Kapitel 5 Planung des Beispielunternehmens Kfz-Zulieferer GmbH) ergeben sich die folgenden Kapazitätsauslastungen:

Kapazitätsauslastung		t-2	t-1	t
Zähler	Umsatzerlöse	30.606,64	35.050,88	37.687,36
Nenner	Sachanlagen	16.077,44	17.985,84	19.396,56
Ergebnis	Dividende · 100	190,4%	194,9%	194,3%

Im Zeitpunkt t-2 beträgt die Kapazitätsauslastung des Beispielunternehmens 190,4%. In den beiden Perioden t-1 und t steigt diese Kennzahl an. Dies ist auf einen prozentual höheren Anstieg der Umsatzerlöse im Vergleich zum Anlagevermögen zurückzuführen.

7.4 Auftragseingangsanalysen

Die wertmäßige Höhe der Auftragseingänge eines Unternehmens im Verhältnis zum erzielten Umsatz kann wichtige Erkenntnisse für die zukünftige Unternehmensentwicklung liefern. Die Kennzahl wird oftmals als „Book-to-Bill-Ratio“ bezeichnet und bezieht sich grundsätzlich immer auf einen festgelegten Zeitraum, welcher sich in der Regel über einen Monat oder ein Quartal erstreckt.

$$\textbf{Book} - \textbf{to} - \textbf{Bill} - \textbf{Ratio} = \frac{\text{Auftragseingang}}{\text{Umsatzerlöse}}$$

Erzielt das Unternehmen im festgelegten Zeitraum bspw. einen Umsatz von 100 Millionen € und schafft es in der gleichen Zeit Auftragseingänge in Höhe von 150 Millionen € zu generieren, so liegt die „Book-to-Bill-Ratio" bei 1,5. Dieser Wert lässt darauf schließen, dass das Unternehmen in Zukunft mit wachsenden Umsätzen rechnen kann.

Das Besondere dieser Kennzahl ist, dass sie nicht vergangenheitsorientiert ist, sondern sich auf die zukünftigen Umsätze des Unternehmens (ex-ante) bezieht. Insbesondere zu Zeitpunkten in denen die Konjunktur anfängt sich abzuschwächen, verzeichnen Unternehmen zu Beginn oftmals noch stabile Umsätze, während aber die Auftragseingänge bereits deutlich nachlassen. Somit besitzt die Kennzahl „Book-to-Bill-Ratio" eine wichtige Frühwarnfunktion und sollte daher unbedingt im Rahmen der Erfolgsanalyse berücksichtigt werden.

Zu beachten ist, dass diese Kennzahl immer größer als eins sein sollte, d.h. die Auftragseingänge sollten in ihrem absoluten Wert immer höher sein als der erzielte Umsatz. Solange die Kennzahl deutlich höher ist als eins, wird das Unternehmen mit hoher Wahrscheinlichkeit seine Umsätze steigern können und somit in Zukunft wachsen. Allerdings kann aufgrund von Stornierungen der tatsächliche Umsatz in der Zukunft niedriger sein, als die Auftragseingänge dies im Vorfeld vermuten lassen. Stornierungen werden in diesem Kontext dann als negativer Auftragseingang betrachtet und sollten zusätzlich beobachtet werden[99]. Die Gründe für Auftragsstornierungen sollten (sofern möglich) identifiziert werden, explizit ob diese durch Verschulden des Unternehmens entstanden sind oder z.B. aus fehlender Bonität der Kunden resultieren.

Da die Auftragseingänge einer Volkswirtschaft insgesamt einen wichtigen Konjunkturindikator darstellen, werden die Auftragseingänge für deutsche Unternehmen, welche 50 oder mehr Mitarbeiter beschäftigen, monatlich von der Bundesbank veröffentlicht und

[99] Vgl. Ossola-Haring, C.: Handbuch Kennzahlen zur Unternehmensführung, 3. Aufl., Landsberg 2006, S. 246f.

können somit von dem externen Analysten als Informationsgrundlage genutzt werden.

Der Auftragseingang hat eine hohe Bedeutung bei produzierenden Unternehmen. Er lässt Rückschlüsse auf die mittelfristige, künftige Umsatzsituation zu. Die Kennzahl sollte immer größer als eins sein, da dies ein wichtiges Signal für künftiges Umsatzwachstum bzw. allgemein wachsende Märkte ist. Die Kennzahl ist insbesondere in Branchen zu verwenden, welche durch eine große zeitliche Differenz zwischen Auftragseingang („book") und Umsatzerzielung („bill") gekennzeichnet sind. Zu solchen Branchen gehören bspw. der (Spezial-)Maschinenbau oder der Schiffs- und Flugzeugsbau. Folglich sollte die Kennzahl als (Frühwarn-)Indikator für die aktuelle/mittelfristige konjunkturelle Lage dienen, da man direkt auf die mittelfristige wirtschaftliche Entwicklung schließen kann. Zusätzlich wird ein Vergleich mit den direkten Wettbewerbern des Unternehmens empfohlen. Darüber hinaus kann die Kennzahl als Indikator für die Dynamik und Wachstumsfähigkeit eines Wirtschaftszweiges bzw. einer Branche gesehen werden.

7.5 Rentabilitätsbetrachtungen

Zu Beginn des nachfolgenden Kapitels sollte zunächst definiert werden, was unter dem Begriff Rentabilität zu verstehen ist. Unter Rentabilität wird im Allgemeinen die Relation einer Erfolgsgröße zu einer Bezugsgröße verstanden. Dabei sollte die Bezugsgröße so gewählt werden, dass diese in hohem Maße ihren Beitrag zur Realisierung des Erfolges geleistet hat. Die resultierende Kennzahl wird üblicherweise als Prozentzahl ausgedrückt und gibt die Effizienz der Bezugsgröße an.

$$\textbf{Rentabilität (allgemein)} = \frac{\text{Erfolgsgröße}}{\text{Bezugsgröße}}$$

Die Analyse der Rentabilität eines Unternehmens hat eine sehr zentrale Bedeutung innerhalb der Bilanzanalyse, da ihre Stärke in der Ableitung von Einschätzungen zu den gegenwärtigen und zukünftigen Potenzialen der Gewinnerzielung liegt. Dabei fallen besonders Größen ins Gewicht, die Aussagen über die Fähigkeit mit dem Unternehmensvermögen (Investierte Geschäftsidee) Gewinne (Effizienz) zu erzielen, ermöglichen. Diese lassen somit Rückschlusse auf den Grad der Effizienz der umgesetzten Geschäftsidee zu. Insofern stützen sich Investoren und Fremdkapitalgeber bei ihren Investitionsentscheidungen zum großen Teil auf die Rentabilitätskennzahlen eines Unternehmens. Dies liegt zusätzlich daran, dass eine hohe nachhaltige Rentabilität die Voraussetzung schafft Eigenkapital zu bilden (Risikotragfähigkeit) und Fremdkapital leichter und zu besseren Konditionen aufnehmen zu können. Außerdem überstehen Unternehmen, welche überdurchschnittlich rentabel arbeiten, meist Rezessionen deutlich besser und können unter Umständen danach ihre Marktanteile weiter ausbauen.

Die Betrachtung der Rentabilitätskennzahlen sollte stets neben Produktivitäts- (Input-Output-Relation) und Wirtschaftlichkeitskennzahlen (Aufwands-Ertrags-Relation) erfolgen.

Rentabilitätskennzahlen eignen sich sehr gut dazu, verschiedene Unternehmen einer Branche miteinander zu vergleichen und im Zeitverlauf zu analysieren. Da zudem Rentabilitätskennzahlen in der Regel prozentual ausgedrückt werden, sind sie relativ einfach zu interpretieren, da sie im Grunde eine Rendite ausdrücken. Durch die Relativierung des Erfolges wird es möglich, auf einfache Weise Zielvorgaben für die Rentabilität eines Unternehmens in künftigen Perioden zu machen und anschließend den Ist-Wert mit dem Soll-Wert zu vergleichen Dadurch wird die Erfolgssituation eines Unternehmens besser bewertbar und vergleichbar gemacht. Insofern dienen Rentabilitätskennzahlen als Planungs- und zugleich als Steuerungsinstrument.

Allerdings müssen auch einige Schwachstellen der Betrachtung ausgemacht werden. So besteht auch bei dieser Analyse die Problematik der Informationsasymmetrien, die durch bilanzpolitische Wahlrechte und Maßnahmen verursacht werden. Die bilanzpolitischen Wahlrechte und Maßnahmen erschweren die Vergleichbarkeit insbesondere für externe Analysten erheblich, da diese von jedem Unternehmen in unterschiedlicher Weise und Ausmaß genutzt werden können. Darüber hinaus können aus der Betrachtung der Kennzahlen keinerlei Aussagen zur Relation von Renditeerzielung und dem dabei notwendigerweise eingegangenen Risiko gemacht werden.

Generell ist bei der Rentabilitätsanalyse zu beachten, dass die Kennzahlenbildung so erfolgen muss, dass bei einer Änderung einer konkreten Rentabilitätskennzahl die Ursachen für diese Änderung ersichtlich werden. D.h. die Rentabilitätsanalyse hat unter anderem die wichtige Aufgabe, die Abhängigkeiten zwischen den verschiedenen Einflussfaktoren auf die Rentabilität offen zu legen. Meist haben diese Abhängigkeiten jedoch keine echte funktionale Beziehung, sondern beruhen auf Ursache-Wirkungs-Beziehungen, welche weitestgehend lediglich vermutet werden können[100].

Die am häufigsten verwendeten Rentabilitätskennzahlen basieren auf der Kapitalrentabilität. Hierbei wird der Erfolg des Unternehmens in Beziehung zu einer Kapitalgröße gesetzt, woraus dann die Verzinsung des eingesetzten Kapitals resultiert. Dabei wird grundsätzlich zwischen der Gesamtkapitalrentabilität, der Eigenkapitalrentabilität und der Fremdkapitalrentabilität unterschieden. Des Weiteren interessieren sich externe Analysten vornehmlich für die Umsatz- und die Betriebsrentabilität, welche auch in diesem Kapitel behandelt werden.

7.5.1 Gesamtkapitalrentabilität

Bei der Gesamtkapitalrentabilität wird nicht zwischen Eigenkapital und Fremdkapital unterschieden, sondern der Gewinn wird – wie der Name schon vermuten lässt – durch das gesamte Kapital geteilt. Das Ergebnis sagt aus, wie viel Gewinn jeder investierte Euro erwirtschaftet hat. Im angelsächsischen Raum wird hierfür oftmals der Begriff „Return on Assets" (kurz: ROA) verwendet.

Als Gewinngröße wird bei der Gesamtkapitalrentabilität meistens der EBIT oder alternativ der Jahresüberschuss zzgl. Fremdkapitalzinsen verwendet. In beiden Fällen werden die Fremdkapitalzinsen also bewusst nicht abgezogen. Dies ist grundlegend sinnvoll, da die Fremdkapitalkosten auch durch das investierte Kapital erwirtschaftet wurden. Außerdem haben die Fremdkapitalzinsen zuvor den Jahresüberschuss reduziert. Dieser Effekt wird durch die nachträgliche Addition wieder ausgeglichen. Infolgedessen kann eine Vergleichbarkeit von Unternehmen hergestellt werden, da der Einfluss der Verschuldungssituation bereinigt wurde.

Des Weiteren ist es sinnvoll den Steueraufwand nicht zu berücksichtigen, da dieser aufgrund der steuerlichen Abzugsfähigkeit der

[100] Vgl. Brösel, G.: Bilanzanalyse, 13. Aufl., Berlin 2010, S. 181f.

Fremdkapitalzinsen von der Verschuldungssituation des Unternehmens abhängt und sonst die Kennzahl „verfälschen" kann[101].

Ein wesentlicher Vorteil dieser Kennzahl ist, dass die Finanzstruktur des Unternehmens keinen Einfluss auf die Höhe der errechneten Rentabilität hat. Für das Gesamtkapital im Nenner der Gesamtkapitalrentabilität kann die Bilanzsumme übernommen werden. Sollte sich die Kapitalgröße innerhalb der Untersuchungsperiode verändern, was in der Praxis des Öfteren vorkommt, so kann man vereinfachend das arithmetische Mittel des Kapitaleinsatzes aus dem Periodenanfangsbestand und -endbestand verwenden.

$$\textbf{Gesamtkapitalrentabilität} = \frac{\text{EBIT (oder: JÜ + Fremdkapitalzinsen)}}{\text{Gesamtkapital}}$$

Die Gesamtkapitalrentabilität bildet den Ausgangspunkt für „Leverage-Überlegungen", da diese notwendigerweise größer sein muss als die Fremdkapitalkosten, um den Leverage-Effekt nutzen zu können. Insofern kann man die Gesamtkapitalrentabilität zunächst mit den Zinssätzen für das Fremdkapital vergleichen. Sollte die Gesamtkapitalrentabilität höher sein, so könnte das Unternehmen durch weitere Fremdkapitalaufnahme seinen Gewinn und damit die Eigenkapitalrentabilität steigern (siehe Abschnitt 7.5.4 Leverage-Effekt)[102].

Ein Problem der Kennzahl „Gesamtkapitalrentabilität" ist, dass sie durch das Unterlassen oder Verschieben von großen Investitionen bei gleichzeitiger Tilgung von Fremdkapital kurzfristig beschönigt werden kann. Die Gesamtkapitalrentabilität würde sich in diesem Fall durch das geringere Gesamtkapital verbessern, während sich gleichzeitig die künftige Wettbewerbsfähigkeit durch fehlende Investitionen verschlechtern könnte. Eine alleinige Fokussierung auf die Gesamtkapitalrentabilität kann also zu Fehlinterpretationen führen.

Zwei weitere Probleme bei der Analyse stellen bestehende Leasingverhältnisse, welche als Operating Lease qualifiziert werden (siehe Abschnitt 4.4 Bilanzierung von Leasingverhältnissen) sowie das unverzinsliche Fremdkapital dar. Diese Positionen werden in der Größe „Gesamtkapital" nicht erfasst, was eigentlich Korrekturmaßnahmen nötig macht. Aufgrund der fehlenden Quantifizierbarkeit wird aber in der Praxis auf Korrekturrechnungen oftmals verzichtet.

---

101 Vgl. Coenenberg, A.: Jahresabschluss und Jahresabschlussanalyse, 22. Aufl., Ulm 2012, S. 1157.

102 Vgl. Weber, M.; Paa, K.: Bilanzen, München 2008, S. 59.

Da die durchschnittliche Gesamtkapitalrentabilität je nach Branche sowie je nach Konjunkturlage stark variiert, ist es schwierig allgemeingültige Zielgrößen anzugeben. Tendenziell sind die Gesamtkapitalrenditen im Dienstleistungsgewerbe eher niedrig, während dort die Kapitalumschlagshäufigkeit hoch ist. In Industrieunternehmen sind in der Regel deutlich höhere Gesamtkapitalrenditen zu erzielen, da hier der Kapitalumschlag geringer ist.

Die Gesamtkapitalrentabilität kann als wesentlicher Indikator für die Fähigkeit eines Unternehmens Gewinne zu erzielen gesehen werden. Die Unterteilung des hierfür eingesetzten Kapitals in Eigen- und Fremdkapital wird bei der Gesamtkapitalrentabilität nicht berücksichtigt. Insofern ist die Kennzahl verschuldungsneutral. Die Gesamtkapitalrentabilität bietet einen Anhaltspunkt für die Attraktivität eines Unternehmens aus Investorensicht, da hierbei ein Zinssatz ermittelt wird, der zu Renditevergleichen unterschiedlicher Anlagemöglichkeiten herangezogen werden kann. Generell gilt, je höher die Gesamtkapitalrentabilität, desto höher ist die Effizienz des Kapitaleinsatzes. Allgemein kann eine durchschnittliche Gesamtkapitalrentabilität von mindestens 10% als gut bezeichnet werden, jedoch ist auch diese Kennzahl branchenabhängig und sollte daher im Rahmen einer Abweichungsanalyse analysiert werden. Als Faustregel sollte die Gesamtkapitalrentabilität mindestens dem derzeitigen Fremdkapitalzinsniveau zuzüglich einer branchenüblichen Risikoprämie entsprechen.

Der externe Analyst hat jedoch die Aufgabe, die Entwicklung der Kennzahl im Zeitverlauf zu beobachten, denn ein Unternehmen, welches über mehrere Perioden hinweg solide gewirtschaftet hat, wird voraussichtlich bestehende oder zukünftige Unternehmenskrisen besser bewältigen. Eine im Zeitverlauf steigende Gesamtkapitalrentabilität kann entweder durch eine Erhöhung des Gewinns oder einer Reduzierung des eingesetzten Kapitals herbeigeführt werden. Insofern sollten die Gründe für Veränderungen analysiert werden.

Berücksichtigt werden sollte, dass bei der Ermittlung der Kennzahl unterstellt wird, dass sämtliche Aktiva – also die investierte Geschäftsidee – gleichermaßen zur Rendite beigetragen haben. Hier könnte durch eine Umschichtung der Aktiva zu einer Steigerung der Rendite führen. Darüber hinaus muss festgehalten werden, dass die zwischenbetriebliche Vergleichbarkeit eingeschränkt wird, da Unternehmen z.B. durch die Wahl von Abschreibungsmethoden in unterschiedlichem Maße von bilanzpolitischen Gestaltungsmöglichkeiten Gebrauch machen können (Intra-Standard-Differenzen). Zusätzlich wird die Vergleichbarkeit durch die unterschiedliche Anwendung von nationalen und internationalen Rechnungslegungsstandards beeinträchtigt (Inter-Standard-Differenzen).

Für das **Beispielunternehmen** (siehe Kapitel 5 Planung des Beispielunternehmens Kfz-Zulieferer GmbH) ergeben sich die folgenden Gesamtkapitalrentabilitäten:

Gesamtkapitalrentabilität		t-2	t-1	t
Zähler	EBIT	3.482,64	6.548,56	4.714,64
Nenner	Gesamtvermögen (= Bilanzsumme)	53.972,56	64.002,56	66.869,76
Ergebnis	Dividende · 100	6,5%	10,2%	7,1%

Das Beispielunternehmen weist in der Periode t-2 eine Gesamtkapitalrentabilität von 6,5% auf. In der Periode t-1 erfolgt ein Anstieg auf 10,2%. Dies ist auf einen Anstieg des EBIT im Vergleich zur Vorperiode zurückzuführen. In der Periode t sinkt die Gesamtkapitalrentabilität erneut von 10,2% auf 7,1%. Der Rückgang resultiert aus einem Rückgang des EBIT in t.

7.5.2 Betriebsrentabilität

Bei der Betriebsrentabilität wird anstatt dem EBIT das ordentliche Betriebsergebnis (zur Ermittlung: siehe Kapitel 7.1.1 Das ordentliche Betriebsergebnis) eingesetzt und dieses zum betriebsnotwendigen Vermögen ins Verhältnis gesetzt. Dies hat gegenüber der Gesamtkapitalrentabilität den Vorteil, dass Einflüsse aus dem Finanzergebnis wie Zinserträge und Erträge aus Beteiligungen sowie die unregelmäßigen/außerordentlichen bzw. außergewöhnlichen Ergebnisse nicht in der Kennzahl erfasst werden. Infolgedessen kann die Ertragskraft des Unternehmens besser prognostiziert werden.

Jedoch sei an dieser Stelle – wie auch nachfolgend für die Umsatzrentabilität – nochmals auf die Änderungen des BilRUG verwiesen, welche ein Ausweisverbot der außerordentlichen Erträge und Aufwendungen bewirken und daher die Ermittlung des ordentlichen Betriebsergebnisses deutlich erschweren.

$$\textbf{Betriebsrentabilität (in \%)} = \frac{\text{ordentliches Betriebsergebnis}}{\text{betriebsnotwendiges Vermögen}} * 100$$

Das betriebsnotwendige Vermögen ist für den externen Analysten auf Basis der vorhandenen Informationsgrundlage (Jahresabschluss) nicht eindeutig zu erkennen und wird daher vereinfachend wie folgt ermittelt:

	Gesamtvermögen
-	Finanzanlagen
-	sonstige Vermögensgegenstände
-	Wertpapiere
=	betriebsnotwendiges Vermögen

Diese näherungsweise Berechnung kann zu ungenauen Ergebnissen führen, welche die Kennzahl verzerren können und bei der Interpretation folglich zu berücksichtigen sind. Zu beachten ist außerdem, dass die erhaltenen Anzahlungen auf Bestellungen bei der Berechnung des betriebsbedingten Kapitals nicht berücksichtigt werden dürfen, obwohl diese eigentlich einen Beitrag für die Finanzierung des betriebsnotwendigen Vermögens leisten. Die Betriebsrentabilität könnte sonst stark verzerrt werden. Insbesondere bei Industrieunternehmen, die lange Fertigungszeiten haben, würde die Betriebsrentabilität bei vorhandenen hohen Anzahlungen viel zu niedrig ausgewiesen, da das Betriebsvermögen inklusive Anzahlungen deutlich erhöht wäre[103].

Analog zu den anderen Rentabilitätskennzahlen gibt auch diese Kennzahl Auskunft darüber wie viel Gewinn (hier ordentliches Be-

[103] Vgl. Groll, K.: Das Kennzahlensystem zur Bilanzanalyse, 2. Aufl., München 2004, S. 42.

triebsergebnis) man pro investierten Euro (hier betriebsnotwendiges Vermögen) erhält.

Die Betriebsrentabilität kann in die zwei Kennzahlen „Umsatzrentabilität" und „Umschlagshäufigkeit" zerlegt werden, wie Abbildung 15: Betriebsrentabilität zeigt. Eine Multiplikation der Umsatzrentabilität mit der Kapitalumschlagshäufigkeit hat wiederum die Betriebsrentabilität als Ergebnis.

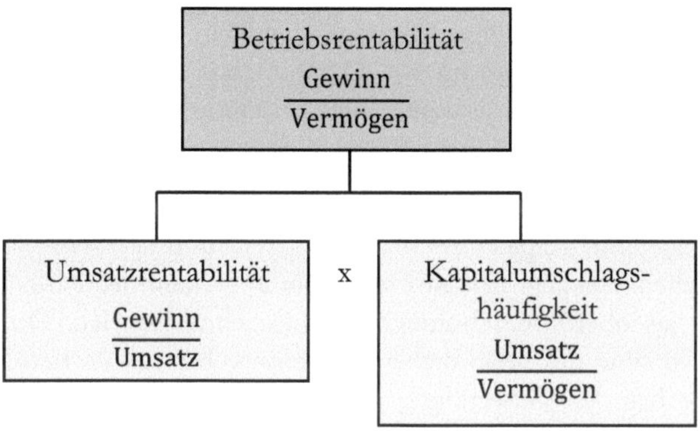

Abbildung 15: Betriebsrentabilität

Die Betriebsrentabilität wird auch als Return on Investment (RoI) bezeichnet und dazu verwendet, die Höhe der Verzinsung des betriebsnotwendigen Vermögens zu bestimmen.

Mithilfe der Zerlegung der Kennzahl kann festgestellt werden, dass sich die Betriebsrentabilität bzw. der RoI steigert, wenn sich entweder die Umsatzrentabilität (z.B. durch höhere Verkaufspreise) oder die Kapitalumschlagshäufigkeit (z.B. durch Vereinbarung von kürzeren Lieferfristen mit den Lieferanten) erhöht. Somit lassen sich mit diesen drei Kennzahlen die Beziehungen zwischen den „magischen Bezugsgrößen" des geschäftlichen Erfolgs (Kapital, Umsatz und Gewinn) herstellen[104].

Die Umsatzrentabilität und Kapitalumschlagshäufigkeit sind keineswegs unabhängig voneinander, sondern können sich gegenseitig beeinflussen. Dies wird anhand nachfolgender Beispiele verdeutlicht:

---

[104] Vgl. Groll, K.: Das Kennzahlensystem zur Bilanzanalyse, 2. Aufl., München 2004, S. 43.

- Mithilfe von Rationalisierungsmaßnahmen (z.B. Automatisierung der Produktion) kann ein Unternehmen seine Umsatzrentabilität steigern, während gleichzeitig die Umschlagshäufigkeit aufgrund einer erhöhten Kapitalbindung sinkt.
- Ein Betrieb kann durch Outsourcing-Maßnahmen – also indem Teile der eigenen Produktion durch Fremdbezug substituiert werden – einen Teil seines Anlage- und Vorratsvermögens abbauen. In der Folge erhöht sich die Kapitalumschlagshäufigkeit, da sich das betriebsnotwendige Vermögen verkleinert hat. Gleichzeitig verändern sich aufgrund des Outsourcings die Aufwendungen, was wiederum die Umsatzrentabilität beeinflusst.

Der RoI (Betriebsrentabilität) ist das Produkt aus Umsatzrentabilität und Kapitalumschlagshäufigkeit und ist sehr stark branchenabhängig. Ein RoI von über 10% kann jedoch allgemein als überdurchschnittlich gut bezeichnet werden. Durch die Nutzung des ordentlichen Betriebsergebnisses als Erfolgsgröße hat die Verwendung dieser Rentabilitätskennzahl den Vorteil, dass nur diejenigen Aufwendungen und Erträge berücksichtigt werden, welche direkt aus der Umsetzung der ureigenen Geschäftsidee entstammen (operative Geschäftstätigkeit). Diese Ergebnisgröße ist frei von Einflüssen aus dem Finanzergebnis sowie von außerordentlichen/außergewöhnlichen Erträgen und Aufwendungen, die in der Regel einmalig anfallen, keine nachhaltige Erfolgsquelle darstellen und häufig das Resultat von bilanzpolitischen Maßnahmen (zur Ergebniskaschierung) sind. Das ordentliche Betriebsergebnis wird somit als das Ergebnis gesehen, welches nachhaltig aus der Kerngeschäftstätigkeit erwirtschaftet werden kann und ist daher ein guter Ansatzpunkt zur Bewertung der Güte der Geschäftsidee sowie zur Prognose der künftigen Ertragskraft. Aufgrund der indikativen Ermittlung des betriebsnotwendigen Vermögens ist diese Kennzahl jedoch anfälliger für Ungenauigkeiten/Fehler, was ihre Verwendung vor allem für Vergleichszwecke schwierig macht.

Für das **Beispielunternehmen** (siehe Kapitel 5 Planung des Beispielunternehmens Kfz-Zulieferer GmbH) ergeben sich die folgenden Return on Investments:

RoI (Betriebsrentabilität)		t-2	t-1	t
1. Faktor	Gewinn (=EBIT)	3.482,64	6.548,56	4.714,64
	÷ Umsatzerlöse	÷ 30.606,64	÷ 35.050,88	÷ 37.687,36
	= Umsatzrentabilität	= 0,1138	= 0,1868	= 0,1251
2. Faktor	Umsatzerlöse	30.606,64	35.050,88	37.687,36
	÷ Vermögen	÷ 32.825,92	÷ 33.412,08	÷ 35.826,80
	= Kapitalumschlagshäufigkeit	= 0,9324	= 1,0490	= 1,0519
Ergebnis	Produkt · 100	10,6%	19,6%	13,2%

Der RoI beträgt in der Periode t-2 10,6%. Der Anstieg in der Periode t-1 resultiert aus der Erhöhung des EBIT. In der Periode t sinkt der EBIT enorm, was letztlich auch in einem massiven Rückgang des RoI von zuvor 19,6% auf 13,2% resultiert.

7.5.3 Eigenkapitalrentabilität

Die Eigenkapitalrentabilität – oder „Return on Equity" genannt – ist für Eigenkapitalgeber eine der wichtigsten Rentabilitätskennzahlen überhaupt. Bei dieser Kennzahl wird der Jahresüberschuss ins Verhältnis zum durchschnittlichen (bilanziellen) Eigenkapital gesetzt.

$$\textbf{Eigenkapitalrentabilität} = \frac{\text{Jahresüberschuss}}{\text{Eigenkapital}} \times 100$$

Die Eigenkapitalrentabilität repräsentiert die Verzinsung des eingesetzten Eigenkapitals inklusive Dividenden und Thesaurierungen – also unabhängig von der Gewinnverwendung und wird daher auch als Unternehmerrendite bezeichnet[105].

Die Kennzahl ist von großer Bedeutung, da die Maximierung des Shareholder Values eine zentrale Zielgröße eines erwerbswirtschaftlich orientierten Unternehmens ist. Desto höher die Eigenkapitalrendite ausfällt, desto mehr erhöht sich auch der Shareholder Value und umgekehrt. Als Gewinngröße sollte am besten der Jahresüber-

[105] Vgl. Gräfer, H.; Schneider, G.: Bilanzanalyse, 13. Aufl., Herne 2016, S. 60.

schuss gewählt werden, da sich für die Eigenkapitalgeber die tatsächliche Rendite ihres eingesetzten Kapitals nach Abzug der Steuern berechnet.[106]
Darüber hinaus hat die Kennzahl insbesondere bei der Akquise von (neuem) Eigenkapital einen maßgeblichen Einfluss, da die Eigenkapitalrentabilität neben weiteren Kennzahlen zur Bewertung der künftigen Ertragskraft (Gewinnerzielungsfähigkeit) des Unternehmens verwendet wird.

Zu beachten ist, dass die Bildung der Kennzahl „Eigenkapitalrentabilität" mit einigen Problemen verbunden sein kann. So kann die Gewinngröße „ausgewiesener Jahresüberschuss" durch die Auflösung bzw. Bildung stiller Reserven manipuliert oder verzerrt werden. Zudem hat die fehlende Berücksichtigung der stillen Reserven Einfluss auf die Bezugsgröße „Eigenkapital", welche dadurch ebenfalls verfälscht werden kann. Im Rahmen der externen Bilanzanalyse ist der externe Analyst jedoch darauf angewiesen mit den verfügbaren Buchwerten zu arbeiten, da er keine vollständige Informationsgrundlage besitzt.

Berücksichtigt werden muss, dass die Eigenkapitalrentabilität im Gegensatz zu der Gesamtkapitalrentabilität von der Kapitalstruktur – sprich der Verteilung des Gesamtkapitals auf Eigen- und Fremdkapital – abhängig ist. Da eine im Vergleich zur Branche hohe Eigenkapitalrentabilität auch aufgrund einer unterdurchschnittlichen Eigenkapitalquote entstehen kann, sollte die Eigenkapitalrentabilität immer in Verbindung mit der Eigenkapitalquote analysiert werden. Eine hohe Eigenkapitalrentabilität in Verbindung mit einer zu niedrigen Eigenkapitalquote deutet darauf hin, dass das Unternehmen seine hohe Eigenkapitalrentabilität mit einem hohen Fremdkapitalanteil erkauft[107].

Dennoch wird immer wieder oftmals von Banklobbyisten oder teilweise von Eigenkapitalgebern verlangt, die Eigenkapitalrentabilität durch hohe Fremdkapitalaufnahmen zu "pushen". Dies ist möglich, solange die Fremdkapitalrentabilität – also die Kosten für das aufgenommene Fremdkapital – unterhalb der Gesamtkapitalrentabilität liegen. Die Kehrseite der Medaille ist, dass durch die vermehrte

---

[106] Vgl. Coenenberg, A.: Jahresabschluss und Jahresabschlussanalyse, 22. Aufl., Stuttgart 2012, S. 1147.

[107] Vgl. Götte, R.: Aktien, Anleihen, Futures, Optionen, Marburg 2001, S. 97f.

Aufnahme von Fremdkapital bei einem Zinsniveau oberhalb der Gesamtkapitalrentabilität wiederum die Gesamtkapitalrentabilität sinkt, was die Risikoposition der Fremdkapitalgeber – sprich der Gläubiger – schwächt (vgl. nachfolgenden Abschnitt 7.5.4 Leverage-Effekt). Insbesondere vor der jüngsten Finanzkrise haben einige Unternehmen und Banken dem Druck der Eigenkapitalgeber nachgegeben und einen großen Teil des im Eigenkapital gebundenen Vermögens an die Aktionäre ausgeschüttet. Die Überlegung war, dass aufgrund der Ausschüttungen die Eigenkapitalquote im Unternehmen sinkt und dadurch die Eigenkapitalrentabilität steigt. Folglich ist hierdurch das Unternehmen interessanter für neue potenzielle Eigenkapitalgeber, was die Aktienkurse der betreffenden Unternehmen positiv beeinflussen sollte. Aufgrund der schweren Finanzkrise in 2009 und der damit verbundenen Rezession kam es dazu, dass die Eigenkapitalrentabilität vieler Unternehmen mit hoher Verschuldungsquote deutlich unter die Gesamtkapitalrentabilität fiel und schließlich sogar negativ wurde. Die Eigenkapitalgeber hatten deshalb hohe Verluste zu verzeichnen.[108]

Die Eigenkapitalrentabilität (EKR) lässt sich zudem analog zur Betriebsrentabilität weiter aufgliedern, so dass sie folgende Kennzahlen beinhaltet: Umsatzrentabilität, Kapitalumschlag und Eigenkapitalquote[109]. Insofern kann eine Erhöhung der Kennzahl auf eine höhere Umsatzrentabilität, einen höheren Kapitalumschlag (beides Zählergrößen) oder eine niedrige Eigenkapitalquote (Nennergröße) zurückzuführen sein. Die Verringerung der Eigenkapitalquote sollte jedoch aufgrund der damit verbundenen Risiken kritisch gesehen werden.

$$\textbf{Eigenkapitalrentabilität} = \frac{\underset{\text{(Gewinn / Umsatz)}}{\text{Umsatzrentabilität}} * \underset{\text{(Umsatz /Kapital)}}{\text{Kapitalumschlag}}}{\underset{\text{(Eigenkapital / Gesamtkapital)}}{\text{Eigenkapitalquote}}}$$

Die Eigenkapitalrentabilität kann sowohl im Zeitverlauf als auch im Branchenvergleich analysiert werden. Im Branchenvergleich liefert die Kennzahl Aufschluss darüber, wie effizient das Eigenkapital im Vergleich zur Konkurrenz eingesetzt wur-

108 Vgl. Heese, V.: Aktienbewertung mit Kennzahlen - Kurschancen und Risiken fundiert beurteilen, Wiesbaden 2011, S. 114 f.

109 Vgl. Küting, K.; Weber, C-P.: Die Bilanzanalyse, 11. Aufl., Stuttgart 2015, S. 327 ff.

de, was für Investoren bei der Auswahl zwischen den einzelnen Investitionsmöglichkeiten ausschlaggebend sein kann. Im Zeitverlauf hingegen kann die Entwicklung der Eigenkapitalverzinsung ermittelt werden, was Rückschlüsse auf die Effizienz des Unternehmens erlaubt.

Grundsätzlich sollte die durchschnittliche Eigenkapitalrentabilität mindestens 10% betragen. Werte von über 20% können als überdurchschnittlich gut bezeichnet werden. Allgemein gilt, dass die Eigenkapitalrentabilität mindestens so hoch sein muss, wie die Rendite anderer langfristiger Anlagemöglichkeiten zuzüglich eines branchen- und unternehmensspezifischen risikoadäquaten Aufschlags. Anleger könnten unter diesen Umständen von der Vorteilhaftigkeit einer Investition in das Unternehmen überzeugt werden.

Der externe Analyst muss jedoch einbeziehen, dass die Bildung der Kennzahl mitunter nicht ohne Probleme erfolgen kann. Wie bereits oben beschrieben können diverse bilanzpolitische Maßnahmen (z.B. Auflösung stiller Reserven, Wahl der Abschreibungsmethode bzw. der Nutzungsdauer usw.), die Nutzung des sog. Leverage-Effekts oder die Bilanzierung nach unterschiedlichen Rechnungslegungsstandards die Kennzahl in ihrer Aussagekraft erheblich einschränken. Ein weiterer kritischer Punkt ist, dass in diese Betrachtung auch außerordentliche/außergewöhnliche Aufwendungen und Erträge einfließen, welche wegen ihres Einmalcharakters jedoch nicht aussagekräftig für die zukünftige Unternehmensstärke sind. Diese können sogar zu einer Verschlechterung der künftigen Unternehmenssituation führen, falls z.B. Anlagevermögen verkauft wird, welches zwar nicht im direkten Zusammenhang mit der Geschäftstätigkeit stand (z.B. Immobilie, die vermietet wurde), aber dennoch als Sicherheit diente. Insofern kann konstatiert werden, dass die Kennzahl besonders anfällig für verzerrende Maßnahmen des Managements ist, da sämtliche bilanzpolitischen Handlungen in die Größe einfließen. Folglich ist die Eigenkapitalrentabilität erheblich von Informationsasymmetrien zwischen Management und dem externen Analysten geprägt.

Für das **Beispielunternehmen** (siehe Kapitel 5 Planung des Beispielunternehmens Kfz-Zulieferer GmbH) ergeben sich die folgenden Eigenkapitalrentabilitäten:

Eigenkapitalrentabilität		t-2	t-1	t
Zähler	Jahresüberschuss	2.918,48	5.943,36	4.522,40
Nenner	gezeichnetes Kapital	5.068,80	5.068,80	5.068,80
	+ Kapitalrücklage	+ 9.666,16	+ 9.666,16	+ 9.666,16
	+ Gewinnrücklage	+ 13.999,28	+ 16.970,96	+ 19.244,16
	+ Bilanzgewinn	+ 1.774,08	+ 2.971,68	+ 2.249,20
	= Eigenkapital	= 30.508,32	= 34.677,60	= 36.228,32
Ergebnis	Dividende · 100	9,6%	17,1%	12,5%

Das Beispielunternehmen weist im t-2 eine Eigenkapitalrentabilität von 9,6% auf. In der Periode t-1 erfolgt ein Anstieg auf 17,1%. Dies ist dem Umstand geschuldet, dass hier der Jahresüberschuss enorm angestiegen ist. Der Rückgang in der Periode t auf 12,5% ist auf einen erneuten Rückgang des Jahresüberschusses zurückzuführen.

7.5.4 Leverage-Effekt

Der Leverage-Effekt beschreibt die Hebelwirkung des Fremdkapitals auf die Eigenkapitalrendite. Demnach kann durch vermehrten Einsatz von Fremdkapital – unter günstigen Bedingungen – eine Erhöhung der Eigenkapitalrentabilität herbeigeführt werden.[110]

$$\boldsymbol{EKR} = GKR + (GKR - FKR(i))x\frac{FK}{EK}$$

Aus der Formel lässt sich ableiten, dass eine hohe Verschuldung unter Rentabilitätsgesichtspunkten erstrebenswert erscheint, solange die Fremdkapitalzinsen geringer sind als die Gesamtkapitalrentabilität. Sollte dies der Fall sein, so steigt mit erhöhter Aufnahme von

[110] Vgl. Wöhe, G.: Einführung in die Allgemeine Betriebswirtschaft, 23. Aufl., München 2008, S. 661.

Fremdkapital die Eigenkapitalrentabilität **(Leverage-Chance)**. Die Begründung für den Anstieg der Eigenkapitalrentabilität liegt darin, dass die positive Differenz zwischen Gesamtkapitalrentabilität und Fremdkapitalzins als Zusatzgewinn vereinnahmt werden kann. Für den Fall, dass die Gesamtkapitalrentabilität kleiner als der Zinssatz für das Fremdkapital ist, sinkt mit erhöhter Aufnahme von Fremdkapital die Eigenkapitalrentabilität, was als negativer Leverage-Effekt (**Leverage-Gefahr**) bezeichnet wird.[111]

Die Folge wären Verluste, welche letztlich zu einer Verzerrung des Eigenkapitals führen würden. Das Problem dieser und anderer Ansätze zur Optimierung des Verschuldungsgrades liegt darin, dass die Berechnung in hohem Maße unsicher ist und von der zukünftigen Entwicklung der abhängigen Größen beeinflusst wird. Somit kann der Anwender die Größen allenfalls annähernd prognostizieren. Sie sind also in großem Umfang ermessensbehaftet, was Ansatzpunkte für Informationsasymmetrien liefert, falls das Management die getroffenen Annahmen nicht explizit erläutert. Geringe Schwankungen der Schätzgrößen führen schnell zu völlig unterschiedlichen Ergebnissen. Die Steigerung der Eigenkapitalrentabilität durch Erhöhung des Verschuldungsgrades ist riskant. Die positive Ausgangsposition einer anfänglich im Vergleich zu den Fremdkapitalzinsen höheren Gesamtkapitalrentabilität kann sich schnell ändern. Aufgrund einer Verschlechterung der Geschäftslage kann die Gesamtkapitalrentabilität schnell sinken. Ebenso kann eine Marktzinserhöhung zu einem generell höheren Zinsniveau führen oder die Verzinsungsansprüche der Fremdkapitalgeber steigen. Die hier genannten Einflussfaktoren sind unternehmensseitig nicht zu beeinflussen, was das Arbeiten mit einem erhöhten Verschuldungsgrad so riskant macht.

> Der Leverage-Effekt kann dazu genutzt werden die Eigenkapitalrentabilität zu erhöhen. Es besteht aber die Gefahr, dass die Zinsbelastung in schwachen Wirtschaftsphasen zu hoch wird und eine Anschlussfinanzierung nur zu höheren Zinssätzen möglich ist. Außerdem ist der Leverage-Effekt dadurch beschränkt, dass begrenzte Kreditlinien existieren und somit nicht beliebig viel Fremdkapital aufgenommen werden kann. Zudem steigt der Fremdkapitalzins bei steigendem Verschul-

---

[111] Vgl. Küting, K.; Weber, C-P.: Die Bilanzanalyse, 11. Aufl., Stuttgart 2015, S. 141.

dungsgrad, da die Fremdkapitalgeber durch das geringere Verlustauffangkapital (Eigenkapital) einem erhöhten Risiko ausgesetzt sind. Sollte dennoch weiteres Fremdkapital zu einem hohen Zinssatz, der (knapp) unter der Gesamtkapitalrentabilität liegt, aufgenommen werden, um die Eigenkapitalrentabilität weiter zu erhöhen, so ist dies in hohem Maße risikobehaftet. Sinkt die Gesamtkapitalrentabilität in diesem Szenario durch Umsatzeinbußen in konjunkturellen Krisenzeiten, so wird infolge des erhöhten Verschuldungsgrades ein negativer Leverage-Effekt erzielt, was zu weiteren Gewinn- und Rentabilitätseinbußen führt. Eine weitere Beschränkung des Verschuldungsausmaßes besteht darin, dass das Unternehmen das neu akquirierte Fremdkapital zwangsläufig für Investments bzw. Aktivitäten mit einer im Vergleich zu den Fremdkapitalzinsen höheren Gesamtkapitalrendite aufwenden muss. In der Regel sind die Investitionsmöglichkeiten eines Unternehmens jedoch begrenzt – insbesondere durch Konkurrenten sowie gesättigte Märkte. Dadurch ist eine uneingeschränkte Expansion der Geschäftstätigkeit nicht möglich.

Zusammenfassend lässt sich festhalten, dass der Leverage-Effekt zwar durchaus sinnvoll vom Unternehmen genutzt werden kann, jedoch ist dies nur bis zu einem gewissen Grad möglich. Eine erhöhte Verschuldung, welche ein großes Zinsrisiko birgt, führt in Krisen dazu, dass die Zinsen (Fixkosten) zu einer existenzbedrohenden Gefahr werden können, da sie trotz schlechter Ertragslage geleistet werden müssen. Die optimale Zusammensetzung der Kapitalstruktur kann indes nicht allgemeingültig bewertet werden und ist maßgeblich abhängig von der Geschäftsidee des Unternehmens und der Branche. So sollten anlagenintensive Branchen aufgrund der goldenen Bilanzregel einen geringeren Leverage haben. Bei der Beurteilung des „optimalen" Leverage für die jeweilige Branche bzw. das jeweilige Unternehmen sollten immer auch spezifische Risikoaspekte einbezogen werden.

Für das Beispielunternehmen (siehe Kapitel 5 Planung des Beispielunternehmens Kfz-Zulieferer GmbH) ergeben sich die folgenden Leverages:

Zinssatz für Fremdkapital	t-2	t-1	t
	3,0%	3,0%	3,0%

Für das Beispielunternehmen wird ein Fremdkapitalzins von 3% unterstellt.

Verschuldungsgrad		t-2	t-1	t
Zähler	Rückstellungen	6.291,36	7.086,00	7.028,16
	+ Verbindlichkeiten	+ 17.078,72	+ 21.528,96	+ 22.845,92
		= 23.370,08	= 28.614,96	= 29.874,08
Nenner	gezeichnetes Kapital	5.068,80	5.068,80	5.068,80
	+ Kapitalrücklage	+ 9.666,16	+ 9.666,16	+ 9.666,16
	+ Gewinnrücklage	+ 13.999,28	+ 16.970,96	+ 19.244,16
	+ Bilanzgewinn	+ 1.774,08	+ 2.971,68	+ 2.249,20
	= Eigenkapital	= 30.508,32	= 34.677,60	= 36.228,32
Ergebnis	Dividende · 100	76,6%	82,5%	82,5%

Leverage Effekt (EKR)		t-2	t-1	t
1. Faktor	Gesamtkapitalrentabilität	6,5%	10,2%	7,1%
	- Fremdkapitalzinsen	- 3,0%	- 3,0%	- 3,0%
		= 3,5%	= 7,2%	= 4,1%
2. Faktor	Verschuldungsgrad	76,6%	82,5%	82,4%
Zwischenergebnis	Produkt	2,6%	6,0%	3,3%
	+ Gesamtkapitalrentabilität	6,5%	10,2%	7,1%
Ergebnis	Summe	9,1%	16,2%	10,4%

In t-1 steigt der Verschuldungsgrad von 76,6% auf 82,5% an, gleichzeitig steigt die Eigenkapitalrentabilität von 9,1% auf 16,2%. Der Anstieg der Eigenkapitalrentabilität ist hauptsächlich auf die höheren Gewinne in t-1 zurückzuführen. In t fällt die Eigenkapitalrentabilität erneut aufgrund eines schwächeren Gewinns auf 10,4% zurück, während die Verschuldung unverändert bleibt.

7.5.5 Umsatzrentabilität

Die Umsatzrentabilität (engl. „Return on Sales" (RoS)) beschreibt das Verhältnis einer Erfolgsgröße in Bezug zum erzielten Umsatz. Das Ergebnis besagt, wie viel Prozent des Umsatzes dem Unternehmen nach Abzug aller (operativen) Aufwendungen als Gewinn noch übrigbleibt. Die Umsatzrentabilität kann nicht als klassische Kennzahl im Sinne einer Beurteilung der finanziellen Zielerreichung des Unternehmens gesehen werden, da sie, anders als die zuvor dargestellten Kennzahlen, nicht die Effizienz des Kapitaleinsatzes misst.

In der Bilanzanalyse wird bei dieser Kennzahl als Erfolgsgröße das ordentliche Betriebsergebnis favorisiert, da dieses im Gegensatz zum Jahresüberschuss nicht durch betriebsfremde (außerordentliche/außergewöhnliche) oder finanzwirtschaftliche Aktivitäten beeinflusst wird. Diese Aktivitäten hängen nicht direkt mit der Umsatzerzielung zusammen und würden somit die Güte der Kennzahl verfälschen.[112] Der Fokus der Betrachtung liegt auf der Rentabilität aus der operativen, betriebsbedingten und nachhaltigen Umsatzerzielung und sollte daher weitestgehend frei von solchen verzerrenden Einflüssen sein. Für eine genauere Betrachtung des ordentlichen Betriebsergebnisses wird auf Abschnitt 7.1.1 verwiesen.

$$\textbf{Umsatzrentabilität (in \%)} = \frac{\text{ordentliches Betriebsergebnis}}{\text{Umsatzerlöse}} \text{x } 100$$

In Deutschland beträgt die durchschnittliche Umsatzrentabilität etwa 3 bis 4%. Eine Umsatzrentabilität von mehr als 5% kann man als überdurchschnittlich gut bewerten. Dennoch hängt die Umsatzrentabilität stark von der jeweiligen Branche ab und ist daher nur im Branchenvergleich und/oder im Zeit-

[112] Vgl. Gräfer, H.; Schneider, G.: Bilanzanalyse, 13. Aufl., Herne 2016, S. 63 f.

verlauf sinnvoll interpretierbar. Hierbei gilt jedoch, dass sich mitunter auch innerhalb der Branchen große Unterschiede ergeben können, da bspw. Premiumhersteller deutlich höhere Umsatzrentabilitäten erzielen können als der Branchendurchschnitt. Daher ist bei dieser Kennzahl zwingend ein Vergleich mit den direkten Wettbewerbern des zu analysierenden Unternehmens erforderlich (Peer-Group-Analyse). Dieser Vergleich wird durch die Wahl des ordentlichen Betriebsergebnisses mit seinem finanzierungsneutralen Charakter anstelle des Jahresüberschusses begünstigt.

Beispiele für eine steigende (sinkende) Umsatzrentabilität im Zeitverlauf wären z.B. eine Ausweitung (Verringerung) des Umsatzes oder eine Verringerung (Erhöhung) des operativen Aufwandes bei gleichbleibendem oder gar steigendem (sinkendem) Umsatz.

Die Kennzahl gibt dem externen Analysten sowohl über marktbedingte als auch über unternehmensbedingte Größen Auskunft. Marktbedingte Größen können z.B. Absatzmengen und Verkaufspreise sein, da der Umsatz das Produkt dieser beiden Faktoren ist. Ein Beispiel für unternehmensbedingte Größen könnten Einflussmöglichkeiten auf die Höhe der Aufwendungen des Betriebsprozesses (z.B. durch günstigere Einkaufskonditionen) sein. Letztlich gibt es auch bei dieser Kennzahl Beeinflussungsmöglichkeiten durch das Management, welche aber durch die Wahl des ordentlichen Betriebsergebnisses als Erfolgsgröße eingedämmt werden können. Ein Beispiel hierfür wären die unterschiedlichen Wahlrechte bei den Abschreibungsmethoden und Nutzungsdauern.

Alternativ wird als Erfolgsgröße häufig der EBIT gewählt. In diesem Sinne wird die Umsatzrentabilität auch als „EBIT-Marge“ bezeichnet.

$$\textbf{EBIT} - \textbf{Marge (in \%)} = \frac{\text{EBIT}}{\text{Umsatz}} \text{x } 100$$

Die EBIT-Marge führt jedoch zu ungenauen Ergebnissen, da hier betriebsfremde und außerordentliche/außergewöhnliche Erfolge mitberücksichtigt werden.

Da der Umsatz als absolute Größe wenig Aussagekraft hat, ist die Umsatzanalyse durch die Kennzahl der Umsatzrentabilität deutlich sinnvoller. Hat ein Unternehmen vergleichsweise hohe Umsätze, aber eine geringe Umsatzrentabilität, so kann es für das Unternehmen durchaus sinnvoll sein auf margenschwache Umsätze zu verzichten, um somit mit geringeren Umsätzen eine höhere Umsatzrentabilität zu erzielen.

Die EBIT-Marge wird häufig im Branchenvergleich sowie zu internationalen Vergleichszwecken eingesetzt und ermöglicht eine gute Einschätzung der Rentabilität. Für ein genaueres Ergebnis eignet sich jedoch die Umsatzrentabilität besser. Da diese durch die Wahl des ordentlichen Betriebsergebnisses anstelle des EBIT weniger stark von verzerrenden Einflüssen infolge der Nutzung bilanzpolitischer Gestaltungswahlrechte betroffen ist. Allgemein gilt auch hier, dass ein hoher Wert der Kennzahl als positiv einzustufen ist.

Für das **Beispielunternehmen** (siehe Kapitel 5 Planung des Beispielunternehmens Kfz-Zulieferer GmbH) können keine Umsatzrentabilitäten berechnet werden, da kein ordentliches Betriebsergebnis nach HGB ausgewiesen wurde.

Alternativ ergeben sich die folgenden EBIT-Margen:

EBIT-Marge		t-2	t-1	t
Zähler	EBIT	3.482,64	6.548,56	4.714,64
Nenner	Umsatzerlöse	30.606,64	35.050,88	37.687,36
Ergebnis	Dividende · 100	11,4%	18,7%	12,5%

Die EBIT-Marge gewährleistet durch die Verwendung des EBIT eine bessere internationale Vergleichbarkeit und beträgt in Periode t-2 11,4%. In Periode t-1 steigt die Kennzahl aufgrund des Anstiegs des EBIT auf 18,7%. Der starke Rückgang der EBIT-Marge in der Periode t resultiert aus dem erneuten Rückgang des EBIT.

7.6 Performance-Kennzahlen

7.6.1 Das Ergebnis je Aktie

Eine der wichtigsten Performance-Kennzahlen bei börsennotierten Unternehmen ist das Ergebnis je Aktie bzw. „Earnings Per Share" (EPS). Dieses wird ermittelt, indem der Jahresüberschuss/Jahresfehlbetrag durch die Anzahl der sich im Umlauf befindlichen Aktien dividiert wird. Hierbei werden die von der AG selbst gehaltenen Aktien nicht berücksichtigt bzw. von der Gesamtanzahl der Aktien subtrahiert. Das Ergebnis je Aktie kann sowohl positiv (Jahresüberschuss) als auch negativ sein (Jahresfehlbetrag).

$$\textbf{Ergebnis je Aktie} = \frac{\text{Jahresüberschuss}}{\text{Anzahl Aktien}}$$

Während diese Erfolgsgröße auch in Deutschland immer häufiger verwendet wird, ist sie in den USA schon seit längerer Zeit die am häufigsten veröffentlichte Kennzahl überhaupt. Dies liegt vor allem daran, dass die „Securities and Exchange Commission" (SEC) den amerikanischen Konzernen die Offenlegung der EPS-Kennzahl bei Vorlage des Jahresabschlusses vorschreibt.

Grundsätzlich sind börsennotierte Unternehmen nach IFRS ebenfalls dazu verpflichtet das Ergebnis je Aktie auszuweisen. Dabei muss zum einen das unverwässerte Ergebnis je Aktie ausgewiesen werden („Basic EPS") und zum anderen das verwässerte Ergebnis je Aktie („Diluted EPS"). Das verwässerte Ergebnis wird ermittelt, indem zusätzlich zu den sich im Umlauf befindlichen Aktien auch potenziell ausstehende Aktien in die Berechnung einfließen. Dies sind vornehmlich Aktienoptionen von Mitarbeitern oder Wandelschuldverschreibungen, die zu einer Ausgabe von neuen Aktien führen können. Durch diese Erweiterung sollen die Auswirkungen auf die Kennzahl durch eine potenzielle Ausübung dieser Optionen offenbart werden.

Im Gegensatz zu den IFRS ist nach HGB die Veröffentlichung des Ergebnisses je Aktie sowie die Art und Weise der Ermittlung grundsätzlich nicht vorgeschrieben. Lediglich kapitalmarktorientierte Unternehmen, die ihren Konzernabschluss gemäß § **315 a HGB** nach IAS/IFRS aufstellen müssen, sind gemäß **IAS 33** dazu verpflichtet das Ergebnis je Aktie (EPS) anzugeben. In diesem Fall wird der nach den IFRS ermittelte Jahresüberschuss zur Berechnung herangezogen.

Das Ergebnis je Aktie gibt an, wie hoch der Gewinn pro Aktie ausfällt. Allerdings findet die Betrachtung unter der Prämisse statt, dass der gesamte Gewinn zur Dividendenzahlung verwendet wird und dementsprechend keine Thesaurierungen oder Investitionen erfolgen. In der unternehmerischen Praxis wird jedoch in den seltensten Fällen der gesamte Gewinn ausgeschüttet, sondern meist nur ein Teil davon, wohingegen der andere Teil in der Regel zur Erhöhung der wirtschaftlichen Sicherheit thesauriert wird. Insbesondere Unternehmen, die in Wachstumsmärkten operieren oder sich in einer Wachstumsphase befinden, thesaurieren oft den Großteil ihres Gewinnes für weiteres Wachstum, da sie (weitere) erfolgsversprechende Investitionen mit hohen Renditen tätigen können. Hingegen zahlen Unternehmen, die in konsolidierten oder gesättigten Märkten operieren, höhere Dividenden, da diese Unternehmen weniger attraktive Investitionsmöglichkeiten haben.

Durch die Relativierung kann die ausgewiesene absolute Gewinngröße verständlicher gemacht werden. Grundsätzlich gibt es keine pauschalen Richtwerte über die konkrete Höhe der Kennzahl. Allgemein gültig ist aber, dass die Kennzahl als umso besser einzustufen ist, je höher sie notiert und umgekehrt. Allerdings sind auch hier stets die bilanzpolitischen Gestaltungsmöglichkeiten des Managements zu berücksichtigen, da hier der Jahresüberschuss als bekanntlich manipulationsanfälligste Erfolgsgröße verwendet wird.

Für den Vergleich der Gewinnsituation verschiedener Aktiengesellschaften ist diese Kennzahl suboptimal, da bei der Berechnung des Ergebnisses je Aktie die Höhe des Aktienkurses nicht berücksichtigt wird. Hierfür ist z.B. die Analyse des später behandelten Kurs-Gewinn-Verhältnisses (KGV) besser geeignet. Dennoch wird auch diese Kennzahl von (potenziellen) Investoren genutzt, um wesentliche Entwicklungen in der Performance eines Unternehmens aufzudecken. Die Kennzahl wird häufig als eine besondere Form der Eigenkapitalrendite gesehen und sollte in diesem Zusammenhang mit den zuvor beschriebenen Kapitalrenditen interpretiert werden.

7.6.2 Dividendenrendite

Die Dividendenrendite ist eine wichtige Kennzahl für Aktionäre. Sie beschreibt das Verhältnis der Ausschüttungen an die Aktionäre (Dividenden) zum Aktienkurs. Bereits bestehende Aktionäre verwenden in der Regel, den von ihnen in der Vergangenheit tatsächlich bezahlten Aktienkurs, wohingegen potenziell neue Investoren den tagesaktuellen Aktienkurs heranziehen. In der Zählergröße werden entweder die tatsächlich gezahlten Dividenden genutzt oder die zur Ausschüttung vorgesehenen Dividenden des Geschäftsjahres.

$$\textbf{Dividendenrendite (in \%)} = \frac{\text{Dividende}}{\text{Aktienkurs}} \text{ x } 100$$

Die Kennzahl gibt den Investoren Auskunft darüber, wie hoch die effektive Verzinsung ihres Investments ist und bietet eine Vergleichsmöglichkeit mit alternativen Anlageformen. Der Mehrwert dieser Kennzahl liegt also darin, dass man die tatsächlich getätigten oder konkret vorgesehenen Dividenden anstelle des potenziell möglichen gesamten Ausschüttungspotenzials (wie z.B. bei der Kennzahl Gewinn je Aktie) in die Berechnung einbezieht.

In der Regel ist die Höhe der gesamten Dividende kleiner als der tatsächliche Jahresüberschuss. Dies liegt daran, dass Unternehmen meistens nur einen Teil des Gewinns ausschütten und den Rest des Gewinns für Investitionen aufwenden oder damit das Eigenkapital erhöhen wollen. Falls im großen Stil Rücklagen aufgelöst werden, kann die Dividendenzahlung im Einzelfall auch höher als der Jahresüberschuss sein.

Unternehmen, die einen starken Wachstumskurs verfolgen, schütten gewöhnlich geringe Dividenden aus, während Unternehmen, welche bereits ihre Wachstumsphase abgeschlossen haben, in der Regel relativ hohe Dividenden ausschütten. Traditionell schütten Energieversorger, wie bspw. E.ON oder RWE oder auch viele Telekommunikationsanbieter hohe Dividenden aus. Dagegen fallen bei Technikunternehmen erfahrungsgemäß die Dividenden geringer aus, da jene einen Großteil ihres Gewinns in die Forschung und Entwicklung investieren, um ihre Zukunftsfähigkeit durch regelmäßige Innovationen zu sichern.

Die Dividendenrendite ist aus den folgenden zwei Gründen für Investoren besonders interessant:

1. Wenn ein Unternehmen konstant Dividenden ausschüttet, so signalisiert dies für potenzielle Investoren, dass das Unternehmen profitabel arbeitet und es sich den „Luxus" gönnen kann, seine Aktionäre zu belohnen. Vor allem risikoaverse Investoren legen oftmals Wert darauf in Unternehmen zu investieren, welche bereits über einen längeren Zeitraum Dividenden ausgeschüttet haben. Dabei werden konstante Dividendenausschüttungen als Zeichen für nachhaltigen Erfolg gewertet[113].

2. Der durchaus wichtigere Grund auf Dividendentitel zu setzen, ist der Vorteil, dass man als Investor regelmäßig wieder Einzahlungen aus seinem Investment erhält – ähnlich wie bei einer festverzinslichen Anleihe. Die Gewissheit jedes Jahr ein paar Prozent Rückflüsse zu erhalten, macht es vor allem für Investoren mit größerem Kapitaleinsatz interessant Aktien mit hohen Dividendenrenditen zu kaufen. Insbesondere nach der Schuldenkrise 2011 bieten dividendenstarke Aktientitel eine sinnvolle Alternative zu Staatsanleihen. Denn seit der europäischen Verschuldungskrise erhält man auf Staatsanleihen entweder kaum eine Verzinsung – wie es bei deutschen Staatsanleihen derzeit zu beobachten ist – oder die Bonität des Schuldnerstaates ist als zu schwach einzuschätzen – wie etwa bei Spanien oder Portugal – was diese Staatsanleihen zu riskant macht. Mittlerweile wird sogar die Bonität deutscher Großunternehmen wie BASF oder Münchner Rück deutlich besser bewertet als die Bonität vieler europäischer Staaten.

Allerdings ist hier zu beachten, dass manche Aktiengesellschaften auf Druck der Investoren bei gleichzeitig schwacher Ertragslage weiterhin hohe Dividenden aus der Substanz heraus ausschütten, anstatt wichtige Investitionen zu tätigen oder das Eigenkapital zu stärken. Die Konsequenz hieraus ist, dass es oftmals nur noch eine Frage der Zeit ist, bis die Dividende stark reduziert wird, da ansonsten die Eigenkapitalquote zu sehr leidet. Außerdem wird durch unterlassene Investitionen die zukünftige Wettbewerbsfähigkeit und somit die langfristige Existenzsicherung gefährdet, was unter Umständen gar bis zur Insolvenz führen kann. Folglich findet in diesem Fall eine eigenständige Korrektur der Dividendenrendite statt. Somit sollte, wenn ein Unternehmen hohe Dividenden ausschüttet, geprüft werden, ob die Ausschüttungen auch in Zukunft realisierbar sein werden.[114]

---

[113] Vgl. Kramer, T.: Dividenden als Erfolgsgarant, Frankfurt 2012, S. 17f.

[114] Vgl. Hasler, P.: Aktien richtig bewerten, München 2010, S. 347.

Die durchschnittliche Dividendenrendite der Dax-Konzerne liegt bei etwa 2-3%. Renditen von 4% oder höher können demnach als überdurchschnittlich gut bewertet werden. Tendenziell gilt eine hohe Dividendenrendite als positiv. Es sollte jedoch berücksichtigt werden, dass die Höhe der Dividende von dem Management vorgeschlagen wird und von der Hauptversammlung durch die Aktionäre abgesegnet oder abgelehnt wird. In der Regel stimmen die Aktionäre einer geringen Dividende zu, wenn das Management erfolgsversprechende Wachstumsinvestitionen aufzeigen kann. Allerdings bestehen hier Informationsasymmetrien, da ausschließlich das Management exakt weiß, ob die Investitionen auch wirklich so erfolgsversprechend sind, wie diese dargestellt werden.

Wichtig ist abzuschätzen, ob die Dividende auch langfristig in dieser Höhe bezahlt werden kann und welche die ausschlaggebenden Gründe für die Höhe der Dividendenzahlung waren. Eine hohe Dividendenrendite lässt in Kombination mit anderen Kennzahlen wie Rentabilitäts- oder Produktivitätskennzahlen Aussagen über die potenzielle Ertragskraft des Unternehmens zu. Allerdings kann nicht zweifellos gesagt werden, ob in Zukunft ähnlich hohe Dividenden an die Investoren zurückfließen.

Positiv an der Kennzahl ist, dass diese die Bestimmung der relativen Attraktivität eines Investments ermöglicht. Dadurch wird ein Vergleich der Anlagealternativen begünstigt und die Beurteilung des Sicherheitsaspektes einer Investition kann vorgenommen werden. Negativ hingegen ist, dass Finanzierungsaspekte unberücksichtigt bleiben und die Kennzahl insbesondere im Zeitverlauf des Öfteren stark variiert. Erhöhungen (Verringerungen) der Kennzahl können entweder darauf zurückgeführt werden, dass die absolute Höhe der Dividende steigt (fällt) oder der Aktienkurs fällt (steigt).

Eine erhöhte Ausschüttung kann auf eine positive Einschätzung der zukünftigen Unternehmenslage seitens des Managements hindeuten. Eine Kürzung oder Streichung der Dividende kann dagegen auf eine (sich anbahnende) Unternehmenskrise hindeuten. Allerdings kann eine Kürzung auch den Grund haben, dass (kurzfristig) eine Investitionsmöglichkeit aufgekommen ist, in welcher das Geld, welches für die Dividendenzahlung verwendet werden sollte, (auf lange Sicht) erfolgsversprechender angelegt ist. Langfristig können durch die erzielten Renditen aus dieser Investition höhere Dividendenzahlungen oder ein höherer Aktienkurs resultieren. In beiden Fällen würde dies einen Ertrag für die Investoren darstellen – entweder durch die Verzinsung ihres Investments (Dividende) oder durch eine positive Kursentwicklung (Kapitalertrag).

Hierbei muss kurz die Thematik des „Signaling-Effektes“ aufgegriffen werden. Dieser kann unternehmensseitig sowohl positiv genutzt werden, indem hohe Dividendenausschüttungen als Anzeichen für finanzielle Stärke sowie Kontinuität gedeutet werden, als auch umgekehrt, da Kürzungen wie bereits gesagt Hinweise auf eine verschlechterte Unternehmenslage liefern. Der „Signaling-Effekt“ kann ebenso unter der Problematik der Informationsasymmetrie zwischen Management und Analyst erfasst werden.

7.6.3 Das Kurs-Gewinn-Verhältnis (KGV)

Das Kurs-Gewinn-Verhältnis (KGV) kommt bei der fundamentalen Aktienanalyse – z.B. durch Investoren, Anlegern und Anlageberatern – sehr häufig zur Anwendung. Hierbei wird der Kurs einer Aktie durch den Jahresüberschuss je Aktie geteilt. Das KGV bringt zum Ausdruck, mit dem wie vielfachen des heutigen Jahresüberschusses je Aktie das Unternehmen an der Börse bewertet wird. Insofern bezieht man nicht nur Kennzahlen der wirtschaftlichen Situation des Unternehmens in die Analyse ein, sondern auch den Kurs der Aktie und somit letzten Endes die Einschätzung des Marktes zur Zukunftsfähigkeit des Unternehmens.

$$\mathbf{KGV} = \frac{\text{Aktienkurs}}{\text{Jahresüberschuss je Aktie}}$$

Das KGV wird auch als „Price-to-Earnings-Ratio“ bezeichnet und ist ein hilfreicher Indikator, um den fairen Wert einer Aktie zu beurteilen.

Zu unterscheiden ist zwischen dem historischen und dem prognostizierten KGV. Bei dem historischen KGV wird als Jahresüberschuss der Wert aus dem aktuellen Jahresabschluss verwendet. Hingegen wird bei dem prognostizierten KGV der zukünftige Jahresüberschuss für die nächsten 1-2 Jahre geschätzt und anschließend mit diesem Wert das KGV für die nächsten Jahre berechnet.

Hat man das KGV der Aktie einer bestimmten Aktiengesellschaft berechnet, so kann man dieses mit dem KGV des Branchendurchschnittes vergleichen. Ist das KGV höher als das des Branchendurschnittes, so liegt die Vermutung nahe, dass die Aktien und damit die Aktiengesellschaft insgesamt überbewertet sind. Umgekehrt deutet ein im Vergleich zum Branchendurchschnitt niedrigeres KGV auf eine Unterbewertung hin. Das KGV eignet sich dadurch gut als Ergänzung zur Analyse der Eigenkapitalrentabilität, da hier der Gewinn auf das investierte Kapital und nicht auf das Eigenkapital bezogen wird[115].

Investoren sollten sich nicht von der Höhe des KGVs blenden lassen. Bspw. lockten historisch niedrige KGVs chinesischer Solarmodulhersteller (von teilweise unter sechs) viele Anleger in 2010 und 2011 an, da sie eine Unterbewertung der Unternehmen vermuten ließen. Dennoch stürzte der Großteil dieser Aktien im Zeitverlauf ab, denn die hohen Gewinne waren nur von kurzer Dauer. Durch die hohen Überkapazitäten von Solarmodulen am Markt – bedingt durch den aggressiven Ausbau der Produktionskapazitäten in China, gepaart mit Nachfrageeinbrüchen in Europa – sanken die Margen so stark, dass die meisten Modulhersteller Verluste verbuchten und negative KGVs auswiesen. In der Folge flüchteten viele Investoren wieder aus den vermeintlich „günstigen" Aktien.

Des Weiteren sind bei der KGV-Analyse die Auswirkungen von veränderten Inflationsraten zu beachten. In Zeiten hoher Inflationsraten tendiert der Markt dazu, den Unternehmen ein niedrigeres KGV zuzugestehen als in Zeiten von Preisstabilität. Im Umkehrschluss bedeutet dies, dass bei hoher Inflation dem Gewinn eines Unternehmens an der Börse weniger Wert beigemessen wird.[116]

Das KGV sollte zusätzlich durch eine Analyse des Gewinnwachstums ergänzt werden, da in der Praxis bei hohen Wachstumsraten in der Regel hohe KGVs akzeptiert werden.

---

115 Vgl. Coenenberg, A.: Jahresabschluss und Jahresabschlussanalyse, 22. Aufl., Stuttgart 2012, S. 1150.

116 Vgl. Hasler, P.: Aktien richtig bewerten, München 2010, S. 341.

Das durchschnittliche KGV der im Dax gelisteten Unternehmen notierte in 2016 bei circa 12,5. Aktien mit einstelligen KGVs gelten in der Regel als günstig. Eine niedrige Quote signalisiert daher häufig eine Unterbewertung der Aktiengesellschaft. Die Anwendung des KGV macht nur bei Aktiengesellschaften Sinn, die Gewinne erwirtschaften.

Die Analyse des KGV kann ebenfalls zur Beurteilung der Ertragskraft sowie des prognostizierten Wachstums eines Unternehmens verwendet werden. Darüber hinaus dient es insbesondere dazu, verschiedene Anlagealternativen vergleichbar zu machen. Die Kennzahl bezieht sowohl die Erträge als auch den dafür notwendigen Kapitaleinsatz mit ein, was das Erfolgspotenzial messbar macht. Aus Sicht eines Investors liefert die Kennzahl Auskunft darüber, wie viele Geschäftsjahre das Unternehmen benötigt, um die Rückflüsse in Höhe des Kaufpreises der Aktie zu erwirtschaften. Allgemein gilt, je höher die Quote ist, desto teurer ist die Aktie und umso größer ist die Amortisationsdauer. Allerdings deutet ein hohes KGV auf eine vom Markt als hoch eingestufte zukünftige Ertragskraft hin, was insbesondere in Wachstumsbranchen zur Relativierung des Kaufpreises führt. Dennoch ist eine Anlage immer mit Risiko behaftet, da nicht garantiert werden kann, dass der Anstieg der Ertragskraft bzw. das Gewinnwachstum tatsächlich eintreten. Im Gegensatz dazu gilt ein niedriges KGV als günstig, da die Rendite – relativ betrachtet – hoch ist. Darüber hinaus können Kursgewinne eintreten, wenn die Börse dieses Renditepotenzial durch entsprechende Aktienkurse würdigt.

Wesentliche Vorteile des KGV sind die schnelle Vergleichbarkeit, die Einsatzmöglichkeiten als branchenunabhängiger Indikator und die freie Zugänglichkeit der Werte. Ein wesentlicher Nachteil hingegen ist, dass diese Kennzahl nur für börsennotierte Unternehmen verwendet werden kann, die auch einen bilanziellen Gewinn ausweisen. Zudem bestehen auch hier durch die Wahl des Jahresüberschusses als Erfolgsgröße bilanzpolitische Einflussmöglichkeiten.

7.6.4 Das Kurs-Cash-Flow-Verhältnis (KCV)

Als Ergänzung zu dem KGV wird häufig auch das Kurs-Cash-Flow-Verhältnis („Price-Cash-Flow-Ratio") als Bewertungskennzahl herangezogen.[117] Das KCV besagt, mit welchem Faktor des Cash-Flows je Aktie das Unternehmen an der Börse bewertet wird. Als Beispiel würde ein Kurs-Cash-Flow-Verhältnis von zehn bedeuten, dass die Aktie eines Unternehmens am Markt mit dem zehnfachen Wert seines Cash-Flows je Aktie bewertet wird.

$$\textbf{KCV} = \frac{\text{Kurs je Aktie}}{\text{Cash Flow je Aktie}}$$

Für diese Kennzahl wird der Jahresüberschuss um die zahlungsunwirksamen Aufwendungen und Erträge – insbesondere die Abschreibungen – bereinigt, um daraus den operativen Cash-Flow zu berechnen (siehe Abschnitt 1.6.2 Exkurs: Homogenisierung der Daten am Beispiel einer Cash-Flow Rückrechnung). Dieser ist in aller Regel höher als der Jahresüberschuss und somit ist das KCV meist niedriger als das KGV.

Eine Einschränkung der Anwendbarkeit dieser Kennzahl begründet sich darauf, dass Unternehmen aus verschiedenen Branchen oftmals stark unterschiedlich hohe Anlagevermögen besitzen und damit verbunden der Abschreibungsaufwand je nach Branche stark variieren kann. Ein hoher Abschreibungsaufwand führt bei identischem Jahresüberschuss zwischen zwei Unternehmen dazu, dass der Cash-Flow des abschreibungsintensiveren Unternehmens höher ist als der des verglichenen Unternehmens. Somit sollte das KCV nur im Zeitverlauf sowie im Branchenvergleich angewendet werden.

Die Interpretation dieser Kennzahl ist ähnlich wie die des KGVs. So gilt auch hier, dass die Aktie als umso günstiger bewertet wird, je niedriger das KCV notiert. Ein niedriges KCV sagt zudem aus, dass das Unternehmen über eine hohe interne Finanzierungskraft verfügt, was in Zukunft Kurssteigerungen wahrscheinlich macht.[118]

---

[117] Vgl. Vollmuth, J.;Zwettler, R.: Kennzahlen verstehen und anwenden, Freiburg 2008, S. 100.

[118] Vgl. Priermeier, T.: Fundamentale Analyse in der Praxis – Kennzahlen, Strategien, Praxisbeispiele, München 2006, S. 57.

Das KCV hat (gegenüber dem KGV) sowohl Vorteile als auch Nachteile. Ein wesentlicher Vorteil der Anwendung des KCVs ist, dass diese Kennzahl gut für einen internen Branchenvergleich geeignet ist, da der Cash-Flow aufgrund der durchgeführten Bereinigungen (z.B. um die Abschreibungen) weniger manipulationsanfällig für bilanzpolitische Maßnahmen ist. Außerdem ist das KCV auch dann anwendbar, wenn das Unternehmen noch keine Gewinne verzeichnet, was beim KGV grundsätzlich nicht möglich ist. Zusätzlich bietet das KCV, über die verschiedenen Rechnungslegungsvorschriften hinweg eine bessere Vergleichbarkeit, da lediglich zahlungswirksame Größen in die Berechnung einfließen. Somit können Inter-Standard-Differenzen überwunden werden. Dementgegen stehen allerdings auch Nachteile. Bspw. werden Investitionserfordernisse, bedingt durch die nicht in die Bewertung einfließenden Investitionszyklen und den nicht berücksichtigten Werteverzehr des Anlagevermögens, außer Acht gelassen. Der Cash-Flow unterliegt daher wesentlich größeren Schwankungen (Investitionszyklen) als der Gewinn und sollte zwangsläufig über mehrere Jahre betrachtet werden, um den Einfluss der Investitionszyklen zu beachten. Darüber hinaus erschweren die unterschiedlichen Arten der Cash-Flows und deren unterschiedliche Ermittlungsmethoden einen Vergleich. Es muss daher zwingend festgelegt werden, welche Art von Cash-Flow bei der Berechnung der Kennzahl verwendet wurde. Die Verwendung des Brutto-Cash-Flows ist hierbei nahezulegen, da dieser die beste Vergleichsmöglichkeit bietet. Der Brutto-Cash-Flow ist von jeglicher Schwankung befreit, da dieser die reine Liquiditätsgenerierung aus der ureigenen Geschäftsidee darstellt und alle anderen Größen nicht berücksichtigt werden.

7.6.5 Der Price-Earnings-Growth-Factor (PEG)

Die Kennzahl „Price-Earnings-Growth-Factor“ bzw. PEG ist eine Weiterentwicklung des KGVs und wird auch als dynamisches KGV bezeichnet. Hier wird das KGV ins Verhältnis zum aus Vergangenheitswerten geschätzten Wachstum des Unternehmens gesetzt.

$$\mathbf{PEG} = \frac{\text{KGV}}{\text{durchschnittliches Gewinnwachstum}}$$

Um möglichst aktuelle PEG-Ratios zu ermitteln wird das KGV des laufenden Geschäftsjahres geschätzt und die Wachstumsrate des Gewinnes wird durch das arithmetische Mittel der Gewinnwachstumsraten der letzten drei bis fünf Jahre berechnet. Die PEG-Kennzahl liefert wichtige Hinweise darauf, ob der Preis, den man für das Wachstum zahlt, angemessen ist.

Das PEG wird vorzugsweise bei Wachstumstiteln berechnet und analysiert. Der Grundgedanke, der hierbei verfolgt wird, ist, dass das Wachstum einen positiven Einfluss auf den zukünftigen Unternehmenswert hat.[119]

Obwohl die Analyse mittels des PEG-Ratios meist einfach und treffsicher ist, sollte dennoch auch diese Kennzahl nicht überbewertet werden. Bei der Gewinnwachstumsanalyse muss immer analysiert werden, ob das Gewinnwachstum auch nachhaltig ist und in der Form fortgeführt werden kann. Hier kann wieder auf das Beispiel aus der chinesischen Solarbranche zurückgegriffen werden, bei dem die niedrigen KGVs in Verbindung mit den ehemals sehr hohen Gewinnwachstumsraten sehr niedrige PEGs zur Folge hatten. Wie in Abschnitt 7.3 beschrieben, konnte der Gewinn der betreffenden Solarunternehmen nicht weiter gesteigert werden, sondern die chinesischen Solarunternehmen verzeichneten Ende 2011 sowie 2012 deutliche Verluste. Die alleinige Fokussierung auf das PEG hätte hier also falsche Informationen geliefert.

Die Kennzahl wird grundsätzlich sehr häufig verwendet, da sie auf die Zukunft abzielt und Investoren bekanntlich die zukünftige Ertragskraft im Blick haben, um die Verzinsung ihres Investments sicherzustellen.

Als Faustregel gilt, dass eine Aktie mit einem PEG-Ratio von unter eins günstig ist. Diese Bedingung ist erfüllt, solange das Ertragswachstum kleiner ist als das KGV. Ein PEG größer als eins bedeutet dementsprechend, dass die Aktie momentan gemessen am Gewinnwachstum überbewertet ist. Folgerichtig gilt ein PEG von genau eins als fair bzw. angemessen. Prinzipiell ist die Aktie umso günstiger, je kleiner die PEG-Kennzahl prognostiziert wird.

---

[119] Vgl. Busse, F.-J.: Grundlagen der betrieblichen Finanzwirtschaft, 5. Aufl., München 2003, S. 229.

Eine wesentliche Einschränkung der Aussagekraft birgt die Ableitung der zukünftigen Wachstumswerte aus den Vergangenheitswerten und somit der Annahme, dass sich die Zukunft analog zu einem Durchschnittswert in der Vergangenheit entwickeln wird. Insofern ist es für den externen Analysten notwendig, die zugrundeliegenden Annahmen der Wachstumsplanung zu überprüfen und zu plausibilisieren. Außerdem müssen weitere Einflussfaktoren bei der Analyse berücksichtigt werden. Zu denken wäre hierbei bspw. an das Alter und die Branche des Unternehmens. Insbesondere junge Unternehmen in einem dynamischen Markt können häufig starke Wachstumsraten realisieren. Diese Effekte gilt es für den externen Analysten zu bereinigen, um ultimativ zu einer realistischen und nachhaltig erzielbaren Größe für das Gewinnwachstum zu gelangen.

7.6.6 Das Kurs-Umsatz-Verhältnis (KUV)

Die Kennzahl Kurs-Umsatz-Verhältnis (KUV) bzw. „Price-to-Sales-Ratio“ setzt den Aktienkurs ins Verhältnis zum Umsatz je Aktie. Somit gibt sie an mit welchem Faktor des Umsatzes je Aktie eine Aktie des Unternehmens an der Börse gehandelt wird.

$$\textbf{KUV} = \frac{\text{Aktienkurs}}{\text{Umsatz je Aktie}}$$

Das KUV wurde in der Aktienanalyse vor allem durch die Untersuchungen von James O'Shaughnessy bekannt. In seinem Bestseller „What works on Wallstreet“ bezeichnete er das KUV als „The King of the value factors“[120] (zu Deutsch: „Der König der Wertindikatoren“). Er begründet dies mit seiner Langzeitstudie von 1951 bis 2003, in der er zeigte, dass eine Aktienauswahl, die basierend auf den niedrigsten KUVs getroffen wurde, eine durchschnittliche Jahresrendite von 15,95% ergeben hätte. Im Rahmen seiner Studie bezeichnet er das KUV als die Erfolgversprechendste Kennzahl überhaupt.

Allerdings hat das KUV in der Praxis meist nur eine geringe Bedeutung, da diese Kennzahl entscheidende Nachteile mit sich bringt. Der Hauptkritikpunkt ist, dass die Höhe des Umsatzes keine direkte

---

[120] Vgl. O'Shaughnessy, J.: What works on Wall Street, Third Edition, 2005, S. 127.

Auswirkung auf den Erfolg eines Unternehmens hat. Falls der Umsatz mit einer negativen Umsatzrentabilität erwirtschaftet wird, macht die Umsatzbetrachtung nur wenig Sinn, da letztlich Verluste erzielt werden.

Dennoch wird das KUV häufig im Rahmen von Sell-Side-Aktienanalysen als Kaufargument eingesetzt bei Unternehmen, welche unprofitabel arbeiten und damit ein negatives KGV haben. Kritiker argumentieren hier, dass um die Aktie dennoch attraktiv erscheinen zu lassen das Kaufargument des niedrigen KUV aufgeführt wird – auch um von der momentanen Gewinnsituation abzulenken. [121]

Befürworter dieser Kennzahl gehen davon aus, dass das langfristige Gewinnwachstum vom Umsatzwachstum abhängig ist und daher die Höhe des Umsatzes ein relevantes Kaufargument für die Aktie ist. Ein weiterer Vorteil des KUVs ist dessen Vorteilhaftigkeit für Vergleichszwecke von Unternehmen, die ein temporär verzerrtes Ertragsbild kennzeichnet. Ein gutes Beispiel hierfür liefert VW. Bei einer aktuell durchgeführten Bewertung von VW sind die anderen Performance-Kennzahlen wenig aussagekräftig, da die Gewinnsituation des Konzerns durch Strafzahlungen etc. vollkommen verzerrt ist. Nichtsdestotrotz verzeichnet VW aber wachsende Umsätze und hat mittlerweile sogar Toyota als größten Automobilhersteller der Welt abgelöst. Die Kennzahl eignet sich insofern, dass außerordentliche Verluste außer Acht gelassen werden und das Unternehmen dennoch mit seinen Konkurrenten verglichen werden kann.

Die Interpretation des KUVs ist oftmals schwierig. Generell sollte die KUV-Kennzahl nur herangezogen werden, wenn ein Unternehmen profitabel arbeitet oder es absehbar ist, dass es in naher Zukunft wieder Gewinne erzielen wird. In diesem Falle ist ein im Branchenvergleich niedriges KUV ein Indiz für eine Unterbewertung der Aktiengesellschaft. Eine positive Eigenschaft wird der Analyse des KUVs zuteil, da die verwendete Bezugsgröße hierbei der Umsatz ist, welcher nahezu unberührt von etwaigen legalen Bilanzmanipulationen ist, was die Ver-

---

[121] Vgl. Born, K.: intelligente Kapitalanlage – Durch Aktienanalyse zum langfristigen Börsenerfolg, Wien 2009, S. 46.

gleichbarkeit mit anderen Unternehmen erhöht. Der wesentliche Vorteil der Betrachtung liegt allerdings darin, dass die Kennzahl auch dann angewendet werden kann, wenn das Unternehmen (noch) keine Gewinne erzielt. Insbesondere bei jungen wachsenden Unternehmen, welche zu Beginn häufig Verluste aufgrund der erstmaligen Aufnahme der Geschäftstätigkeit erwirtschaften, kann das KUV als sinnvolle Interpretationshilfe der zukünftigen Wettbewerbsfähigkeit dienen. Allerdings ergibt sich daraus auch einer der wesentlichen Schwachpunkte, nämlich dass die Kennzahl keine Aussage über die Fähigkeit des Unternehmens trifft, auf lange Sicht Gewinne zu realisieren. Jedoch kann ein Unternehmen nachhaltig nur bestehen, wenn es profitabel wirtschaftet und auch Gewinne erzielt. Hieraus leitet sich wieder einmal ab, dass eine isolierte Betrachtung einer Kennzahl mitunter zu verheerenden Fehlinterpretationen führen kann. Dies trifft besonders für den Fall zu, dass ein Unternehmen es trotz gutem KUV nicht schafft, langfristig profitabel zu wirtschaften, um am Markt zu bestehen. Insofern sollte sich eine Analyse immer mit mehreren Kennzahlen auseinandersetzen, um ein vollständiges und umfassendes Bild über den gesamten Sachverhalt zu erlangen und somit die Wahrscheinlichkeit zu erhöhen, in eine profitable Aktie zu investieren.

7.6.7 Das Kurs-Buchwert-Verhältnis (KBV)

Das KBV (Kurs-Buchwert-Verhältnis) vergleicht den Buchwert je Aktie einer Aktiengesellschaft mit der aktuellen Marktkapitalisierung des Unternehmens.

$$\mathbf{KBV} = \frac{\text{Aktienkurs}}{\text{Buchwert je Aktie}}$$

Der Buchwert je Aktie entspricht hierbei dem bilanzierten Eigenkapital pro Aktie. Die Marktkapitalisierung errechnet sich direkt aus dem aktuellen Kurs multipliziert mit der Anzahl an ausgegebenen Aktien und entspricht dem Wert, den der Kapitalmarkt dem Unternehmen beimisst. Beide Größen sind in der Regel frei zugänglich und können daher ohne Probleme vom externen Analysten genutzt werden.

Das Besondere dieser Kennzahl ist, dass nicht die Gewinnsituation oder das Wachstum betrachtet werden, sondern der innere Wert der

Aktie bzw. die Substanz des Unternehmens.[122] Insofern handelt es sich hierbei nicht um eine ertragsorientierte sondern um eine substanzorientierte Kennzahl zur Beurteilung der Börsenbewertung am Kapitalmarkt. Die Interpretation dieser Kennzahl gestaltet sich oftmals relativ schwierig. Es muss zunächst differenziert werden, ob das KBV über oder unter eins liegt.

Notiert das KBV über eins, so bedeutet dies, dass die Marktkapitalisierung höher ist als der Buchwert des Unternehmens. Dies ist bei gesunden Unternehmen in der Regel immer der Fall und zeigt, dass der „Going-Concern-Wert" des Unternehmens höher bewertet wird als sein Liquidationswert[123]. Unter dem „Going-Concern-Wert" versteht man den Wert, der bei einer (unendlichen) Fortführung der Unternehmung erreicht werden kann. Der Liquidationswert hingegen entspricht dem Buchwert und spiegelt den Wert wider, der bei der Liquidation des Unternehmens zustande kommt.

Zudem ermöglicht das KBV eine Aussage darüber, mit welchem Aufschlag das eingesetzte Kapital an der Börse bewertet wird, d.h. wieviel ein Euro Stammkapital der Gesellschaft heute Wert ist. Daraus folgt: je höher das KBV ist, desto besser sind die Zukunftsaussichten, die der Markt dem Unternehmen zuspricht. Dennoch sollte beachtet werden, dass Unternehmen mit historisch hohen KBVs tendenziell ein höheres Risiko bergen als Unternehmen mit moderaten KBVs, da hier die oftmals außerordentlich optimistischen Erwartungen des Marktes nicht mehr erfüllt werden können und es infolgedessen zu Kursverlusten kommt.

Fällt das KBV dagegen unter eins, d.h. das Unternehmen notiert an der Börse unter seinem Buchwert, so ist dies ein Zeichen dafür, dass der Markt den zukünftigen unternehmerischen Erfolg negativ einschätzt. Allerdings existieren in solchen Fällen auch Chancen für einen Investor. Wenn der Markt falsch liegt und der Kurs der Aktie bspw. nur aufgrund von Panikverkäufen unter seinen Buchwert gefallen ist, kann es sich rentieren Aktien des Unternehmens unter dessen Buchwert zu kaufen. Sollte die Einschätzung des Marktes jedoch begründet sein, so sollte dies als eindeutiges Warnsignal verstanden werden. Der Markt hat in diesem Fall bereits hohe Abschreibungen und Verluste eingepreist, welche den Buchwert des Unternehmens in Zukunft deutlich schmälern werden.

---

[122] Vgl. Gelfarth, V.: Die besten Anlagestrategien der Welt, 2. Aufl., Bonn 2005, S. 126.

[123] Vgl. Hasler, P.: Aktien richtig bewerten, München 2010, S. 379.

Generell ist zu empfehlen, das KBV immer in Verbindung mit den Rentabilitätskennzahlen zu analysieren. Ein KBV von unter eins kann zwar eine gute Kaufgelegenheit für die Aktie bedeuten, es sollten aber dabei die Gründe für die Unterbewertung der Aktie analysiert werden. Denn dem Unternehmen wird unter diesen Umständen am Kapitalmarkt nicht mal mehr der kumulierte Wert der bilanziellen Buchwerte (Substanzwert) zugesprochen. Häufig ist ein KBV von unter eins ein Warnsignal für zukünftige (hohe) Verluste und Abschreibungen, welche wiederum einen niedrigeren Buchwert zur Folge hätten. Investoren und/oder Anleger sollten daher tiefergehende Analysen vornehmen, welche darauf abzielen die genaue Marktstellung des Unternehmens zu erörtern. Darunter fallen u.a. Umsätze, Gewinne, Marktanteile, Produktportfolios und weitere Faktoren. Das KBV als solches kann nichtsdestotrotz erste wichtige Indikationen für eine Analyse liefern. Ein wesentlicher Nachteil des KBVs ist jedoch, dass hier lediglich die bilanziell ausgewiesenen Buchwerte berücksichtigt werden. Stille Reserven oder stille Lasten werden jedoch außer Acht gelassen, was zu Verfälschungen der Kennzahl führen kann. So kann sich ein überdurchschnittlich hohes KBV ergeben, wenn das Anlagevermögen in der Bilanz zu niedrig angegeben wurde.

8 Fazit

Im Rahmen dieses Buches wurde aufgezeigt wie man sinnvoll Kennzahlen einsetzen kann, um den Erfolg und die finanzielle Lage eines Unternehmens besser einzuschätzen. Hierbei sind ein strukturiertes Vorgehen bei der Informationsgewinnung, ein Bewusstsein des externen Analysten für die existierenden Informationsasymmetrien in einem Jahresabschluss sowie die damit Verbunde Notwendigkeit der Erstellung einer homogenen Datenbank, unabdingbar. Bei einer umfassenden Bilanzanalyse müssen die relevanten Eigenarten der beiden Rechnungslegungsarten (HGB und IFRS) zwingend berücksichtigt werden, um eine Vergleichbarkeit zu gewährleisten (Inter-Standard-Differenzen). Bei Bilanzen nach HGB fallen hier besonders die stillen Reserven ins Gewicht, welche eigentlich zum Eigenkapital hinzugerechnet werden müssten. Bei Bilanzen, die nach IFRS aufgestellt werden, müssen im Gegenzug die Vermögensgegenstände genauer betrachtet werden, die mit der Fair Value Methode bewertet werden. Ein weiterer grundlegender Unterschied der Rechnungslegungsarten entsteht durch das Realisationsprinzip. Dies ist insbesondere bei Unternehmen zu beachten, die verstärkt langfristige Fertigungsaufträge innerhalb des untersuchten Zeitraumes abwickeln, da sich die Erfolgslage dadurch wesentlich zeitlich „verschieben" kann.

Aus den faktisch unendlichen Möglichkeiten zur Bildung von Kennzahlen sollten durch den Prozess der strukturierten Informationsgewinnung und einer Kategorisierung nach ihrem Aussagecharakter diejenigen Kennzahlen herangezogen werden, die von höchster Relevanz für die einzigartige Geschäftsidee des Unternehmens sind (Effizienzkriterium), um ein umfassendes Bild der Vermögens-, Finanz- und Erfolgslage zu erhalten und Aussagen über die Effizienz, Liquidität und Wettbewerbsfähigkeit (Risikotragfähigkeit) eines Unternehmens treffen zu können. Eine Fokussierung auf einzelne Kennzahlen kann schnell dazu führen, dass die gesamte Lage des Unternehmens gänzlich falsch eingeschätzt wird. So sollte bspw. die Eigenkapitalrentabilität immer zusammen mit der Eigenkapitalquote analysiert werden, um die Gefahr einer überhöhten Verschuldung nicht außer Acht zu lassen. Ebenso führt eine isolierte Bilanzanalyse, die nur die in der Vergangenheit (ex-post) gezeigte Risikotragfähigkeit des Unternehmens aufzeigt, zu Fehleinschätzungen und ist nicht in der Lage die Zukunftsfähigkeit (ex-ante) eines Unternehmens zu erfassen, die für unterschiedliche Interessensgruppen eines Unternehmens im Vordergrund steht. Eine Erweiterung der Bilanzanalyse (ex-post) um eine Potenzial-Analyse (ex-ante) ist für den Analysten daher zwingend notwendig, um das Unternehmen und seine Zukunftsfähigkeit ganzheitlich betrachten zu können. Diese Erweiterung lässt externe Datenkränze in die Betrachtung des einzelnen Unternehmens einfließen, hebt das Unternehmen aus einer isolierten Betrachtung heraus und schafft einen Kontext, in welchem die als relevant identifizierten Kennzahlen mit anderen Referenzgrößen (Wettbewerber, Benchmarks etc.) in Form einer vergleichenden Abweichungsanalyse betrachtet und bewertet werden können. Nur durch solche eine Erweiterung kann ultimativ von einer ganzheitlichen Unternehmensanalyse gesprochen werden.

Die Performance-Kennzahlen für Aktien – insbesondere das KUV – sind zwar zukunftsorientiert, lassen aber ohne die Heranziehung der Rentabilitätskennzahlen kaum eine sinnvolle Interpretation zu. Die Interpretation der Performance-Kennzahlen gestaltet sich ohnehin schwierig, weil die Bewertung von Aktiengesellschaften stark Meinungs- und Informationsgetrieben sind sowie von der jeweiligen Konjunkturlage abhängen. Daher weisen die Performance-Kennzahlen eine hohe inhärente Volatilität auf. Dennoch sind Sie wichtig, um die aktuelle Meinung des Marktes über das eigene Unternehmen mit der Meinung über Wettbewerber zu vergleichen.

Literaturverzeichnis

Baulig, K.: Begriff und Problematik der Erfassung der betrieblichen Wertschöpfung, Koblenz 2011.

Bieg, H.; Kußmaul, H.: Externes Rechnungswesen, 2. Aufl., München 1998.

Born, K.: intelligente Kapitalanlage - Durch Aktienanalyse zum langfristigen Börsenerfolg, Wien 2009.

Brösel, G.: Bilanzanalyse, 13. Auflage, Berlin 2010.

Busse, F.-J.: Grundlagen der betrieblichen Finanzwirtschaft, 5. Aufl., München 2003.

Busse von Colbe, W.: Ergebnis je Aktie nach DVFA/SG, 3. Aufl., Stuttgart 2010.

Coenenberg, A.; Haller, A.; Schultze, W.: Jahresabschluss und Jahresabschlussanalyse, 24. Aufl., Stuttgart 2016.

Ditgens, J.; Arendt, W.: Internationale Rechnungslegung nach IFRS, 2. Aufl., Ludwigshafen 2006.

Finanzgruppe deutscher Sparkassen und Giroverband (Hrsg.): Diagnose Mittelstand 2017, Berlin 2017.

Frank, H.: Corporate Entrepreneurship, 2. Aufl., Wien 2009.

Franke, G.; Hax, H.: Finanzwirtschaft des Unternehmens und Kapitalmarkt, 5. Aufl., Berlin 2004.

Gelfarth, V.: Die besten Anlagestrategien der Welt, 2. Aufl., Bonn 2005.

Götte, R.: Aktien, Anleihen, Futures, Optionen, Marburg 2001.

Gräfer, H.; Schneider, G.: Bilanzanalyse, 13. Aufl., Herne 2016.

Groll, K.: Kennzahlen für das wertorientierte Management, München; Wien 2003.

Groll, K.-H.: Das Kennzahlensystem zur Bilanzanalyse, 2. Aufl., München 2004.

Härtl, J.: Finanzierungs- und Investitionsrechnung, Berlin 2005.

Hasler, P.-T.: Aktien richtig bewerten, 1. Aufl., Berlin 2011.

Heese, V.: Aktienbewertung mit Kennzahlen - Kurschancen und Risiken fundiert beurteilen, Wiesbaden 2011.

Kramer, T.: Dividenden als Erfolgsgarant, Frankfurt 2012.

Küting, K.; Weber, C.-P.: Die Bilanzanalyse, 11. Aufl., Stuttgart 2015.

Küting, K.; Pfitzer, N.; Weber, C.-P.: IFRS oder HGB - Systemvergleich und Beurteilung, Stuttgart 2011.

Langenbeck, J.: Bilanzanalyse, Ludwigshafen 2002.

O'Shaughnessy, J.: What works on Wall Street, Third Edition, 2005.

Ossola-Haring, C.: Handbuch Kennzahlen für Unternehmensführung, 3. Aufl., Landsberg am Rech 2006.

Petersen, K.; Bansbach, F.; Dornbach, E.: IFRS Praxishandbuch, 7. Aufl., München 2012.

Petersen, K.; Zwirner, C.; Künkele, K.-P.: Bilanzanalyse und Bilanzpolitik nach BilMoG, 2. Aufl., Herne 2009.

Priermeier, T.: Fundamentale Analyse in der Praxis - Kennzahlen, Strategien, Praxisbeispiele, München 2006.

Reichmann, T.: Controlling mit Kennzahlen, 8. Aufl., München 2011.

Rieder, M.: Die Auslastung ist ein trügerischer Ratgeber, St. Gallen 2010.

Schnaußen, W.; Clausen, L.: Controlling und Berliner Balanced Scorecard Ansatz, München 2009.

Schröder, H.: Marketing-Funktionen ganzheitlich beherrschen, Düsseldorf 2010.

Tacke, H.-R.: Jahresabschlussanalyse in der Praxis. Berlin 1997.

Vollmuth, H.; Zwettler, R.: Kennzahlen verstehen und anwenden, Freiburg 2008.

Weber, M.: Kaufmännisches Rechnen von A – Z, 9. Aufl., Freiburg 2010.

Weber, M.: Kaufmännische Buchführung von A – Z, 9. Aufl., München 2007.

Weber, M.; Paa, K.-U.: Bilanzen, München 2008.

Wöhe, G.: Einführung in die Allgemeine Betriebswirtschaftslehre, 23. Aufl., München 2008.

Wöhe, G.; Bilstein, J.: Grundzüge der Unternehmensfinanzierung, 9. Aufl., München 2002.

Wöltje, J.: Betriebswirtschaftliche Formelsammlung, 5. Aufl., Freiburg 2011.

Wöltje, J.: Bilanzen lesen – verstehen – gestalten, 10. Aufl., Freiburg 2011.

Wöltje, J.: Trainingsbuch IFRS, München 2007.

Glossar

Anschaffungs- und Herstellungskosten (AHK)

Die Anschaffungs- und Herstellungskosten (AHK) sind die Gesamtkosten, die für die Beschaffung bzw. Herstellung anfallen.

Basic EPS

Bei der Kennzahl Basic EPS, auch unverwässertes Ergebnis je Aktie genannt, wir der Gewinn durch die ausstehenden Aktien des Unternehmens geteilt.

Bargain Purchase Option

Die bargain purchase option ist eine günstige Kaufoption am Ende der Leasinglaufzeit, dabei wird eine hohe Wahrscheinlichkeit der Ausübung unterstellt.

Beständedifferenzbilanz

Die Beständedifferenzbilanz ergibt sich durch Subtraktion der Bilanzposten der Geschäftsjahresbilanz von der Vorjahresbilanz. Sie lieferteine Aussage über Vermehrung bzw. Verminderung des Unternehmensvermögens.

Best estimate

Bezeichnet den Erwartungs- bzw. den Zeitwert einer Zahlungsverpflichtung, die für Rückstellungen gebildet werden muss.

Betriebliche Wertschöpfung

Die betriebliche Wertschöpfung gibt an, wie hoch der Beitrag ist, den das Unternehmen zum Bruttoinlandsprodukt beigetragen hat. Die Kennzahl betriebliche Wertschöpfung ermöglicht es den Output leistungsmäßig zu quantifizieren.

Bewegungsbilanz

Die Bewegungsbilanz ist materiell betrachtet identisch mit der Veränderungsbilanzallerdings wird neben der Untergliederung in Mittelherkunft und Mittelverwendung, oftmals noch nach Finanzierungsart sowie Verwendungsart untergliedert.

BilMog

Das BilMog ist ein Gesetz zur Modernisierung des deutschen Bilanzrechts, auch Bilanzrechtsmodernisierungsgesetzt genannt. Es ist 2009 in Kraft getreten. Ziel des BilMogs war es das deutsche Handelsrecht mehr den internationalen Rechnungsvorschriften anzugleichen.

Buchwert

Der Buchwert beschreibt den Wert, zu welchem ein Vermögensgegenstand oder eine Verbindlichkeit in der Bilanz angesetzt wird.

Carrying Amount

Unter dem Begriff Carrying Amount versteht man die Folgebewertung von Vermögensgegenständen zu den fortgeführten Anschaffungs- oder Herstellungskosten.

Cash Conversion Cycle

Die Geldumschlagsdauer, auch als Cash Conversion Cycle bezeichnet, setzt die Kennzahlen Kundenziel, Umschlagsdauer des Vorratsvermögens und Lieferantenziel in Relation zueinander.

Cash-Flow

Der Cash-Flow ist eine finanzielle Messgröße, die den Nettofinanzmittelzufluss einer Periode beschreibt.

Clean Surplus Concept

bei dem Clean Surplus Concept, zu deutsch Kongruenzprinzip, wird davon ausgegangen, dass die Summe der buchhalterischen Periodengewinne langfristig auch der Summe der Zahlungsüberschüsse entspricht.

Completed Conract Method

Die Completed Contract Methode beschreibt das Realisationsprinzip nach HGB. Die Realisierung des Gewinns ist hier erst erlaubt wenn die komplette Leistung erbracht wurde.

Cost Model

Beim Cost Model bilden die Zugangswerte die Obergrenze für die Bewertung. Es entspricht dem Anschaffungskostenmodell des HGB.

Defined Benefit Plans

Bei den Defined Benefit Plans handelt es sich um leistungsorientierte Vermögenszusagen. Der Arbeitgeber garantiert für die Höhe der später zu zahlenden Pensionen.

Defined Contribution Plans

Bei den Defined Contribution Plans, zu deutsch Beitragsorientierte Pensionszusagen, verpflichtet sich der Arbeitgeber dazu bestimme

Zuwendungen an einen Pensionsfonds zu leisten. Die Höhe der tatsächlichen Pensionszahlungen kann hierbei variieren.

Diluted EPS

Beim Diluted EPS, auch unverwässertes Ergebnis je Aktie genannt, wird für den Quotienten alle im Umlauf befindlichen Aktien inklusive aller potenziellen Aktien verwendet. Als potenzielle Aktien bezeichnet man die Aktien die im Umlauf wären, wenn alle Optionsscheine auf die Aktie ausgeübt werden würden.

Dirty Surplus Concept

Gemäß des Ansatzes nach dem Dirty Surplus Concept gehen alle Erträge aus der gewöhnlichen Geschäftstätigkeit in die GuV mit ein. Gewinne, welche betriebsuntypisch oder unregelmäßig sind werden direkt erfolgsneutral im Eigenkapital erfasst.

Discounted Cash-Flow Methode (DCF Methode)

Anhand des Discounted Cash-Flow Methode ist es möglich Unternehmen oder Immobilien zu bewerten. Die Methode basiert auf dem Konzept der Abzinsung der jeweiligen Cash-Flows um damit einen Kapitalwert zu ermitteln.

Disposal Group

Nach IFRS können Vermögenswerte aus dem Sachanlagevermögen als eine Gruppe bewertet werden. Es gilt hier nicht der Grundsatz der Einzelbewertung. Bilanziert wird die Disposal Group mit dem niedrigeren Betrag aus dem Buchwert und dem Nettoveräußerungspreis abzüglich der zugeordneten Schulden.

Dispositionselastizität

Die Dispositionselastizität beschreibt wie hoch die Anpassungsfähigkeit eines Unternehmens ist, wenn sich die Marktsituation verändert.

Dynamische Liquiditätsanalyse

Die dynamische Liquiditätsanalayse basiert auf der Betrachtung von Rückflüssen aus den Cash-Flows. Die zukünftigen Ein- und Auszahllungen werden hier gegenüber gestellt.

Erfolgselastizität

Die Erfolgselastizität beschreibt den Zusammenhang zwischen erhöhtem Umlaufvermögen und dem dadurch verminderten leistungswirtschaftlichen Risiko.

Fair Value

Der Fair Value bezeichnet den Preis, der im Zuge eines geordneten Geschäftsvorfalls unter Marktteilnehmern am Bemessungsstichtag beim Verkauf eines Vermögenswerts erzielt werden kann oder bei Übertragung einer Schuld zu zahlen wäre.

Folgebewertung

Bei der Folgebewertung werden Vermögensgegenstände aus dem Anlagevermögen mit ihren fortgeführten Anschaffungs- oder Herstellungskosten bewertet.

FIFO Methode

Die FIFO Methode (First come first served) beschreibt die Bewertungsmethode bei der unterstellt wird, dass die Güter verbraucht werden, welche als erstes hergestellt bzw. erworben wurden.

Finanzierungsleasing

Das Finanzierungsleasing ähnelt einem Finanzierungsgeschäft mit Eigentumsvorbehalt. Das Leasingobjekt wird hier beim Leasingnehmer aktiviert.

Finanzmittelfonds

Die Summe aus operativem Cash-Flow, Investitions-Cash-Flow und Finanzierungs-Cash-Flow nennt man Finanzmittelfonds und entspricht dem gesamten Mittelzufluss bzw. Mittelabfluss eines Unternehmens.

Going Concern Prinzip

Unter der Annahme des Going-Concern-Prinzips wird davon ausgegangen, dass das Unternehmen fortgeführt wird und somit in der Rechnungslegung Fortführungswerte angesetzt werden dürfen.

Goldene Bilanzregel

Nach der goldenen Bilanzregel sollten alle langfristigen Vermögenswerte auch langfristig finanziert sein um die Liquidität des Unternehmens aufrecht erhalten zu können.

Goodwill (auch Geschäfts- oder Firmenwert)

Die Differenz aus höherem Kaufpreis und dem Buchwert der durch den Kauf von anderen Unternehmensteilen entsteht wird Goodwill genannt.

Grundsatz der Bewertungsstetigkeit

Gemäß dem Grundsatz der Bewertungsstetigkeit müssen Bewertungs- und Abschreibungsmethoden grundsätzlich beibehalten werden. Dies dient der Vergleichbarkeit von Jahresabschlüssen.

Grundsatz der Planmäßigkeit

Der Grundsatz der Planmäßigkeit aus dem HGB schreibt es vor einen Abschreibungsplan zu erstellen, aus dem der Abschreibungsverlauf erkennbar ist.

Held for sale

Der Terminus „Held for sale" ist ein Bewertungsansatz für Anlagevermögen, welches zum Zwecke der Veräußerung gehalten wird.

Höchstwertprinzip

Nach HGB sind Verbindlichkeiten immer zum Höchstwert anzusetzen. Somit muss im Falle, dass mehrere Bewertungsmöglichkeiten einer Verbindlichkeit existieren, grundsätzlich der höhere Wert bilanziert werden.

IFRS (International Financial Reporting Standards)

Die International Financial Reporting Standards sind internationale Rechnungslegungsvorschriften für Unternehmen.

immaterielle Vermögensgegenstände

Immaterielle Vermögensgenstände beinhalten: Software, Lizenzen, Copyrights, Entwicklungskosten und den Goodwill.

Impairment Test

Der Impairment-Test wird auch Werthaltigkeitstest genannt und bezeichnet den verpflichtenden Niederwerttest zur Bewertung des Anlagevermögens.

Imparitätsprinzip

Das Imparitätsprinzip dient dem Gläubigerschutz im deutschen Handelsrecht. Während Gewinne gemäß dem Realisationsprinzip erst bei Fertigstellung ausgewiesen werden dürfen, müssen Verluste bereits dann realisiert werden, wenn diese bereits zu erwarten sind. Somit werden nach HGB Verluste anders behandelt als Gewinne.

Kapitalflussrechnung

Die Kapitalflussrechnung stellt die die Cash-Flows eines Unternehmens dar. Dabei wird zwischen Cash-Flow aus operativer Tätigkeit, Investitionstätigkeit und Finanzierungstätigkeit unterschieden. Ziel ist es externen Betrachtern des Unternehmens Einblicke in die Finanzlage des Unternehmens zu geben.

Komponentenansatz

Nach IFRS dürfen unselbstständige Bestandteile eines Vermögenswertes gesondert abgeschrieben werden, was nach HGB nicht erlaubt ist.

Leverage

Als Leverage bezeichnet man die Hebelwirkung von Finanzierungskosten auf die Eigenkapitalrentabilität.

LIFO Methode

Die LIFO Methode (last in first out) beschreibt eine Bewertungsmethode bei welcher unterstellt wird, dass erst die Güter verbraucht werden, welche als letztes hergestellt bzw. erworben wurden.

Liquidationswert

Der Liquidationswert ist die Höhe des Erlöses, der durch die Veräußerung eines Vermögenswertes erzielt werden kann.

Liquidität, absolute

Die absolute Liquidität bezeichnet die Zeit, die gebraucht wird, um einen Vermögensgegenstand in Geldmittel zu wandeln.

Liquidität, relative

Die relative Liquidität beschreibt die Fähigkeit eines Unternehmens, seine Verbindlichkeiten fristgerecht bedienen zu können.

Marktkapitalisierung

Die Marktkapitalisierung, auch „Market Cap" genannt, gibt den Börsenwert eines Unternehmens an. Berechnet wird die Marktkapitalisierung durch die Multiplikation des Marktkurses mit der Anzahl der frei im Umlauf befindlichen Anteile des Unternehmens.

Maximumprinzip

Nach dem Maximumprinzip sollte mit dem vorhandenen Input, die zu erbringende Leistung so hoch wie möglich sein.

Mezzanine-Kapital

Als Mezzanine-Kapitel bezeichnet man Finanzierungsarten, welche wirtschaftlich und rechtlich eine Mischform zwischen Eigenkapital und Fremdkapital darstellen. Zum Beispiel: stille Beteiligung, Gesellschafterdarlehen oder nachrangige Darlehen.

Minimumprinzip

nach dem Minimumprinzip sollte die erbrachte Leistung, bzw. der Output, mit dem möglichst kleinsten Input erreicht werden.

Net Selling Price

Der Net Selling Price entspricht dem Nettoveräußerungswert.

Neubewertungsrücklage

Neubewertungsrücklagen können nach IFRS dann entstehen, wenn der Fair Value eines Vermögenswertes aus dem Anlagevermögen höher ist als der Buchwert. Die Neubewertungsrücklage wird ergebnisneutral verbucht, also geht sie nicht in die GuV mit ein.

Niederstwertprinzip

Das Niederstwertprinzip gehört zu den Grundsätzen ordnungsgemäßer Buchhaltung und ist das Gegenstück zum Höchstwertprinzip. Das Niederstwertprinzip besagt, dass Vermögensgegenstände immer mit dem niedrigeren Wert aus Marktwert und fortgeführten Anschaffungskosten zu bewerten sind. Beim Niederstwertprinzip wird zusätzlich zwischen strengem Niederstwertprinzip und gemildertem Niederstwertprinzip unterschieden.

Nutzenwert

Der Nutzenwert, auch value-in-use genannt, bezeichnet den Barwert der zukünftigen Zahlungsströme, die aufgrund der Verwendung eines Vermögensgegenstandes zu erwarten sind. Der Nutzenwert kann erheblich vom Fair Value abweichen.

Operating Lease

Das Operating Lease kann gut mit einem zivilrechtlichen Mietvertrag verglichen werden. Der Leasingnehmer erwirbt hier ein kurzfristiges und oftmals jederzeit kündbares Nutzungsrecht am Leasingobjekt. Der Leasinggeber bleibt dabei der wirtschaftliche Eigentümer und muss folglich auch das Leasingobjekt bei sich bilanzieren.

Other Comprehensive Income (OCI)

Das Other Comprehensive Income bezeichnet die Veränderung des Eigenkapitals, die nicht über die GuV erfasst werden, sondern ergebnisneutral verbucht werden.

Percentage of Completion Methode

Die Percentage of Completion Methode beschriebt das Realisationsprinzip nach IFRS. Hier sind Realisierungen von Teilgewinnen, bei

Beachtung bestimmter Vorschriften, bereits vor Fertigstellung möglich.

Qualifying Assets

Qualifiyng Assets bezeichnen Vermögenswerte, die nicht unmittelbar sondern erst nach einer längeren Zeitdauer betriebsbereit sind. Sie zeichnen sich durch die Eigenschaften Wesentlichkeit, Erfolgsfaktor und Zeitintenstität aus.

Realisationsprinzip

Das Realisationsprinzip innerhalb der Rechnungslegung bestimmt den Zeitpunkt, wann Gewinne in der GuV ausgewiesen werden dürfen

Revaluation Model (Neubewertungsmethode)

Das Revaluation Model ist eine Bewertungsmethode, bei der die Vermögenswerte zu ihrem fortgeführten Fair Value bewertet werden.

Recovarable Amount

Der Recoverable Amount, zu deutsch erzielbarer Betrag, ist der höhere Wert aus Nettoveräußerungspreis und dem Nutzenwert (value in use).

Rohertrag

Der Rohertrag bezeichnet die Differenz zwischen Umsatz und dem Material- und Wareneinsatz.

Veränderungsbilanz

Durch eine Umstrukturierung der Beständedifferenzbilanz kann eine Veränderungsbilanz erstellt werden. Hierbei wird die Mittelverwendung der Mittelherkunft gegenübergestellt.

Vorsichtsprinzip

Nach dem Vorsichtprinzip müssen alle vorhersehbaren Risiken und Verluste im Jahresabschluss berücksichtigt werden.

Sachanlagen zu Nettobuchwerten

Berechnung der „Sachanlagen zu Nettobuchwerten“: historische Anschaffungs- und Herstellungskosten abzüglich der kumulierten Abschreibungen.

Sale-and-lease-back

Unter Sale-and-lease-back versteht man die Kombination aus einem Kauf- und einem Leasingvertrag. Diese erhöht die Liquidität eines

Unternehmens und kann dazu benutzt werden stille Reserven aufzudecken.

Sell Side
Generell werden Akteure am Finanzmarkt zwischen Sell Side und Buy Side unterschieden. Sell Side bezeichnet diejenigen, die Finanzprodukte, meist von Investmentbanken, in einer Vermittlerrolle zwischen Verkäufer und Käufer verkaufen.

Shareholder Value
Der Shareholder Value (Aktionärswert) entspricht dem Marktwert des Eigenkapitals eines Unternehmens. Eine Unternehmenspolitik nach dem Shareholder Value hat das primäre Ziel den Kurswert der Aktie zu steigern

Schmalenbach-Gesellschafft für Betriebswirtschaft
Die Schmalenbach-Gesellschaft für Betriebswirtschaft eV. ist eine betriebswirtschaftliche Vereinigung und dient als Forum für den Dialog zwischen Wissenschaft und Praxis.

SEC (Securities and Exchange Commission)
Die SEC ist eine Börsenaufsichtsbehörde der USA und sorgt für die Kontrolle des amerikanischen Wertpapierhandels.

Selling Costs
Selling Costs sind die Aufwendungen die für den Vertrieb von Produkten anfallen.

Sonstige Vermögenswerte
Zu den sonstigen Vermögensgegenständen zählt man Ansprüche, die nicht aus Forderungen aus LuL, Forderungen gegen verbundene Unternehmen oder Forderungen gegen Unternehmen, mit denen ein Beteiligungsverhältnis bestehen. Beispiele: Forderungen gegenüber dem Finanzamt, Schadensersatzanspruch gegenüber einer Versicherung oder ein Gehaltsvorschuss an einen Mitarbeiter.

Statische Liquiditätsanalyse
Bei der statischen Liquiditätsanalyse werden Bestandsgrößen zu einander in Relation gesetzt um damit eine Aussage über die Bonität eines Unternehmens treffen zu können.

Stille Reserven
Stille Reserven entstehen durch eine Differenz zwischen Buchwert und einem höheren Vergleichswert, wie z.B. Zeit- oder Wiederbeschaffungswert. Stille Reserven sind aus der Bilanz nicht ersichtlich.

Umlaufvermögen

Das Umlaufvermögen bezeichnet Vermögensgegenstände die während des Betriebsprozesses eines Unternehmens umgesetzt werden. Sie verbleiben i.d.R. nur kurz im Unternehmen. Das Umlaufvermögen lässt sich in Vorräte, Forderungen, sonstige Vermögensgegenstände und liquide Mittel gliedern.

Windowdressing

Unter Windowdressing (Bilanzkosmetik) versteht man bilanzielle Maßnahmen, die so gestaltet sind, dass die Bilanz geschönt wird. Diese Maßnahmen sollen i.d.R dazu dienen den Shareholder Value zu steigern.

Working Capital

Das Working Capital, auch Umlaufvermögen genannt, ist eine Kennzahl welche eine Aussage über die Liquidität eines Unternehmens liefert. Das Working Capital beinhaltet das Umlaufvermögen eines Unternehmens abzüglich der kurzfristigen Verbindlichkeiten.

Index